山东珍稀濒危植物

Rare and endangered plants in Shandong

◎臧德奎　主编

中国林业出版社

图书在版编目（CIP）数据

山东珍稀濒危植物 / 臧德奎主编 . –– 北京 : 中国林业出版社 , 2016.11
ISBN 978-7-5038-8777-2

Ⅰ . ①山… Ⅱ . ①臧… Ⅲ . ①濒危植物—介绍—山东 Ⅳ . ① Q948.525.2

中国版本图书馆 CIP 数据核字 (2016) 第 275843 号

中国林业出版社
责任编辑：李　顺
出版咨询：（010）83143569

出版：中国林业出版社（100009 北京西城区德内大街刘海胡同 7 号）
网站：http://lycb.forestry.gov.cn/
印刷：北京卡乐富印刷有限公司
发行：中国林业出版社
电话：（010）83143500
版次：2017 年 3 月第 1 版
印次：2017 年 3 月第 1 次
开本：889mm×1194mm　1 / 16
印张：23.75
字数：500 千字
定价：368.00 元

编委会

前　言

　　本书对山东珍稀濒危植物进行了系统记载，分为总论和各论两部分。总论论述了山东省自然地理概况，以及山东珍稀濒危植物的种类统计、区系特点分析、濒危现状分析和分布格局。各论详细记录了山东珍稀濒危植物的识别特征、地理分布和生长环境，并针对每一物种进行了濒危分析，提出了保护措施。各论分为蕨类植物、裸子植物和被子植物（双子叶植物、单子叶植物），每部分按照科拉丁名顺序排列，科内则按植物学名顺序编排；每种植物包括类别、濒危现状、形态、生境分布、保护价值、致危分析、保护措施等内容，绘制了在山东省内的分布图，并附有 1570 多幅彩色图片。共收录了珍稀濒危植物 186 种，分属于 76 科。其中，国家级重点保护野生植物及中国珍稀濒危植物、国家珍贵树种计 47 种；山东省特有植物 46 种；山东省珍贵稀有植物 93 种。

　　本书的编写，为山东省野生植物保护工作提供了翔实资料，为政府相关法规、制度的建设提供了科学依据。

　　由于时间紧、外业调查工作量大，加之著者水平有限，如有不足之处，敬请读者批评指正。

臧德奎

2016.6.20

目　录

编委会 …………………… 03

前言 ……………………… 04

总论

一、山东自然地理概况……… 001

二、山东珍稀濒危植物的种类……
……………………………… 003

三、山东珍稀濒危植物的区系特点
……………………………… 009

四、山东珍稀濒危植物现状分析…
……………………………… 010

五、山东珍稀濒危植物的地理分布
格局 ……………………… 011

山东珍稀濒危植物各论

一、蕨类植物

铁角蕨科 Aspleniaceae

东海铁角蕨 ………………… 018

蹄盖蕨科 Athyriaceae

鲁山对囊蕨 ………………… 020

山东对囊蕨 ………………… 022

乌毛蕨科 Blechnaceae

狗脊 ………………………… 024

骨碎补科 Davalliaceae

骨碎补 ……………………… 026

鳞毛蕨科 Dryopteridaceae

全缘贯众 …………………… 028

贯众 ………………………… 030

山东鳞毛蕨 ………………… 032

假中华鳞毛蕨 ……………… 033

山东耳蕨 …………………… 034

里白科 Gleicheniaceae

芒萁 ………………………… 036

肿足蕨科 Hypodematiaceae

山东肿足蕨 ………………… 038

瓶尔小草科 Ophioglossaceae

狭叶瓶尔小草 ……………… 040

紫萁科 Osmundaceae

紫萁 ………………………… 042

水蕨科 Parkeriaceae

水蕨 ………………………… 044

粗梗水蕨 …………………… 046

中国蕨科 Sinopteridaceae

蒙山粉背蕨 ………………… 048

卷柏科 Selaginellaceae

卷柏 ………………………… 049

二、裸子植物

麻黄科 Ephedraceae

草麻黄 ……………………… 051

中麻黄 ……………………… 053

三、被子植物

槭树科 Aceraceae

葛萝槭 ……………………… 055

苦茶槭 ……………………… 057

猕猴桃科 Actinidiaceae

软枣猕猴桃 ………………… 059

狗枣猕猴桃 ………………… 061

葛枣猕猴桃 ………………… 063

漆树科 Anacardiaceae

泰山盐麸木 ………………… 065

伞形科 Apiaceae

山茴香 ……………………… 067

珊瑚菜 ……………………… 069

少管短毛独活 ……………… 071

济南岩风 …………………… 072

滨海前胡 …………………… 074

五加科 Araliaceae

楤木 ………………………… 076

无梗五加 …………………… 078

刺楸 ………………………… 080

马兜铃科 Aristolochiaceae

汉城细辛 …………………… 083

萝藦科 Asclepiadaceae

白首乌 ……………………… 085

菊科 Asteraceae

渤海滨南牡蒿 ……………… 087

朝鲜苍术 …………………… 088

叶状菊 ……………………… 090

长苞菊 ……………………… 091

秋海棠科 Begoniaceae

中华秋海棠·······················092

小檗科 Berberidaceae

北京小檗·························094

桦木科 Betulaceae

坚桦·····························095

千金榆···························097

蒙山鹅耳枥·······················099

小叶鹅耳枥·······················101

毛榛·····························103

紫草科 Boraginaceae

紫草·····························105

蒙山附地菜·······················107

桔梗科 Campanulaceae

羊乳·····························109

忍冬科 Caprifoliaceae

紫花忍冬·························111

荚蒾·····························113

裂叶宜昌荚蒾·····················115

蒙古荚蒾·························117

卫矛科 Celastraceae

苦皮藤···························118

金粟兰科 Chloranthaceae

丝穗金粟兰·······················120

景天科 Crassulaceae

多花景天·························122

柿树科 Ebenaceae

野柿·····························124

胡颓子科 Elaeagnaceae

大叶胡颓子·······················126

杜鹃花科 Ericaceae

迎红杜鹃·························129

映山红···························132

腺齿越橘·························134

大戟科 Euphorbiaceae

算盘子···························137

白乳木···························139

豆科 Fabaceae

蒙古黄芪·························142

野大豆···························144

甘草·····························146

海滨香豌豆·······················148

朝鲜槐···························150

壳斗科 Fagaceae

蒙古栎···························152

牻牛儿苗科 Geraniaceae

朝鲜老鹳草·······················154

胡桃科 Juglandaceae

胡桃楸···························156

唇形科 Lamiaceae

威海鼠尾草·······················158

大叶黄芩·························159

木通科 Lardizabalaceae

木通·····························160

樟科 Lauraceae

狭叶山胡椒·······················162

红果山胡椒·······················164

三桠乌药·························166

红楠·····························168

桑寄生科 Loranthaceae

北桑寄生·························171

列当科 Orobanchaceae

中华列当·························173

罂粟科 Papaveraceae

异果黄堇 ·······················175

全叶延胡索·······················177

蓝雪科 Plumbaginaceae

烟台补血草·······················178

报春花科 Primulaceae

肾叶报春·························180

鹿蹄草科 Pyrolaceae

鹿蹄草···························182

喜冬草···························184

毛茛科 Ranunculaceae

高帽乌头·························185

山东银莲花·······················186

褐紫铁线莲·······················188

长冬草···························190

大花铁线莲·······················192

白花白头翁·······················194

多萼白头翁·······················195

鼠李科 Rhamnaceae

拐枣···················· 196

崂山鼠李·············· 198

蔷薇科 Rosaceae

崂山樱花·············· 199

山东枸子·············· 201

山东山楂·············· 203

辽宁山楂·············· 205

三叶海棠·············· 207

毛叶石楠·············· 209

河北梨················ 211

崂山梨················ 213

鸡麻·················· 215

玫瑰·················· 217

宽蕊地榆·············· 219

柔毛宽蕊地榆·········· 221

裂叶水榆花楸·········· 223

棱果花楸·············· 225

少叶花楸·············· 226

泰山花楸·············· 228

长毛华北绣线菊········ 230

小米空木·············· 231

茜草科 Rubiaceae

山东茜草·············· 233

芸香科 Rutaceae

白鲜·················· 235

竹叶椒················ 237

野花椒················ 239

清风藤科 Sabiaceae

多花泡花树············ 241

羽叶泡花树············ 243

杨柳科 Salicaceae

五莲杨················ 245

山东柳················ 247

鲁中柳················ 249

蒙山柳················ 251

泰山柳················ 253

虎耳草科 Saxifragaceae

柔毛金腰·············· 256

光萼溲疏·············· 258

东北茶藨子············ 261

美丽茶藨子············ 263

五味子科 Schisandraceae

五味子················ 265

玄参科 Scrophulariaceae

泰山母草·············· 267

北玄参················ 268

野茉莉科 Styracaceae

野茉莉················ 270

毛萼野茉莉············ 273

玉铃花················ 274

山矾科 Symplocaceae

华山矾················ 276

山茶科 Theaceae

山茶·················· 278

瑞香科 Thymelaeaceae

河朔荛花·············· 280

椴树科 Tiliaceae

紫椴·················· 282

胶东椴················ 284

泰山椴················ 286

榆科 Ulmaceae

刺榆·················· 288

青檀·················· 290

旱榆·················· 293

马鞭草科 Verbenaceae

单叶黄荆·············· 295

单叶蔓荆·············· 296

堇菜科 Violaceae

光果球果堇菜·········· 298

槲寄生科 Viscaceae

槲寄生················ 299

蒺藜科 Zygophyllaceae

小果白刺·············· 300

三、被子植物（单子叶植物） 302

天南星科 Araceae

东北天南星············ 302

天南星················ 304

莎草科 Cyperaceae

胶东薹草·············· 306

青岛薹草·············· 307

薯蓣科 Dioscoreaceae

穿龙薯蓣·····················308

谷精草科 Eriocaulaceae

泰山谷精草·················310

鸢尾科 Iridaceae

矮鸢尾·····················311

百合科 Liliaceae

矮齿韭·····················313

泰山韭·····················315

茖葱·······················317

铃兰·······················319

山东万寿竹·················321

卷丹·······················323

青岛百合···················325

二苞黄精···················327

黄精·······················329

兰科 Orchidaceae

无柱兰·····················331

紫点杓兰···················333

大花杓兰···················335

北火烧兰···················337

天麻·······················339

小斑叶兰···················341

线叶十字兰·················343

角盘兰·····················345

羊耳蒜·····················347

二叶兜被兰·················349

蜈蚣兰·····················351

细距舌唇兰·················353

二叶舌唇兰·················354

密花舌唇兰·················356

尾瓣舌唇兰·················358

蜻蜓舌唇兰·················359

朱兰·······················361

绶草·······················363

禾本科 Poaceae

中华结缕草·················365

大穗结缕草·················366

百部科 Stemonaceae

山东百部···················367

总 论

一、山东自然地理概况

山东省位于我国东部沿海、黄河下游的暖温带区域，地理位置在北纬 34°22' ~ 38°23'、东经 114°47' ~ 122°43' 之间。境域包括半岛和内陆两部分，半岛部分突于渤海与黄海之间，隔渤海海峡与辽东半岛遥望，东与日本、朝鲜半岛隔海相望；内陆部分自北向南与河北、河南、安徽、江苏接壤。

山东省地貌由山地、丘陵和平原三部分组成。全省分为鲁西北平原区、鲁中南山地丘陵区和鲁东丘陵区三个一级地貌区。鲁中南山地丘陵为全省最高处，以泰鲁沂山地为中心，向四周地势逐渐降低，最高峰泰山（主峰玉皇顶海拔 1532.7 m），与鲁山（主峰观云峰海拔 1108.3 m）、沂山（主峰玉皇顶海拔 1032 m）构成鲁中山地的主体，其主脊形成一条东西向的分水岭，向南尚有蒙山（主峰龟蒙顶海拔 1156 m）。鲁南的枣庄一带为低山丘陵，最高峰抱犊崮海拔 584 m，日照附近的五莲山、九仙山最高峰海拔 697 m。鲁东丘陵区地貌分为三部分，北部和南部是丘陵，中部是盆地，主要山地有崂山（主峰崂顶海拔 1132.7 m）、昆嵛山（主峰泰礴顶海拔 923 m）、牙山（主峰海拔 806 m）、大泽山（主峰海拔 736.8 m）、小珠山（主峰大顶海拔 724.9 m）、伟德山（主峰海拔 553.5 m）、艾山等。鲁西北平原是以黄河为主的冲积作用下形成的广阔平原，区内绝大部分

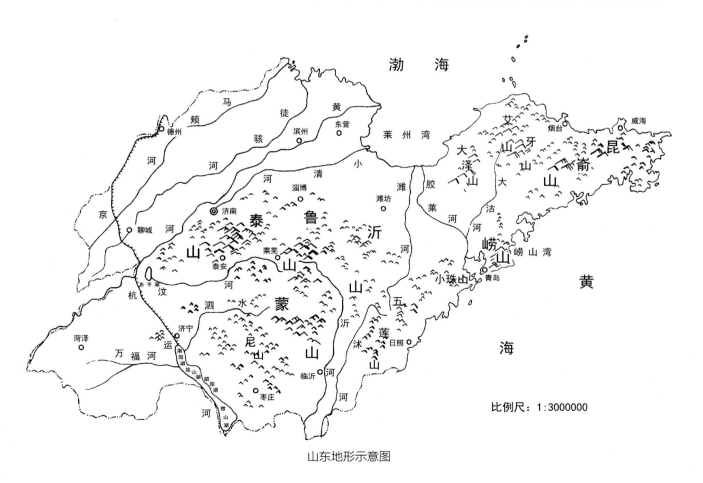

比例尺：1:3000000

山东地形示意图

海拔在 50 m 之下，总的地势自西南向东北缓倾，其中黄河冲积平原平坦无垠，河滩高地与河间洼地纵横交错，盐碱涝洼地较多。山东海岸线长而曲折，除黄河三角洲和莱州湾是泥质海岸外，大部分为岩石侵蚀海岸。近海海域中散布着 299 个岛屿，其中最大的是庙岛群岛中的南长山岛。

山东省的河流分属黄河、海河、淮河三大流域，河网比较发达。长度在 50 km 以上的河流有 1000 多条。黄河自东明县入境，经垦利入渤海，流程 617 km。黄河以北，与黄河平行入渤海的有徒骇河和马颊河；黄河以南，济南以东，有发源于济南的小清河及支脉新河等，与黄河平行流入莱州湾；黄河以南，大运河以西，以洙赵新河、东鱼河为主，构成东流注入南四湖及大运河的平行分布的不对称羽状水系。鲁中南山地丘陵区主要有沂、沭、汶、泗、淄等河流，发源于中部山区，呈辐射状，由中心向四周分流。沂河、沭河在江苏入黄海，在山东省内长度分别为 287.5 km 和 263 km；大汶河自东向西流经东平湖入黄河，流长 208 km。山东半岛的河流，多发源于艾山、牙山、昆嵛山等横贯半岛的山脉，大多是流程短、独流入海的边缘水系，河床比降大，具有源短流急、暴涨暴落、洪枯悬殊的特点。山东的湖泊主要分布在鲁中南山丘区与鲁西平原的接触带上，总面积 1496.6 km²，较大的湖泊有南四湖（由南而北依次为微山湖、昭阳湖、独山湖、南阳湖）和东平湖。

山东省气候属于暖温带大陆性季风气候区，气候温和，光照充足，热量丰富，四季分明，雨量集中。夏季降水量集中，冬季寒冷干燥，春季雨量少、风沙大，秋季晴朗少雨、冷暖适宜。全省平均气温 11.0 ~ 14.0℃，极端最低气温 -11 ~ -20℃，极端最高气温 36 ~ 43℃。全省日平均气温大于 0℃ 的积温，大部分为 4200 ~ 5000℃，日平均气温大于 10℃ 的稳定积温为 3600 ~ 4700℃。全省无霜期 180 ~ 220 d，年平均日照时数为 2300 ~ 2900 h，年日照百分率 52 % ~ 65 %。全年的平均降水量多为 550 ~ 950 mm，由东南向西北递减。半岛南部、鲁东南沿海和鲁中南南部最多，为 800 ~ 900 mm；黄河三角洲、鲁西北最少，仅为 550 mm 左右。山东省大部分地区年平均蒸发量为 1500 ~ 2000 mm，高于年平均降水量。其中鲁西北平原和济南地区蒸发量一般是降水量的 3 倍，东南沿海年均蒸发量在 1800 mm 以下。

山东土壤分为 6 个土纲、9 个亚纲、15 个土类、37 个亚类。受气候、地形、水文、地质等条件和人为活动的影响，棕壤和褐土的分布呈现出一定的规律性。鲁东丘陵区、鲁中南山地丘陵区和东南沿海为棕壤的集中分布区。鲁东丘陵区北部丘陵坡麓和中部莱阳盆地有小面积褐土分布。鲁中南山地丘陵区中南部，棕壤和褐土呈复区分布。鲁西北黄河冲积平原区，多为黄河冲积物发育的潮土所覆盖，局部与盐土成复区分布。

在中国植物区系的分区上，山东省隶属于泛北极植物区的中国—日本森林植物亚区、华北地区中的辽东、山东丘陵植物亚地区，以及华北平原植物亚地区。在植被分区上，根据《中国植被》（吴征镒，1980）中的划分，山东省属于暖温带落叶阔叶林区域，地带性植被是落叶阔叶林，植被类型多样。据李法曾（1992）等人的研究，山东省共有维管植物 2300 多种，其中自然分布的野生植物 1656 种，而其后调查新发现的山东省分布新记录野生植物尚有 100 余种。从植物分布情况看，山区多于平原，沿海多于内陆；山东半岛地区的植物种类最丰富，鲁中南山地丘陵区次之，最贫乏的是鲁北地区，这里由于自然条件单纯，尤其是土壤盐渍化，限制了植物的生存与分布。山东植物区系的组成复杂多样，主要原因在于，山东省地处我国暖温带核心位置，与植物区系丰富的亚热带相毗连，因此亚热带、热带起源的植物由南部侵入，而另一些起源于欧洲、中亚细亚的成分则由西部分布到山东省；西伯利亚、蒙古等北方成分，也可以不受地形阻挡而南下。此外，山东半岛在地史上又曾和辽东半岛相连，因此又多与各种东北成分的植物沟通。而中国和日本也是在新生代才分离，山东植物区系中因而也多日本成分。

二、山东珍稀濒危植物的种类

根据国务院公布的《国家重点保护野生植物名录》(第一批、第二批)、国家环保部公布的《中国珍稀濒危植物》和国家林业局公布的《国家珍贵树种名录(第1批)》统计,山东共有国家重点保护野生植物41种(含变种,下同),中国珍稀濒危植物8种、国家珍贵树种4种(部分种类与国家重点保护野生植物名录重复)。根据《Flora of China》、《China Checklist of Higher Plants》等资料统计,严格局限分布于山东境内的山东省特有植物46种。此外,根据近年来的调查发现,还有大量的野生植物虽未列入国家级保护名录,也非山东特有植物,但在省内稀有或处于濒危状态,有些种类在国内仅产于山东或以山东为主要分布区(国外可见于日本或朝鲜),也应加以保护和研究,这些种类均暂列为山东珍稀植物,本书记录了93种(表1)。

表1 山东珍稀濒危植物
Table 1 A list of rare and endangered plants in Shandong Province

科名 Family names	植物中名及学名 Plant names	濒危等级 Endangered category	备注 Remarks
铁角蕨科 Aspleniaceae	东海铁角蕨 *Asplenium castaneoviride*	易危(VU)	山东珍稀植物
蹄盖蕨科 Athyriaceae	鲁山对囊蕨 *Deparia lushanensis*	极危(CR)	山东特有植物
	山东对囊蕨 *Deparia shandongensis*	易危(VU)	山东特有植物
乌毛蕨科 Blechnaceae	狗脊 *Woodwardia japonica*	极危(CR)	山东珍稀植物
骨碎补科 Davalliaceae	骨碎补 *Davallia mariesii*	濒危(EN)	山东珍稀植物
鳞毛蕨科 Dryopteridaceae	全缘贯众 *Cyrtomium falcatum*	濒危(EN)	山东珍稀植物
	贯众 *Cyrtomium fortunei*	濒危(EN)	山东珍稀植物
	山东鳞毛蕨 *Dryopteris shandongensis*	极危(CR)	山东特有植物
	假中华鳞毛蕨 *Dryopteris parachinensis*	极危(CR)	山东特有植物
	山东耳蕨 *Polystichum shandongense*	濒危(EN)	山东特有植物
里白科 Gleicheniaceae	芒萁 *Dicranopteris pedata*	濒危(EN)	山东珍稀植物
肿足蕨科 Hypodematiaceae	山东肿足蕨 *Hypodematium sinense*	易危(VU)	山东特有植物
瓶尔小草科 Ophioglossaceae	狭叶瓶尔小草 *Ophioglossum thermale*	极危(CR)	中国珍稀濒危植物
紫萁科 Osamundaceae	紫萁 *Osmunda japonica*	易危(VU)	山东珍稀植物
凤尾蕨科 Pteridaceae	蒙山粉背蕨 *Aleuritopteris mengshanensis*	极危(CR)	山东特有植物
	水蕨 *Ceratopteris thalictroides*	极危(CR)	国家重点保护野生植物Ⅰ-2
	粗梗水蕨 *Ceratopteris pteridoides*	极危(CR)	国家重点保护野生植物Ⅰ-2
卷柏科 Selaginellaceae	卷柏 *Selaginella tamariscina*	易危(VU)	山东珍稀植物
麻黄科 Ephedraceae	草麻黄 *Ephedra sinica*	极危(CR)	国家重点保护野生植物Ⅱ-2
	中麻黄 *Ephedra intermedia*	极危(CR)	国家重点保护野生植物Ⅱ-2
槭树科 Aceraceae	葛萝槭 *Acer davidii* subsp. *grosseri*	易危(VU)	山东珍稀植物
	苦茶槭 *Acer tataricum* subsp. *theiferum*	极危(CR)	山东珍稀植物

科名 Family names	植物中名及学名 Plant names	濒危等级 Endangered category	备注 Remarks
猕猴桃科 Actinidiaceae	软枣猕猴桃 *Actinidia arguta*	近危（NT）	国家重点保护野生植物Ⅱ-2
	狗枣猕猴桃 *Actinidia kolomikta*	极危（CR）	国家重点保护野生植物Ⅱ-2
	葛枣猕猴桃 *Actinidia polygama*	近危（NT）	国家重点保护野生植物Ⅱ-2
漆树科 Anacardiaceae	泰山盐麸木 *Rhus taishanensis*	极危（CR）	山东特有植物
伞形科 Apiaceae	山茴香 *Carlesia sinensis*	濒危（EN）	国家重点保护野生植物Ⅱ-2
	珊瑚菜 *Glehnia littoralis*	濒危（EN）	国家重点保护野生植物Ⅰ-2、中国珍稀濒危植物
	少管短毛独活 *Heracleum moellendorffii* var. *paucivittatum*	极危（CR）	山东特有植物
	济南岩风 *Libanotis jinanensis*	极危（CR）	山东特有植物
	滨海前胡 *Peucedanum japonicum*	濒危（EN）	山东珍稀植物
五加科 Araliaceae	楤木 *Aralia elata*	易危（VU）	山东珍稀植物
	无梗五加 *Eleutherococcus sessiliflorus*	极危（CR）	山东珍稀植物
	刺楸 *Kalopanax septemlobus*	近危（NT）	国家珍贵树种
马兜铃科 Aristolochiaceae	汉城细辛 *Asarum sieboldii*	濒危（EN）	山东珍稀植物
萝藦科 Asclepiadaceae	白首乌 *Cynanchum bungei*	濒危（EN）	山东珍稀植物
菊科 Asteraceae	渤海滨南牡蒿 *Artemisia eriopoda* var. *maritima*	易危（VU）	山东特有植物
	朝鲜苍术 *Atractylodes koreana*	易危（VU）	山东珍稀植物
	叶状菊 *Chrysanthemum foliaceum*	易危（VU）	山东特有植物
	长苞菊 *Chrysanthemum longibracteatum*	易危（VU）	山东特有植物
秋海棠科 Begoniaceae	中华秋海棠 *Begonia grandis* subsp. *sinensis*	易危（VU）	山东珍稀植物
小檗科 Berberidaceae	北京小檗 *Berberis beijingensis*	极危（CR）	山东珍稀植物
桦木科 Betulaceae	坚桦 *Betula chinensis*	易危（VU）	山东珍稀植物
	千金榆 *Carpinus cordata*	易危（VU）	山东珍稀植物
	蒙山鹅耳枥 *Carpinus mengshanensis*	极危（CR）	山东特有植物
	小叶鹅耳枥 *Carpinus stipulata*	易危（VU）	山东珍稀植物
	毛榛 *Corylus mandshurica*	濒危（EN）	山东珍稀植物
紫草科 Boraginaceae	紫草 *Lithospermum erythrorhizon*	濒危（EN）	山东珍稀植物
	蒙山附地菜 *Trigonotis tenera*	易危（VU）	山东特有植物
桔梗科 Campanulaceae	羊乳 *Codonopsis lanceolata*	濒危（EN）	山东珍稀植物
忍冬科 Caprifoliaceae	紫花忍冬 *Lonicera maximowiczii*	濒危（EN）	山东珍稀植物
	荚蒾 *Viburnum dilatatum*	易危（VU）	山东珍稀植物
	裂叶宜昌荚蒾 *Viburnum erosum* var. *taquetii*	极危（CR）	山东珍稀植物
	蒙古荚蒾 *Viburnum mongolicum*	极危（CR）	山东珍稀植物
卫矛科 Celastraceae	苦皮藤 *Celastrus angulatus*	易危（VU）	山东珍稀植物

科名 Family names	植物中名及学名 Plant names	濒危等级 Endangered category	备注 Remarks
金粟兰科 Chloranthaceae	丝穗金粟兰 *Chloranthus fortunei*	濒危（EN）	山东珍稀植物
景天科 Crassulaceae	多花景天 *Phedimus floriferus*	易危（VU）	山东特有植物
柿树科 Ebenaceae	野柿 *Diospyros kaki* var. *silvestris*	易危（VU）	山东珍稀植物
胡颓子科 Elaeagnaceae	大叶胡颓子 *Elaeagnus macrophylla*	濒危（EN）	山东珍稀植物
杜鹃花科 Ericaceae	迎红杜鹃 *Rhododendron mucronulatum*	易危（VU）	山东珍稀植物
	映山红 *Rhododendron simsii*	濒危（EN）	山东珍稀植物
	腺齿越橘 *Vaccinium oldhamii*	近危（NT）	山东珍稀植物
大戟科 Euphorbiaceae	算盘子 *Glochidion puberum*	濒危（EN）	山东珍稀植物
	白乳木 *Neoshirakia japonica*	近危（NT）	山东珍稀植物
豆科 Fabaceae	蒙古黄芪 *Astragalus mongolicus*	濒危（EN）	国家重点保护野生植物Ⅱ-2、中国珍稀濒危植物
	野大豆 *Glycine soja*	无危（LC）	国家重点保护野生植物Ⅰ-2、中国珍稀濒危植物
	甘草 *Glycyrrhiza uralensis*	濒危（EN）	国家重点保护野生植物Ⅱ-2
	海滨香豌豆 *Lathyrus japonicus*	易危（VU）	山东珍稀植物
	朝鲜槐 *Maackia amurensis*	近危（NT）	国家珍贵树种
壳斗科 Fagaceae	蒙古栎 *Quercus mongolica*	近危（NT）	国家珍贵树种
牻牛儿苗科 Geraniaceae	朝鲜老鹳草 *Geranium koreanum*	无危（LC）	山东珍稀植物
胡桃科 Juglandaceae	胡桃楸 *Juglans mandshurica*	近危（NT）	中国珍稀濒危植物、国家珍贵树种
唇形科 Lamiaceae	威海鼠尾草 *Salvia weihaiensis*	极危（CR）	山东特有植物
	大叶黄芩 *Scutellaria megaphylla*	极危（CR）	山东特有植物
木通科 Lardizabalaceae	木通 *Akebia quinata*	易危（VU）	山东珍稀植物
樟科 Lauraceae	狭叶山胡椒 *Lindera angustifolia*	极危（CR）	山东珍稀植物
	红果山胡椒 *Lindera erythrocarpa*	濒危（EN）	山东珍稀植物
	三桠乌药 *Lindera obtusiloba*	近危（NT）	山东珍稀植物
	红楠 *Machilus thunbergii*	极危（CR）	山东珍稀植物
桑寄生科 Loranthaceae	北桑寄生 *Loranthus tanakae*	濒危（EN）	山东珍稀植物
列当科 Orobanchaceae	中华列当 *Orobanche mongolica*	濒危（EN）	山东珍稀植物
罂粟科 Papaveraceae	异果黄堇 *Corydalis heterocarpa*	易危（VU）	山东珍稀植物
	全叶延胡索 *Corydalis repens*	濒危（EN）	山东珍稀植物
蓝雪科 Plumbaginaceae	烟台补血草 *Limonium franchetii*	易危（VU）	山东珍稀植物
报春花科 Primulaceae	肾叶报春 *Primula loeseneri*	濒危（EN）	山东珍稀植物
鹿蹄草科 Pyrolaceae	鹿蹄草 *Pyrola calliantha*	濒危（EN）	山东珍稀植物
	喜冬草 *Chimaphila japonica*	极危（CR）	山东珍稀植物

科名 Family names	植物中名及学名 Plant names	濒危等级 Endangered category	备注 Remarks
毛茛科 Ranunculaceae	高帽乌头 *Aconitum longecassidatum*	极危（CR）	山东珍稀植物
	山东银莲花 *Anemone shikokiana*	易危（VU）	山东珍稀植物
	褐紫铁线莲 *Clematis fusca*	濒危（EN）	山东珍稀植物
	长冬草 *Clematis hexapetala* var. *tchefouensis*	无危（LC）	山东珍稀植物
	大花铁线莲 *Clematis patens*	易危（VU）	山东珍稀植物
	白花白头翁 *Pulsatilla chinensis* f. *alba*	濒危（EN）	山东特有植物
	多萼白头翁 *Pulsatilla chinensis* f. *plurisepala*	濒危（EN）	山东特有植物
鼠李科 Rhamnaceae	拐枣 *Hovenia dulcis*	近危（NT）	山东珍稀植物
	崂山鼠李 *Rhamnus laoshanensis*	极危（CR）	山东特有植物
蔷薇科 Rosaceae	崂山樱花 *Cerasus laoshanensis*	极危（CR）	山东特有植物
	山东栒子 *Cotoneaster schantungensis*	极危（CR）	山东特有植物
	山东山楂 *Crataegus shandongensis*	极危（CR）	山东特有植物
	辽宁山楂 *Crataegus sanguinea*	极危（CR）	山东珍稀植物
	三叶海棠 *Malus sieboldii*	易危（VU）	山东珍稀植物
	毛叶石楠 *Photinia villosa*	易危（VU）	山东珍稀植物
	河北梨 *Pyrus hopeiensis*	极危（CR）	国家重点保护野生植物Ⅱ-2
	崂山梨 *Pyrus trilocularis*	极危（CR）	山东特有植物
	鸡麻 *Rhodotypos scandens*	濒危（EN）	山东珍稀植物
	玫瑰 *Rosa rugosa*	濒危（EN）	国家重点保护野生植物Ⅱ-2、中国珍稀濒危植物
	宽蕊地榆 *Sanguisorba applanata*	近危（NT）	山东珍稀植物
	柔毛宽蕊地榆 *Sanguisorba applanata* var. *villosa*	近危（NT）	山东特有植物
	裂叶水榆花楸 *Sorbus alnifolia* var. *lobulata*	易危（VU）	山东珍稀植物
	棱果花楸 *Sorbus alnifolia* var. *angulata*	极危（CR）	山东特有植物
	少叶花楸 *Sorbus hupehensis* var. *paucijuga*	濒危（EN）	山东特有植物
	泰山花楸 *Sorbus taishanensis*	极危（CR）	山东特有植物
	长毛华北绣线菊 *Spiraea fritschiana* var. *villosa*	濒危（EN）	山东特有植物
	小米空木 *Stephanandra incisa*	近危（NT）	山东珍稀植物
茜草科 Rubiaceae	山东茜草 *Rubia truppeliana*	无危（LC）	山东特有植物
芸香科 Rutaceae	白鲜 *Dictamnus dasycarpus*	易危（VU）	山东珍稀植物
	竹叶椒 *Zanthoxylum armatum*	濒危（EN）	山东珍稀植物
	野花椒 *Zanthoxylum simulans*	易危（VU）	山东珍稀植物
清风藤科 Sabiaceae	多花泡花树 *Meliosma myriantha*	濒危（EN）	山东珍稀植物
	羽叶泡花树 *Meliosma oldhamii*	易危（VU）	山东珍稀植物

科名 Family names	植物中名及学名 Plant names	濒危等级 Endangered category	备注 Remarks
杨柳科 Salicaceae	五莲杨 *Populus wulianensis*	极危（CR）	山东特有植物
	山东柳 *Salix koreensis* var. *shandongensis*	极危（CR）	山东特有植物
	鲁中柳 *Salix luzhongensis*	易危（VU）	山东特有植物
	蒙山柳 *Salix nipponica* var. *mengshanensis*	极危（CR）	山东特有植物
	泰山柳 *Salix taishanensis*	极危（CR）	山东珍稀植物
虎耳草科 Saxifragaceae	柔毛金腰 *Chrysosplenium pilosum* var. *valdepilosum*	濒危（EN）	山东珍稀植物
	光萼溲疏 *Deutzia glabrata*	近危（NT）	山东珍稀植物
	东北茶藨子 *Ribes mandshuricum*	易危（VU）	国家重点保护野生植物Ⅱ-2
	美丽茶藨子 *Ribes pulchellum*	极危（CR）	山东珍稀植物
五味子科 Schisandraceae	五味子 *Schisandra chinensis*	易危（VU）	国家重点保护野生植物Ⅱ-2
玄参科 Scrophulariaceae	泰山母草 *Lindernia taishanensis*	极危（CR）	山东特有植物
	北玄参 *Scrophularia buergeriana*	易危（VU）	山东珍稀植物
野茉莉科 Styracaceae	野茉莉 *Styrax japonicus*	近危（NT）	山东珍稀植物
	毛萼野茉莉 *Styrax japonicus* var. *calycothrix*	近危（NT）	山东珍稀植物
	玉铃花 *Styrax obassis*	易危（VU）	山东珍稀植物
山矾科 Symplocaceae	华山矾 *Symplocos chinensis*	濒危（EN）	山东珍稀植物
山茶科 Theaceae	山茶 *Camellia japonica*	极危（CR）	国家重点保护野生植物Ⅱ-2
瑞香科 Thymelaeaceae	河朔荛花 *Wikstroemia chamaedaphne*	濒危（EN）	山东珍稀植物
椴树科 Tiliaceae	紫椴 *Tilia amurensis*	易危（VU）	国家重点保护野生植物Ⅰ-2
	胶东椴 *Tilia jiaodongensis*	极危（CR）	山东特有植物
	泰山椴 *Tilia taishanensis*	濒危（EN）	山东特有植物
榆科 Ulmaceae	刺榆 *Hemiptelea davidii*	近危（NT）	山东珍稀植物
	青檀 *Pteroceltis tatarinowii*	易危（VU）	中国珍稀濒危植物
	旱榆 *Ulmus glaucescens*	濒危（EN）	山东珍稀植物
马鞭草科 Verbenaceae	单叶黄荆 *Vitex negundo* var. *simplicifolia*	极危（CR）	山东特有植物
	单叶蔓荆 *Vitex rotundifolia*	易危（VU）	山东珍稀植物
堇菜科 Violaceae	光果球果堇菜 *Viola collina* var. *glabricarpa*	易危（VU）	山东特有植物
槲寄生科 Viscaceae	槲寄生 *Viscum coloratum*	濒危（EN）	山东珍稀植物
蒺藜科 Zygophyllaceae	小果白刺 *Nitraria sibirica*	易危（VU）	山东珍稀植物
天南星科 Araceae	东北天南星 *Arisaema amurense*	近危（NT）	国家重点保护野生植物Ⅱ-2
	天南星 *Arisaema heterophyllum*	濒危（EN）	国家重点保护野生植物Ⅱ-2
莎草科 Cyperaceae	胶东薹草 *Carex jiaodongensis*	极危（CR）	山东特有植物
	青岛薹草 *Carex qingdaoensis*	极危（CR）	山东特有植物
薯蓣科 Dioscoreaceae	穿龙薯蓣 *Dioscorea nipponica*	近危（NT）	国家重点保护野生植物Ⅱ-2

科名 Family names	植物中名及学名 Plant names	濒危等级 Endangered category	备注 Remarks
谷精草科 Eriocaulaceae	泰山谷精草 *Eriocaulon taishanense*	极危（CR）	山东特有植物
鸢尾科 Iridaceae	矮鸢尾 *Iris kobayashii*	濒危（EN）	山东珍稀植物
百合科 Liliaceae	矮齿韭 *Allium brevidentatum*	极危（CR）	山东特有植物
	泰山韭 *Allium taishanense*	近危（NT）	山东特有植物
	茖葱 *Allium victorialis*	极危（CR）	山东珍稀植物
	铃兰 *Convallaria majalis*	易危（VU）	山东珍稀植物
	山东万寿竹 *Disporum smilacinum*	易危（VU）	山东珍稀植物
	卷丹 *Lilium tigrinum*	易危（VU）	山东珍稀植物
	青岛百合 *Lilium tsingtauense*	易危（VU）	国家重点保护野生植物Ⅱ-2
	二苞黄精 *Polygonatum involucratum*	易危（VU）	山东珍稀植物
	黄精 *Polygonatum sibiricum*	易危（VU）	山东珍稀植物
兰科 Orchidaceae	无柱兰 *Amitostigma gracile*	易危（VU）	国家重点保护野生植物Ⅱ-2
	紫点杓兰 *Cypripedium guttatum*	极危（CR）	国家重点保护野生植物Ⅱ-1
	大花杓兰 *Cypripedium macranthos*	极危（CR）	国家重点保护野生植物Ⅱ-1
	北火烧兰 *Epipactis xanthophaea*	濒危（EN）	国家重点保护野生植物Ⅱ-2
	天麻 *Gastrodia elata*	极危（CR）	国家重点保护野生植物Ⅱ-2、中国珍稀濒危植物
	小斑叶兰 *Goodyera repens*	濒危（EN）	国家重点保护野生植物Ⅱ-2
	线叶十字兰 *Habenaria linearifolia*	濒危（EN）	国家重点保护野生植物Ⅱ-2
	角盘兰 *Herminium monorchis*	濒危（EN）	国家重点保护野生植物Ⅱ-2
	羊耳蒜 *Liparis campylostalix*	易危（VU）	国家重点保护野生植物Ⅱ-2
	二叶兜被兰 *Neottianthe cucullata*	濒危（EN）	国家重点保护野生植物Ⅱ-2
	蜈蚣兰 *Pelatantheria scolopendrifolia*	极危（CR）	国家重点保护野生植物Ⅱ-2
	细距舌唇兰 *Platanthera bifolia*	濒危（EN）	国家重点保护野生植物Ⅱ-2
	二叶舌唇兰 *Platanthera chlorantha*	濒危（EN）	国家重点保护野生植物Ⅱ-2
	密花舌唇兰 *Platanthera hologlottis*	濒危（EN）	国家重点保护野生植物Ⅱ-2
	尾瓣舌唇兰 *Platanthera mandarinorum*	濒危（EN）	国家重点保护野生植物Ⅱ-2
	蜻蜓舌唇兰 *Platanthera souliei*	极危（CR）	国家重点保护野生植物Ⅱ-2
	朱兰 *Pogonia japonica*	极危（CR）	国家重点保护野生植物Ⅱ-2
	绶草 *Spiranthes sinensis*	濒危（EN）	国家重点保护野生植物Ⅱ-2
禾本科 Poaceae	中华结缕草 *Zoysia sinica*	无危（LC）	国家重点保护野生植物Ⅰ-2
	大穗结缕草 *Zoysia macrostachya*	易危（VU）	山东珍稀植物
百部科 Stemonaceae	山东百部 *Stemona shandongensis*	易危（VU）	山东特有植物

三、山东珍稀濒危植物的区系特点

山东珍稀濒危植物区系的地理成分比较复杂、区系联系广泛，可以分为 9 种分布区类型（表 2）。从区系组成上看，以东亚成分和中国特有成分占绝对优势，二者共有 168 种，占所有种类的 90.3%。

表 2 山东珍稀濒危植物的分布区类型
Table 2 The distribution types of rare and endangered plants in Shandong Province

编号 number	分布区类型 Distribution type	种数 Number of species	占总种数（%）% of total species
1	泛热带分布 Pantropic	1	0.54
2	热带亚洲—热带大洋洲分布 Tropic Asia and Tropic Australia	3	1.61
3	热带亚洲—热带美洲间断分布 Tropic Asia and Tropic America	1	0.54
4	热带亚洲分布 Tropic Asia	1	0.54
5	北温带分布 North Temperate	5	2.69
6	旧世界温带分布 Old World Temperate	4	2.15
7	温带亚洲分布 Temperate Asia	3	1.61
8	东亚分布 East Asia	94	50.54
9	中国特有分布 Endemic to Chian	74	39.78
合计 Total		186	100.00

东亚分布共有 94 种，占 50.54%，其中又以中国—日本分布型占优势。典型的东亚成分有天麻（*Gastrodia elata*）等，从东喜马拉雅一直分布到日本；中国—喜马拉雅成分有东北天南星（*Arisaema amurense*）、东北茶藨子（*Ribes mandshuricum*）等，可以分布到朝鲜北部，但不见于日本；而中国—日本成分共有 65 种，占东亚成分的 69.15%，常见的如软枣猕猴桃（*Actinidia arguta*）、葛枣猕猴桃（*Actinidia polygama*）、珊瑚菜（*Glehnia littoralis*）、刺楸（*Kalopanax septemlobus*）、三桠乌药（*Lindera obtusiloba*）、中华结缕草（*Zoysia sinica*）、多花泡花树（*Meliosma myriantha*）等，包括很多来源于热带性质属种类，如山茶（*Camellia japonica*）、蜈蚣兰（*Pelatantheria scolopendrifolia*）、狭叶瓶尔小草（*Ophioglossum thermale*）、全缘贯众（*Cyrtomium falcatum*）、紫萁（*Osmunda japonica*）、红楠（*Machilus thunbergii*）、红果山胡椒（*Lindera erythrocarpa*）等，大多以山东为自然分布的北界，这从另一个侧面验证了东亚植物区系的热带亲缘。同时，在东亚分布型中，有些种类在我国仅产于山东，或者以山东为主要分布区，但分布范围较小，一般仅见于 1～3 个县区，这些种类从全国范围而言也均为珍稀植物，如 山东银莲花（*Anemone shikokiana*）、山东万寿竹（*Disporum smilacinum*）、青岛百合（*Lilium tsingtauense*）、山茶、腺齿越橘（*Vaccinium oldhamii*）、大叶胡颓子（*Elaeagnus macrophylla*）、肾叶报春（*Primula loeseneri*）、玫瑰（*Rosa rugosa*）、汉城细辛（*Asarum sieboldii*）、高帽乌头（*Aconitum longecassidatum*）、裂叶水榆花楸（*Sorbus alnifolia* var. *lobulata*）、大花铁线莲（*Clematis patens*）、裂叶宜昌荚蒾（*Viburnum erosum* var. *taquetii*）、朝鲜苍术（*Atractylodes koreana*）、朝鲜老鹳草（*Geranium koreanum*）等。

中国特有成分（含山东特有）共74种，占39.78%。其中，非山东特有的中国特有种共有28种，主要分布于我国东北、华北和西北地区，如北京小檗（*Berberis beijingensis*）、河北梨（*Pyrus hopeiensis*）、旱榆（*Ulmus glaucescens*）等。有些种类以山东为模式产地和主要分布区，如山茴香（*Carlesia sinensis*）、烟台补血草（*Limonium franchetii*）、宽蕊地榆（*Sanguisorba applanata*）、长冬草（*Clematis hexapetala* var. *tchefouensis*）、泰山柳（*Salix taishanensis*）等，有些中国特有种主要分布于亚热带，向北延伸至山东达到自然分布的北界，如华山矾（*Symplocos chinensis*）、苦茶槭（*Acer tataricum* subsp. *theiferum*），还有不少种类主要分布于我国东北地区，山东为自然分布的南界，个别种类可继续向南分布到苏北连云港地区，再向南则无生长，如紫椴是典型的东北成分，向南延伸分布至山东，北火烧兰（*Epipactis xanthophaea*）也以东北为主要分布区，但向南延伸至河北和山东。

在中国特有成分中，山东特有种46种，占所有种类的24.73%。分布较广泛的有山东茜草（*Rubia truppeliana*）、山东肿足蕨（*Hypodematium sinense*）、泰山韭（*Allium taishanense*）、山东对囊蕨（*Deparia shandongensis*）、柔毛宽蕊地榆（*Sanguisorba applanata* var. *villosa*）、鲁中柳（*Salix luzhongensis*）、渤海滨南牡蒿（*Artemisia eriopoda* var. *maritima*）、蒙山附地菜（*Trigonotis tenera*）、泰山椴（*Tilia taishanensis*）等，其他种类大多为狭域分布种，往往仅产于1～2个山地或县域范围内，多处于极度濒危状态，如鲁山对囊蕨（*Deparia lushanensis*）、少管短毛独活（*Heracleum moellendorffii* var. *paucivittatum*）、济南岩风（*Libanotis jinanensis*）、威海鼠尾草（*Salvia weihaiensis*）、山东枸子（*Cotoneaster schantungensis*）、崂山梨（*Pyrus trilocularis*）、胶东薹草（*Carex jiaodongensis*）、单叶黄荆（*Vitex negundo* var. *simplicifolia*）、五莲杨（*Populus wulianensis*）、泰山谷精草（*Eriocaulon taishanense*）等。

其他几种成分均较少。温带成分共有12种，其中北温带分布5种，即茖葱（*Allium victorialis*）、铃兰（*Convallaria majalis*）、紫点杓兰（*Cypripedium guttatum*）、小斑叶兰（*Goodyera repens*）、海滨香豌豆（*Lathyrus japonicus*）；旧世界温带分布4种，即二叶兜被兰（*Neottianthe cucullata*）、角盘兰（*Herminium monorchis*）、细距舌唇兰（*Platanthera bifolia*）、二叶舌唇兰（*Platanthera chlorantha*）；温带亚洲分布3种，即蒙古黄芪（*Astragalus mongholicus*）、甘草（*Glycyrrhiza uralensis*）和中麻黄（*Ephedra intermedia*）。属于热带分布共有6种，即泛热带分布的水蕨（*Ceratopteris thalictroides*），热带亚洲分布的贯众（*Cyrtomium fortunei*），热带亚洲至热带大洋洲的芒萁（*Dicranopteris pedata*）、绶草（*Spiranthes sinensis*）、单叶蔓荆（*Vitex rotundifolia*），热带亚洲和热带美洲间断分布的粗梗水蕨（*Ceratopteris pteridoides*）。

四、山东珍稀濒危植物现状分析

IUCN 将濒危物种等级划分为野外绝灭 Extinct in the Wild（EW）、极危 Critically Endangered（CR）、濒危 Endangered（EN）、易危 Vulnerable（VU）、近危 Near Threatened（NT）、无危 Least Concern（LC）等。根据野外调查资料，并结合前人研究成果，对山东省珍稀濒危植物在山东省内分布的情况进行评估（表1）。结果表明：极危（CR）54种、濒危（EN）54种、易危（VU）53种、近危（NT）20种、无危（LC）5种。另外，水胡桃（*Pterocarya rhoifolia*）分布于日本和山东崂山一带，但近60来未再发现，在我国可能已经野外绝灭。

极危：54种。面临即将绝灭的几率非常高。其中，国家级保护植物14种、山东特有植物27种。如已列为国家极小种群的物种河北梨（*Pyrus hopeiensis*）仅在崂山发现2株大树，调查表明原有记载为秋子梨的错误鉴定；山茶（*Camellia japonica*）现存仅500余株，野生群落仅见于近海岛屿大管岛和长门岩；天麻（*Gastrodia elata*）仅见于昆嵛山和崂山局部地区，而且资源量极为有限，过度采挖极易造成绝灭；水蕨（*Ceratopteris thalictroides*）和粗梗水蕨（*Ceratopteris pteridoides*）仅产于微山湖的南阳湖、独山湖，随着旅游开发和环境污染，生境遭受破坏，已经很难发现生长。

濒危：54种。虽未达到极危标准，但是其野生种群在不久的将来面临绝灭的几率很高。其中，国家级保护植物16种、山东特有植物6种。如珊瑚菜（*Glehnia littoralis*）曾广泛分布于烟台、威海、青岛、日照等滨海地带，但随着旅游开发和滨海地区开发建设，分布区及资源数量均急剧下降，已处于濒危状态；矮鸢尾（*Iris kobayashii*）仅分布于济南历城、章丘附近山地，生于山坡灌草丛及草丛中，资源较少，易因旅游开发和生境破坏而消失。紫草（*Lithospermum erythrorhizon*）在山东中部和东部山区均有分布，但作为著名的传统中药材在民间使用已久，而且由于花期易于识别，过度采挖导致其数量急剧减少，种群正常繁衍受阻。其他尚有全缘贯众（*Cyrtomium falcatum*）、槲寄生（*Viscum coloratum*）、甘草（*Glycyrrhiza uralensis*）等。

易危：53种。目前数量仍较多或分布区较大，但由于人类活动如开荒垦田、过度放牧、除草剂过度使用等，使多数种类的原生境遭到破坏，种群个体数量减少，若不及时保护，在未来一段时间后其野生种群面临绝灭的几率较高。其中，国家级保护植物7种、山东特有植物10种。如青岛百合（*Lilium tsingtauense*）、朝鲜苍术（*Atractylodes koreana*）、中华秋海棠（*Begonia grandis* subsp. *sinensis*）、山东肿足蕨（*Hypodematium sinense*）、青檀（*Pteroceltis tatarinowii*）等。紫椴在山东各主要山区均有分布，从绝对数量看短期内应不会濒危灭绝，但作为重要的经济和用材树种，可因过度开发利用致使资源急剧减少。

近危：20种。未达到极危、濒危或易危标准，但是在未来一段时间后可能符合受威胁等级。其中，国家级保护植物8种、山东特有植物2种。如泰山韭（*Allium taishanense*）、穿龙薯蓣（*Dioscorea nipponica*）、腺齿越橘（*Vaccinium oldhamii*）、刺楸（*Kalopanax septemlobus*）、胡桃楸（*Juglans mandshurica*）、软枣猕猴桃（*Actinidia arguta*）等。

无危：5种。未达到极危、濒危、易危或者近危标准，在省内广泛分布且个体数量丰富。其中，国家级保护植物2种、山东特有植物1种。包括野大豆（*Glycine soja*）、山东茜草（*Rubia truppeliana*）、中华结缕草（*Zoysia sinica*）、长冬草（*Clematis hexapetala* var. *tchefouensis*）、朝鲜老鹳草（*Geranium koreanum*）。

五、山东珍稀濒危植物的地理分布格局

山东珍稀濒危植物在省内的分布极不均匀。根据已知分布区（表3）统计，珍稀濒危植物种类最多的是青岛市和烟台市，分别有119种和109种，其次是威海76种、临沂59种、泰安58种。这些地市均处于山东半岛和鲁中南地区，存在较多自然植被保存较好的山地，如崂山、泰山、蒙山、昆嵛山、小珠山、伟德山等，或者环境的异质性较好，沿海滩涂和近海岛屿也保存有部分珍稀濒危植物。潍坊、济南、淄博、日照等地也有较多的珍稀濒危植物，主要原因在于潍坊有沂山和仰天山，淄博有鲁山，日照有五莲山和九仙山，而济南南部山区与泰山毗邻。相反的，聊城、菏泽、德州等地由于全部为平原地区，自然植被荡然无存，珍稀濒危植物种类较少，仅有全省广布的中华结缕草（*Zoysia sinica*）、野大豆（*Glycine soja*）等，滨州和东营地处黄河三角洲，多为盐碱地，种类也不多，但分布着草麻黄（*Ephedra sinica*）、小果白刺（*Nitraria sibirica*）、甘草（*Glycyrrhiza uralensis*）等其他地区没有的种类。

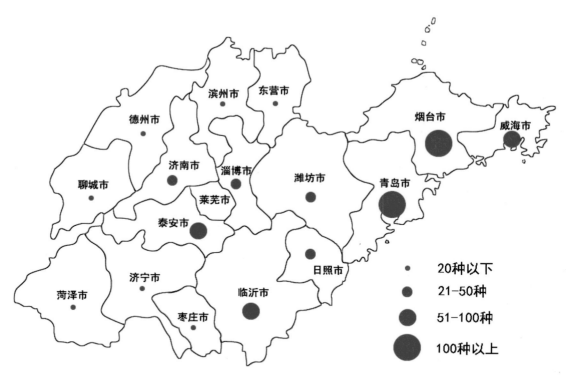

山东珍稀濒危植物种类分布密度示意图

　　就山东珍稀濒危植物的广布程度而言，分布最广的是中华结缕草（*Zoysia sinica*）、野大豆（*Glycine soja*），全省 17 个地市均有分布；其次是山东茜草（*Rubia truppeliana*）和长冬草（*Clematis hexapetala* var. *tchefouensis*），见于各地山区丘陵和部分平原地区。这 4 种植物均为草本植物，个体数量丰富。其他分布区域较广的还有胡桃楸（*Juglans mandshurica*）、穿龙薯蓣（*Dioscorea nipponica*）、卷丹（*Lilium tigrinum*）、刺楸（*Kalopanax septemlobus*）、中华秋海棠（*Begonia grandis* subsp. *sinensis*）、迎红杜鹃（*Rhododendron mucronulatum*）、东北天南星（*Arisaema amurense*）、北玄参（*Scrophularia buergeriana*）、拐枣（*Hovenia dulcis*）等，但主要分布于山区，不见于平原地带。仅产于 1 个地市的有 60 种，约占总数的 1/3，见于 2～3 个地市的共计 65 种，二者合计 125 种，占种数的 67.20%。不少种类仅有一个分布地点，个体数量极为有限，如河北梨（*Pyrus hopeiensis*）、水蕨（*Ceratopteris thalictroides*）、粗梗水蕨（*Ceratopteris pteridoides*）、泰山盐麸木（*Rhus taishanensis*）、泰山花楸（*Sorbus taishanensis*）、泰山母草（*Lindernia taishanensis*）、山东栒子（*Cotoneaster schantungensis*）、单叶黄荆（*Vitex negundo* var. *simplicifolia*）、蒙山鹅耳枥（*Carpinus mengshanensis*）、蒙山粉背蕨（*Aleuritopteris mengshanensis*）、蒙山柳（*Salix nipponica* var. *mengshanensis*）、鲁山对囊蕨（*Deparia lushanensis*）、棱果花楸（*Sorbus alnifolia* var. *angulata*）、崂山樱花（*Cerasus laoshanensis*）、崂山梨（*Pyrus trilocularis*）、山东柳（*Salix koreensis* var. *shandongensis*）、威海鼠尾草（*Salvia weihaiensis*）、青岛薹草（*Carex qingdaoensis*）、少管短毛独活（*Heracleum moellendorffii* var. *paucivittatum*）等。

表 3 山东珍稀濒危植物的分布
Table 2 The distribution of rare and endangered plants in Shandong Province

植物中名及学名 Plant names	济南	青岛	淄博	枣庄	东营	烟台	潍坊	济宁	泰安	威海	日照	滨州	德州	聊城	临沂	菏泽	莱芜	合计
东海铁角蕨 *Asplenium castaneoviride*		●				●		●	●						●			5
鲁山对囊蕨 *Deparia lushanensis*			●						●									2
山东对囊蕨 *Deparia shandongensis*		●				●				●					●			4
狗脊 *Woodwardia japonica*								●										1
骨碎补 *Davallia mariesii*		●				●				●	●				●			5
全缘贯众 *Cyrtomium falcatum*		●				●	●											3
贯众 *Cyrtomium fortunei*		●							●						●			3
山东鳞毛蕨 *Dryopteris shandongensis*		●																1
假中华鳞毛蕨 *Dryopteris parachinensis*			●							●								2
山东耳蕨 *Polystichum shandongense*		●							●						●			3
芒萁 *Dicranopteris pedata*		●																1
山东肿足蕨 *Hypodematium sinense*	●			●				●	●						●			5
狭叶瓶尔小草 *Ophioglossum thermale*															●			1
紫萁 *Osmunda japonica*		●				●				●								3
蒙山粉背蕨 *Aleuritopteris mengshanensis*															●			1
水蕨 *Ceratopteris thalictroides*								●										1
粗梗水蕨 *Ceratopteris pteridoides*								●										1
卷柏 *Selaginella tamariscina*		●				●		●		●	●				●			6
草麻黄 *Ephedra sinica*					●	●						●						3
中麻黄 *Ephedra intermedia*												●						1
葛萝槭 *Acer davidii* subsp. *grosseri*			●				●		●						●			4
苦茶槭 *Acer tataricum* subsp. *theiferum*		●																1
软枣猕猴桃 *Actinidia arguta*	●	●	●			●	●		●	●	●							8
狗枣猕猴桃 *Actinidia kolomikta*							●											1
葛枣猕猴桃 *Actinidia polygama*		●				●	●		●	●								5
泰山盐麸木 *Rhus taishanensis*									●									1
山茴香 *Carlesia sinensis*		●				●	●			●								4
珊瑚菜 *Glehnia littoralis*		●				●				●	●							4
少管短毛独活 *Heracleum moellendorffii* var. *paucivittatum*								●										1
济南岩风 *Libanotis jinanensis*	●		●															2
滨海前胡 *Peucedanum japonicum*		●																1
楤木 *Aralia elata*						●				●								2
无梗五加 *Eleutherococcus sessiliflorus*			●			●			●	●								4
刺楸 *Kalopanax septemlobus*	●	●	●			●	●		●	●	●				●		●	10
汉城细辛 *Asarum sieboldii*		●																1
白首乌 *Cynanchum bungei*	●									●								2
渤海滨南牡蒿 *Artemisia eriopoda* var. *maritima*						●				●								2

植物中名及学名 Plant names	济南	青岛	淄博	枣庄	东营	烟台	潍坊	济宁	泰安	威海	日照	滨州	德州	聊城	临沂	菏泽	莱芜	合计
朝鲜苍术 Atractylodes koreana		●				●	●			●					●			5
叶状菊 Chrysanthemum foliaceum	●																	1
长苞菊 Chrysanthemum longibracteatum	●																	1
中华秋海棠 Begonia grandis subsp. sinensis	●	●	●			●	●		●	●	●				●		●	10
北京小檗 Berberis beijingensis		●																1
坚桦 Betula chinensis		●	●			●				●	●							5
千金榆 Carpinus cordata		●				●	●				●							4
蒙山鹅耳枥 Carpinus mengshanensis															●			1
小叶鹅耳枥 Carpinus stipulata			●												●			2
毛榛 Corylus mandshurica		●				●												2
紫草 Lithospermum erythrorhizon	●	●				●			●	●					●			6
蒙山附地菜 Trigonotis tenera									●						●			2
羊乳 Codonopsis lanceolata		●				●				●	●							4
紫花忍冬 Lonicera maximowiczii		●				●												2
荚蒾 Viburnum dilatatum		●	●			●									●			4
裂叶宜昌荚蒾 Viburnum erosum var. taquetii		●				●												2
蒙古荚蒾 Viburnum mongolicum			●															1
苦皮藤 Celastrus angulatus	●			●	●	●	●								●			6
丝穗金粟兰 Chloranthus fortunei		●				●				●	●				●			5
多花景天 Phedimus floriferus		●				●									●			3
野柿 Diospyros kaki var. silvestris		●				●				●					●			4
大叶胡颓子 Elaeagnus macrophylla		●				●				●								3
迎红杜鹃 Rhododendron mucronulatum	●	●	●			●	●		●	●					●		●	10
映山红 Rhododendron simsii		●									●							2
腺齿越橘 Vaccinium oldhamii		●				●												2
算盘子 Glochidion puberum		●									●				●			3
白乳木 Neoshirakia japonica		●																1
蒙古黄芪 Astragalus mongolicus									●									1
野大豆 Glycine soja	●	●	●	●	●	●	●	●	●	●	●	●	●	●	●	●	●	17
甘草 Glycyrrhiza uralensis		●											●					2
海滨香豌豆 Lathyrus japonicus		●				●				●								3
朝鲜槐 Maackia amurensis		●	●			●												3
蒙古栎 Quercus mongolica	●	●	●			●	●		●	●					●			9
朝鲜老鹳草 Geranium koreanum		●	●			●			●	●	●				●			7
胡桃楸 Juglans mandshurica		●	●			●	●		●	●	●				●		●	10
威海鼠尾草 Salvia weihaiensis										●								1
大叶黄芩 Scutellaria megaphylla		●																1
木通 Akebia quinata		●		●		●				●	●							5
狭叶山胡椒 Lindera angustifolia			●			●												2

植物中名及学名 Plant names	已知分布区 Known distribution area																	
	济南	青岛	淄博	枣庄	东营	烟台	潍坊	济宁	泰安	威海	日照	滨州	德州	聊城	临沂	菏泽	莱芜	合计
红果山胡椒 *Lindera erythrocarpa*		●				●				●								3
三桠乌药 *Lindera obtusiloba*	●	●				●	●		●	●	●				●			8
红楠 *Machilus thunbergii*		●																1
北桑寄生 *Loranthus tanakae*	●	●	●				●		●						●			6
中华列当 *Orobanche mongolica*						●												1
异果黄堇 *Corydalis heterocarpa*		●				●												2
全叶延胡索 *Corydalis repens*	●								●						●			3
烟台补血草 *Limonium franchetii*		●					●			●								3
肾叶报春 *Primula loeseneri*		●																1
鹿蹄草 *Pyrola calliantha*						●				●								2
喜冬草 *Chimaphila japonica*						●												1
高帽乌头 *Aconitum longecassidatum*		●																1
山东银莲花 *Anemone shikokiana*		●				●												2
褐紫铁线莲 *Clematis fusca*		●				●				●								3
长冬草 *Clematis hexapetala* var. *tchefouensis*	●	●	●	●		●	●	●	●	●	●				●		●	12
大花铁线莲 *Clematis patens*		●				●												2
白花白头翁 *Pulsatilla chinensis* f.*alba*							●											1
多萼白头翁 *Pulsatilla chinensis* f. *plurisepala*							●											1
拐枣 *Hovenia dulcis*	●	●	●			●	●		●	●	●				●			9
崂山鼠李 *Rhamnus laoshanensis*		●																1
崂山樱花 *Cerasus laoshanensis*		●																1
山东栒子 *Cotoneaster schantungensis*	●																	1
山东山楂 *Crataegus shandongensis*				●					●									2
辽宁山楂 *Crataegus sanguinea*			●															1
三叶海棠 *Malus sieboldii*		●				●				●								3
毛叶石楠 *Photinia villosa*		●				●												2
河北梨 *Pyrus hopeiensis*		●																1
崂山梨 *Pyrus trilocularis*		●																1
鸡麻 *Rhodotypos scandens*		●				●				●								3
玫瑰 *Rosa rugosa*		●								●								2
宽蕊地榆 *Sanguisorba applanata*		●				●				●								3
柔毛宽蕊地榆 *Sanguisorba applanata* var. *villosa*		●				●				●								3
裂叶水榆花楸 *Sorbus alnifolia* var. *lobulata*		●	●			●									●			5
棱果花楸 *Sorbus alnifolia* var. *angulata*			●															1
少叶花楸 *Sorbus hupehensis* var. *paucijuga*		●																1
泰山花楸 *Sorbus taishanensis*									●									1
长毛华北绣线菊 *Spiraea fritschiana* var. *villosa*										●					●			3
小米空木 *Stephanandra incisa*		●					●			●	●					●		5
山东茜草 *Rubia truppeliana*	●	●	●	●		●	●		●	●	●				●		●	12

植物中名及学名 Plant names	已知分布区 Known distribution area																	合计
	济南	青岛	淄博	枣庄	东营	烟台	潍坊	济宁	泰安	威海	日照	滨州	德州	聊城	临沂	菏泽	莱芜	
白鲜 *Dictamnus dasycarpus*		●				●				●								3
竹叶椒 *Zanthoxylum armatum*		●	●	●					●	●								5
野花椒 *Zanthoxylum simulans*		●	●			●				●	●				●			6
多花泡花树 *Meliosma myriantha*		●				●				●								3
羽叶泡花树 *Meliosma oldhamii*		●				●				●								3
五莲杨 *Populus wulianensis*						●					●							2
山东柳 *Salix koreensis* var. *shandongensis*						●												1
鲁中柳 *Salix luzhongensis*			●					●							●			3
蒙山柳 *Salix nipponica* var. *mengshanensis*															●			1
泰山柳 *Salix taishanensis*									●									1
柔毛金腰 *Chrysosplenium pilosum* var. *valdepilosum*						●			●									2
光萼溲疏 *Deutzia glabrata*		●				●				●								3
东北茶藨子 *Ribes mandshuricum*	●	●	●			●				●								5
美丽茶藨子 *Ribes pulchellum*								●										1
五味子 *Schisandra chinensis*	●	●	●			●			●	●					●			7
泰山母草 *Lindernia taishanensis*									●									1
北玄参 *Scrophularia buergeriana*		●	●			●	●	●	●	●	●				●			9
野茉莉 *Styrax japonicus*		●				●				●					●			4
毛萼野茉莉 *Styrax japonicus* var. *calycothrix*		●				●				●								3
玉铃花 *Styrax obassis*		●				●				●	●				●			5
华山矾 *Symplocos chinensis*		●				●				●					●			4
山茶 *Camellia japonica*		●																1
河朔荛花 *Wikstroemia chamaedaphne*	●							●	●									3
紫椴 *Tilia amurensis*	●	●	●			●	●			●	●	●					●	9
胶东椴 *Tilia jiaodongensis*						●	●											2
泰山椴 *Tilia taishanensis*		●							●									2
刺榆 *Hemiptelea davidii*	●	●	●	●		●			●									6
青檀 *Pteroceltis tatarinowii*				●				●	●									3
旱榆 *Ulmus glaucescens*	●																	1
单叶黄荆 *Vitex negundo* var. *simplicifolia*	●																	1
单叶蔓荆 *Vitex rotundifolia*		●			●	●	●			●	●	●						7
光果球果堇菜 *Viola collina* var. *glabricarpa*									●									1
槲寄生 *Viscum coloratum*			●			●									●			3
小果白刺 *Nitraria sibirica*					●			●					●					3
东北天南星 *Arisaema amurense*	●	●	●			●	●		●	●	●				●			9
天南星 *Arisaema heterophyllum*		●				●												2
胶东薹草 *Carex jiaodongensis*						●												1

植物中名及学名 Plant names	已知分布区 Known distribution area																	
	济南	青岛	淄博	枣庄	东营	烟台	潍坊	济宁	泰安	威海	日照	滨州	德州	聊城	临沂	菏泽	莱芜	合计
青岛薹草 Carex qingdaoensis		●																1
穿龙薯蓣 Dioscorea nipponica	●	●	●			●	●		●	●	●				●		●	10
泰山谷精草 Eriocaulon taishanense						●			●									2
矮鸢尾 Iris kobayashii	●																	1
矮齿韭 Allium brevidentatum									●		●							2
泰山韭 Allium taishanense		●		●					●						●			4
茖葱 Allium victorialis															●			1
铃兰 Convallaria majalis		●				●			●									3
山东万寿竹 Disporum smilacinum		●				●					●							3
卷丹 Lilium tigrinum	●	●	●			●	●		●	●	●				●		●	10
青岛百合 Lilium tsingtauense		●				●												2
二苞黄精 Polygonatum involucratum		●				●	●		●	●					●			6
黄精 Polygonatum sibiricum		●		●		●	●		●	●					●			7
无柱兰 Amitostigma gracile		●				●	●		●	●					●			6
紫点杓兰 Cypripedium guttatum		●																1
大花杓兰 Cypripedium macranthos		●																1
北火烧兰 Epipactis xanthophaea		●				●			●	●								4
天麻 Gastrodia elata		●								●								2
小斑叶兰 Goodyera repens			●			●	●		●						●			5
线叶十字兰 Habenaria linearifolia		●				●	●		●									4
角盘兰 Herminium monorchis		●	●						●	●								4
羊耳蒜 Liparis campylostalix		●	●	●		●	●		●	●					●			8
二叶兜被兰 Neottianthe cucullata															●			1
蜈蚣兰 Pelatantheria scolopendrifolia		●							●									2
细距舌唇兰 Platanthera bifolia		●				●		●										3
二叶舌唇兰 Platanthera chlorantha		●				●	●											3
密花舌唇兰 Platanthera hologlottis		●								●								3
尾瓣舌唇兰 Platanthera mandarinorum		●							●	●								3
蜻蜓舌唇兰 Platanthera souliei										●								1
朱兰 Pogonia japonica		●				●												2
绶草 Spiranthes sinensis		●	●			●	●		●	●	●				●			8
中华结缕草 Zoysia sinica	●	●	●	●	●	●	●	●	●	●	●	●	●	●	●	●	●	17
大穗结缕草 Zoysia macrostachya						●												1
山东百部 Stemona shandongensis	●		●						●						●			4

（编写人：臧德奎）

山东珍稀濒危植物各论

一、蕨类植物

铁角蕨科 Aspleniaceae

◆ 东海铁角蕨（曲阜铁角蕨）

Asplenium castaneoviride Baker in Ann. Bot. 5: 304. 1891; 陈汉斌, 山东植物志（上卷）, 94 . f. 48. 1990; 中国植物志, 4（2）: 91. Pl. 14: 10-12. 1999; 李法曾, 山东植物精要, 16. f. 47. 2004.

【类别】山东珍稀植物

【现状】易危（VU）

【形态】多年生小草本, 高 8 ~ 20 cm。根状茎短而直立, 密被鳞片, 鳞片线状披针形, 黑色。叶簇生; 叶柄光滑; 叶片羽状全裂, 2 型。大型叶的柄长 6 ~ 8 cm, 粗约 1mm, 叶片披针形, 长 11 ~ 14 cm, 中部宽 2 ~ 3 cm; 羽片 10 ~ 15 对, 对生或近对生, 无柄; 下部羽片向基部逐渐变小, 并渐变为椭圆形, 相距 1 ~ 2 cm, 中部羽片相距约 1 cm, 较长, 披针形, 长 1 ~ 2 cm, 宽 3 ~ 5 mm, 边缘浅波状至深波状, 顶端圆钝, 或有时渐尖成小植株。小型叶的柄长 2 ~ 4 cm, 粗约 0.5 mm, 叶片线状披针形, 长 5 ~ 9 cm, 宽约 1 cm, 基部不变狭, 羽片 7 ~ 9 对, 椭圆形或倒卵形, 下部羽片略大, 长 5 ~ 7 cm, 中部宽 3 ~ 5 mm, 圆头, 基部与叶轴合生, 沿叶轴以狭翅相连。叶脉羽状, 纤细, 两面均不明显, 小脉单一或二叉, 先端有明显的水囊, 不达叶边。孢子囊群线状椭圆形, 长约 2 mm, 每羽片 3 ~ 10 枚, 位于小脉上侧, 成熟后为褐棕色; 囊群盖同形, 淡白绿色, 全缘, 开向主脉。

【生境分布】分布于青岛（崂山）、烟台（艾山、芝罘）、济宁（邹城）、泰安（泰山）、临沂（临沭）等地, 生在林下湿润的岩石表面及其缝隙内。国内分布于辽东半岛、江苏北部。日本、朝鲜也有分布。模式标本采自山东烟台芝罘。

【保护价值】东海铁角蕨在我国分布范围狭窄, 多为零星分布, 可能是过山蕨（*Camptosorus sibiricus*）和虎尾铁角蕨（*Asplenium incisum*）的属间自然杂交种, 对于研究铁角蕨科的分类和系统演化具有较大价值。

【致危分析】东海铁角蕨植株小而稀少, 零散生长于林下潮湿岩石表面或缝隙内, 易受人为破坏或动物啃食。

特征图　　　　　　　孢子囊群　　　　　　　成熟开裂的孢子囊群

营养繁殖幼株　　　　　　　生境　　　　　　　植株

【保护措施】建议列为山东省重点保护野生植物。对东海铁角蕨进行全面资源调查，搞清其自然分布、生长及数量状况；根据调查结果，将生长集中处划为自然保护点，设立固定围栏，加以重点保护；进行引种栽培或组培繁殖等。

（编写人：侯元同）

蹄盖蕨科 Athyriaceae

◆ 鲁山对囊蕨（鲁山假蹄盖蕨）

Deparia lushanensis （J. X. Li）Z. R. He, Flora of China, 2: 439. 2013; 臧德奎，山东特有植物，14. 2016.

——*Athyriopsis lushanensis* J. X. Li, Acta Phytotax. Sin. 26: 162. 1988; 陈汉斌，山东植物志（上卷），70. f. 34. 1990; D. K. Zang in Bull. Bot. Res., Harbin 14（1）: 49. 1994; 中国植物志，3（2）: 330. 1999; 李法曾，山东植物精要，12. f. 34. 2004.

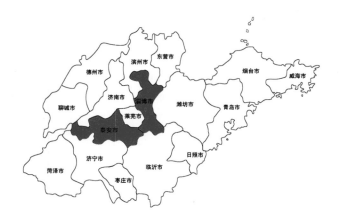

【类别】山东特有植物

【现状】极危（CR）

【形态】多年生草本。高 35～55 cm；根状茎细长横走，直径约 3 mm，先端被棕色的披针形鳞片。叶疏生；能育叶长达 60 cm；叶柄长 10～30 cm，直径约 1 mm，基部黑色，疏生与根状茎上相同的鳞片，向上浅禾秆色，疏生狭披针形、浅褐色的小鳞片及节状毛；叶片阔披针形，长达 40 cm，宽达 12 cm，顶部渐尖；侧

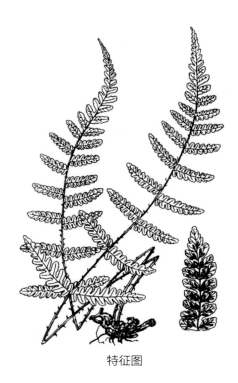

特征图

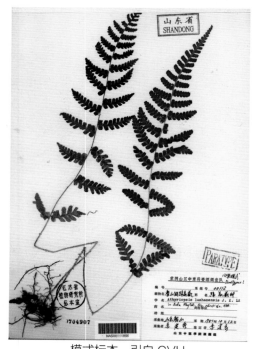

模式标本，引自 CVH

植株　　　　　　　　　　　　　　叶片

叶片　　　　　　　　　　　　叶片背面及孢子囊群

生分离羽片达 15 对，多为互生，开展，披针形，羽状深裂，先端急尖或钝圆，基部的稍大，长达 7 cm，宽达 2.5 cm，略有短柄，其余的无柄；裂片多达 8 对，长方形或矩圆形，先端平截或圆形，边缘有疏浅钝齿，基部上侧 1 片较大；裂片上羽状脉的小脉 4 对以下，斜向上，单一，少见二叉。叶薄草质，干后淡绿色；沿叶轴疏被小鳞片和多细胞节状软毛，中脉两侧的侧脉上也有同样的毛。孢子囊群粗短线形或略向后弯曲呈新月形，每裂片 1 ~ 3 对，单生于小脉上侧中部或下部，在裂片基部上出 1 脉常双生于上下两侧；囊群盖棕色，膜质，宿存，边缘啮蚀状；孢子近肾形，孢壁有不规则的瘤状纹饰。

　　【生境分布】分布于淄博（鲁山）、泰安（徂徕山），生于海拔 700 m 左右的林下湿地。模式标本采自山东鲁山。

　　【保护价值】鲁山对囊蕨是山东特有植物，仅产于鲁山和徂徕山，数量稀少，是对囊蕨属分布最北的 2 种之一，对于研究该属的区系地理具有重要的科研价值。

　　【致危分析】鲁山对囊蕨分布范围狭窄，数量少，且当地生境在历史上经常受到人为干扰，如樵采，近年主要受旅游干扰。

　　【保护措施】建议列为山东省重点保护野生植物。对本种所知甚少，应开展全面资源调查，并根据调查结果划定保护点就地保护。

（编写人：张学杰、臧德奎）

◆ 山东对囊蕨（山东假蹄盖蕨）

Deparia shandongensis（J. X. Li & Z. C. Ding）Z. R. He, Flora of China, 2-3: 439. 2013; 臧德奎, 山东特有植物, 15. 2016.

——*Athyriopsis shandongensis* J. X. Li & Z. C. Ding, Acta Phytotax. Sin. 26: 163. 1988; 陈汉斌, 山东植物志（上卷）, 70. f. 35. 1990; D. K. Zang in Bull. Bot. Res., Harbin 14（1）: 49. 1994; 中国植物志, 3（2）: 332. 1999; 李法曾, 山东植物精要, 12. f. 35. 2004.

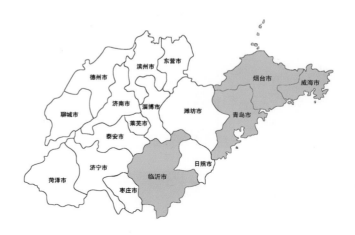

特征图

标本

【类别】山东特有植物

【现状】易危（VU））

【形态】多年生草本。根状茎细长，横走，直径约 2 mm，顶端密被棕色、全缘的阔披针形鳞片。叶疏生，近 2 型。能育叶较长，叶柄长 20 ～ 30 cm，基部暗棕色，向上渐变为禾秆色，直径约 2 mm，疏生披针形、浅褐色、全缘的薄鳞片及节状毛。不育叶（营养叶）柄长 8 ～ 10 cm；叶片阔披针形，长达 35 cm，中部宽约 10 cm，先端长渐尖并为羽裂，基部一对羽片略狭缩，或与中部羽片近等大，1 回羽状；羽片 12 ～ 15 对，无柄，多为互生，披针形或镰状披针形，中部羽片长达 6.5 cm，宽约 1.5 cm，先端急尖或渐尖，基部不狭缩，羽状深裂几达中脉；裂片 8 ～ 10 对，长圆形或长方形，先端平截，边缘近全缘或有稀疏的缺刻状圆齿；叶脉在裂片上羽状，侧脉 3 ～ 4 对，单一或二叉，不达叶边。叶草质，干后绿色，叶轴和中脉有黄棕色小鳞片和多细胞节状毛，叶脉两面疏被同样的毛。孢子囊群条形，每裂片 1 ～ 3 对，平直，单一或常在裂片基部上侧 1 脉双生；囊群盖淡棕色，膜质，边缘啮蚀状，在囊群成熟前内弯；孢子近肾形，孢壁有不规则的耳片状纹饰。

【生境分布】分布于烟台（艾山、牙山、昆嵛山）、威海（正棋山）、青岛（崂山）及临沂（蒙山），生于海拔 200 ～ 500 m 的林下湿地。模式标本采自山东蒙山。

【保护价值】山东对囊蕨是山东特有植物，也是现知该属在我国境内分布纬度最偏北的一种，数量较少，具有重要的科研价值。本种与鲁山对囊蕨（*Deparia lushanensis*）形体近似，但叶片质地较厚，囊群盖边缘在囊群成熟前内弯，孢子周壁表面有不规则的耳片状纹饰。

【致危分析】山东对囊蕨分布范围狭窄，数量少，且当地生境在历史上经常受到人为干扰，如樵采，近年部分地区受到旅游的干扰；分布区片段化，种群繁衍困难。

【保护措施】建议列为山东省重点保护野生植物。开展资源调查，根据资源分布情况进行就地保护；开展生物学特性、生态学特性等方面研究。

（编写人：张学杰）

乌毛蕨科 Blechnaceae

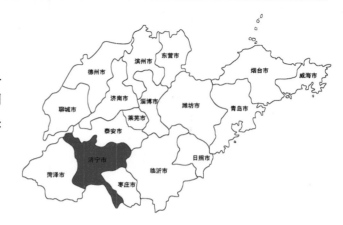

◆ 狗脊（狗脊蕨）

Woodwardia japonica（Linn. f.）Smith in Mem. Acad. Turin 5: 411. 1793; 傅书遐，中国主要植物图说·蕨类植物门，154, f. 202. 1957; 中国植物志，4(2): 203. 1999.

【类别】山东珍稀植物

【现状】极危（CR）

【形态】多年生草本,植株高（50）80 ~ 120 cm。根状茎粗壮，横卧，粗 3 ~ 5 cm，密被暗褐色的披针形或线状披针形鳞片。叶近生；柄长 15 ~ 70 cm，粗 3 ~ 6 mm，下部密被与根状茎上相同而较小的鳞片，向上至叶轴逐渐稀疏，老时脱落，叶柄基部往往宿存于根状茎上。叶片长卵形，长 25 ~ 80 cm，下部宽 18 ~ 40 cm，先端渐尖，2 回羽裂；顶生羽片卵状披针形或长三角状披针形，大于侧生羽片，其基部一对裂片往往伸长;侧生羽片（4）7 ~ 16 对，下部的对生或近对生，向上近对生或为互生，无柄或近无柄，下部羽片较长，线状披针形，长 12 ~ 22 cm，宽 2 ~ 3.5 cm，先端长渐尖，基部圆楔形或圆截形，上侧常与叶轴平行，羽状半裂；裂片 11 ~ 16 对，偏斜，半椭圆形或半卵形，最下部 1 对缩短，边缘有细密锯齿。脉序网状，羽轴及主脉两侧各有 1 行狭长网眼，其外侧尚有若干不整齐的多角形网眼，其余小脉分离，单一或分叉，直达叶边。孢子囊群线形，挺直，着生于主脉两侧的狭长网眼上，也有时生于羽轴两侧的狭长网眼上，不连续，呈单行排列；

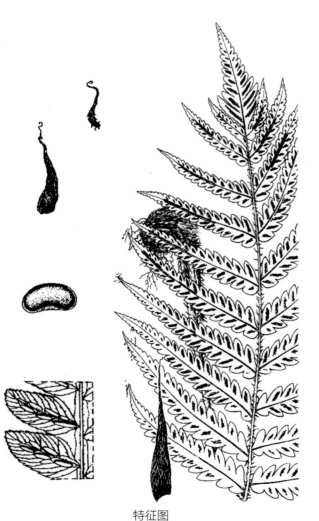

特征图

植株

叶背面孢子囊群

幼株

囊群盖线形，质厚，棕褐色，成熟时开向主脉或羽轴，宿存。因生境的影响，植株大小、羽片对数及排列的疏密、裂片的形状均略有差异。

【生境分布】分布于济宁（邹城），生于疏林下岩石潮湿处。广布于长江流域以南各地，是酸性土指示植物。也分布于朝鲜南部和日本。

【保护价值】山东邹城是狗脊蕨属及乌毛蕨科自然分布区的北界，对植物区系研究具有重要价值；狗脊蕨也是我国应用已久的中药，有镇痛、利尿及强壮之效。其根状茎富含淀粉，可酿酒，亦可作土农药。园林可栽培观赏。

【致危分析】狗脊蕨在山东仅见于邹城莲青山的岩石下潮湿处，数量极少，是山东稀有植物；随着莲青山旅游业的发展，其生境遭受破坏，山民亦采挖。

【保护措施】建议列为山东省重点保护野生植物。选择狗脊蕨生长的山坡岩石下潮湿生境，建立原生境保护点，保证其生境不受人为破坏。开展引种栽培和繁殖实验。

（编写人：侯元同）

骨碎补科 Davalliaceae

◆ **骨碎补（海州骨碎补）**

Davallia mariesii Moore ex Baker in Ann. Bot. 5: 201. 1891; 陈汉斌，山东植物志（上卷），134 . f. 70. 1990；中国植物志，6（1）:300. 1999; 李法曾，山东植物精要，23. f. 72. 2004.

【类别】山东珍稀植物

【现状】濒危（EN）

【形态】多年生草本，高 15 ~ 40 cm。根状茎长而横走，粗 4 ~ 5 mm，密被蓬松的灰棕色鳞片；鳞片阔披针形或披针形，长达 8 mm，边缘有睫毛。叶远生，相距 1 ~ 5 cm；叶柄长 6 ~ 20 cm，粗 1 ~ 1.5 mm，上面有浅纵沟，基部被鳞片；叶片五角形，长宽各 8 ~ 25 cm，先端渐尖，基部浅心形，4 回羽裂；羽片 6 ~ 12 对，下部 1 ~ 2 对对生或近对生，向上的互生，基部 1 对最大，三角形，长宽各 5 ~ 10 cm；1 回小羽片 6 ~ 10 对，互生，基部下侧 1 片特大，长 2.5 ~ 7 cm，宽 2 ~ 3 cm，长卵形，基部不对称，上侧截形并与羽轴平行，下侧楔形，羽裂达具翅的小羽轴；2 回小羽片

特征图

植株

生境　　　　　　　　　　　　　生境

叶片及孢子囊群　　　　　　　　植株

5 ～ 8 对，彼此密接，基部上侧 1 片略较大，椭圆形，基部下侧下延，下部几对深羽裂几达具阔翅的主脉，向上的为浅羽裂；裂片椭圆形，宽 1.5 ～ 2 mm，极斜向上，钝头，单一或二裂为不等长的钝齿；向上的羽片逐渐缩小并为椭圆形，彼此密接，下部的 2 回羽状，上部的为深羽裂达具翅的羽轴。叶脉可见，叉状分枝，每钝齿有小脉 1 条。孢子囊群生于小脉顶端，每裂片有 1 枚；囊群盖管状，长约 1 mm，先端截形，不达到钝齿的弯缺处，外侧有一尖角，褐色，厚膜质。

【生境分布】分布于青岛（崂山、小珠山）、烟台（昆嵛山、招远、海阳、栖霞）、威海、日照、临沂（蒙山）等地，生于山地林中树干上或阴湿岩石上。国内分布于辽宁、江苏及台湾。朝鲜南部及日本也有分布。

【保护价值】骨碎补是我国传统药用植物，根状茎入药，有坚骨、补肾之效，主治跌打损伤，风湿痹痛，肾虚牙痛、腰痛、久泻。

【致危分析】骨碎补生境特殊，多生于阴湿的岩石上，近年来气候干旱、降雨量减少对其生境影响较大，数量减少。也因采药等人为干扰而受到破坏。

【保护措施】建议列为山东省重点保护野生植物。就地保护。加强人工繁育研究，引种保存到资源圃、植物园。

（编写人：臧德奎、马　燕）

鳞毛蕨科 Dryopteridaceae

◆ **全缘贯众**

Cyrtomium falcatum（Linn. f.）C. Presl, Tent. Pterid. 86. 1836；陈汉斌，山东植物志（上卷），127. f. 67. 1990；中国植物志，5（2）：195. 2001；李法曾，山东植物精要，22. f. 68. 2004.

【类别】山东珍稀植物

【现状】濒危（EN）

【形态】多年生草本，常绿或半常绿植物，高30 ~ 40 cm。根茎直立，密被披针形棕色鳞片。叶簇生，叶柄长 15 ~ 27 cm，基部直径 3 ~ 4 mm，禾秆色，腹面有浅纵沟，下部密生卵形鳞片，鳞片棕色或有时中间带黑棕色，边缘流苏状，向上秃净；叶片宽披针形，长 22 ~ 35 cm，宽 12 ~ 15 cm，先端急尖，基部略变狭，奇数一回羽状；侧生羽片 5 ~ 14 对，互生，平伸或略斜向上，有短柄，偏斜的卵形或卵状披针形，常向上弯，中部的长 6 ~ 10 cm，宽 2.5 ~ 3 cm，先端长渐尖或成尾状，基部偏斜圆楔形，上侧圆形下侧宽楔形或弧形，边缘全缘常成波状；具羽状脉，小脉结成 3 ~ 4 行网眼，腹面不明显，背面微凸起；顶生羽片卵状披针形，二叉或三叉状，长 4.5 ~ 8 cm，宽 2 ~ 4 cm。

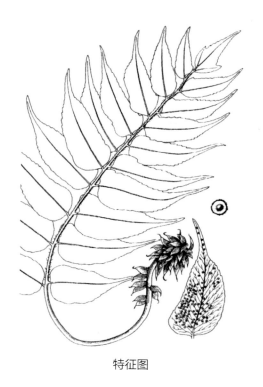

特征图

植株

植株

生境（烟台）

孢子囊群

生境（威海）

叶革质，两面光滑；叶轴腹面有浅纵沟，有披针形边缘有齿的棕色鳞片或秃净。孢子囊群遍布羽片背面；囊群盖圆形，盾状，边缘有小齿缺。

【生境分布】分布于青岛（崂山、灵山岛）、烟台、威海（刘公岛、成山头、石岛）等地，生于海边或海岛的岩石缝及低海拔疏林下，尤多见于海边潮线以上岩石上。国内分布于江苏、浙江、福建、台湾和广东。朝鲜、日本、印度也有分布。

【保护价值】全缘贯众为常绿蕨类植物，枝叶伸展美观，适应力强，是北方海滨沙地及岩石重要的绿化植物资源；根茎中含有绵马酸类、贯众素等有效成分，可供药用。山东为本种自然分布的北界。

【致危分析】近年来受人为采集和生态环境破坏的影响，本种在山东分布区域和数量锐减，已成为濒危物种。

【保护措施】建议列为山东省重点保护野生植物。就地保护。该物种的孢子在人工条件下很难萌发，应加强繁殖技术研究，重点进行有性繁殖技术研究。

（编写人：韩晓弟、赵　宏）

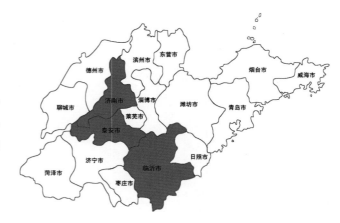

◆ 贯众

Cyrtomium fortunei J. Smith Ferns Brit. & Fore, 286. 1866; 陈汉斌, 山东植物志（上卷）, 129 . f. 69. 1990; 中国植物志, 5(2): 205. 2001; 李法曾, 山东植物精要, 22. f. 70. 2004.

【类别】山东珍稀植物

【现状】濒危（EN）

【形态】多年生草本, 高 25 ~ 50 cm。根茎直立, 密被棕色鳞片。叶簇生, 叶柄长 12 ~ 26 cm, 基部直径 2 ~ 3 mm, 禾秆色, 腹面有浅纵沟, 密生卵形及披针形棕色有时中间为深棕色鳞片, 鳞片边缘有齿, 有时向上部秃净; 叶片矩圆披针形, 长 20 ~ 42 cm, 宽 8 ~ 14 cm, 先端钝, 基部不变狭或略变狭, 奇数 1 回羽

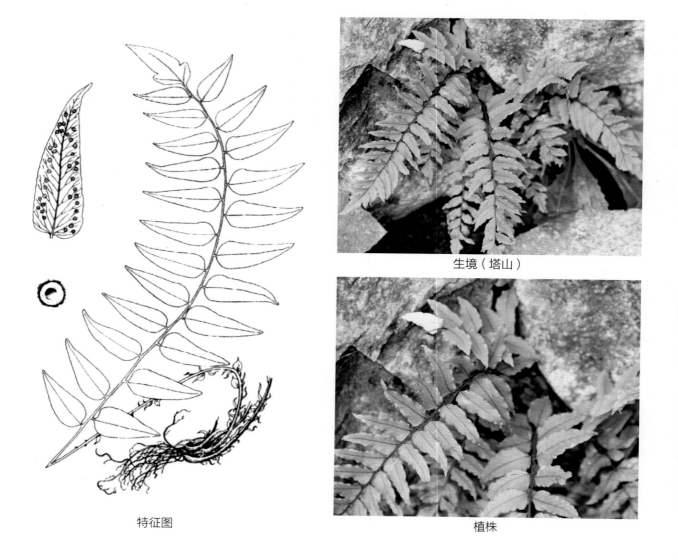

特征图

生境（塔山）

植株

孢子囊群

状；侧生羽片 7 ~ 16 对，互生，近平伸，柄极短，披针形，多少上弯成镰状，中部的长
5 ~ 8 cm，宽 1.2 ~ 2 cm，先端渐尖少数成尾状，基部偏斜、上侧近截形有时略有钝的耳
状凸、下侧楔形，边缘全缘有时有前倾的小齿；具羽状脉，小脉联结成 2 ~ 3 行网眼，腹
面不明显，背面微凸起；顶生羽片狭卵形，下部有时有 1 或 2 个浅裂片，长 3 ~ 6 cm，宽
1.5 ~ 3 cm。叶为纸质，两面光滑；叶轴腹面有浅纵沟，疏生披针形及线形棕色鳞片。孢
子囊群遍布羽片背面；囊群盖圆形，盾状，全缘。

【生境分布】分布于济南（历城）、泰安（肥城、宁阳、大汶口）、临沂（蒙山、塔山）
等地，多生于石灰岩缝、路边或墙缝。国内分布于河北、山西、陕西、甘肃、河南至华南。也
分布于日本、朝鲜、越南、泰国、印度、尼泊尔。

【保护价值】贯众是常用中药，其带叶柄基部的干燥根状茎，具有清热解毒、杀虫、止
血等功效。临沂等地的贯众曾被命名为山东贯众（*Cyrtomium shandongense* J. X. Li），与
中心分布区的形态有差异，值得进一步研究。

【致危分析】致危的主要原因是药用采集，以及栖息地由于旅游开发等过度的人为活
动干扰，生态环境恶化，造成本身自我繁衍能力下降。

【保护措施】提高对生态环境的保护力度，在保护其野生植株的前提条件下，进行人
工繁育以保证其资源的可持续利用。加大生物学、生态学研究的力度。

（编写人：韩晓弟、赵　宏）

◆ **山东鳞毛蕨**

Dryopteris shandongensis J. X. Li & F. Li, in Acta Phytotax. Sin. 26（5）: 406. 1988; 陈汉斌, 山东植物志（上卷）, 116 . f. 61. 1990; D. K. Zang in Bull. Bot. Res., Harbin 14(1): 49. 1994; 李法曾, 山东植物精要, 20. f. 61. 2004; 臧德奎, 山东特有植物, 19. 2016.

特征图

模式标本, 引自 CVH

【现状】极危（CR）

【形态】多年生草本, 高 35 ～ 55 cm; 根状茎直立, 连同叶柄基部密被棕色阔披针形鳞片。叶簇生; 叶柄长 10 ～ 15 cm, 基部粗约 4 mm; 叶片卵状长圆形, 长约 35 cm, 基部较宽, 约为 12 ～ 20 cm, 向上渐狭缩, 先端渐尖并羽裂, 2 回羽状或 3 回深羽裂; 羽片达 12 对, 斜展, 彼此以狭间隔分开, 基部羽片对生, 较大, 基部不对称, 长三角形, 长 7 ～ 12 cm, 宽 5 ～ 8 cm, 渐尖头, 柄长达 1 cm, 1 ～ 2 回深羽裂; 小裂片约 10 对, 披针形, 互生, 下部的有短柄, 基部下侧 1 片略长, 长 3 ～ 4 cm, 宽 10 ～ 12 mm, 深羽裂; 第 2 ～ 3 对小羽片羽状半裂, 先端全缘或有不明显的锯齿; 第 2 对羽片比基部 1 对略狭缩, 小羽片无柄, 披针形, 钝头, 长 2 ～ 2.5 cm, 有锯齿; 裂片长圆形, 先端略有细齿, 两侧近全缘; 叶脉羽状, 小脉单一, 少数分叉, 下面略可见; 叶干后淡绿色, 草质, 中脉下面疏生披针形小鳞片。孢子囊群在中脉两侧各排成 1 行; 囊群盖小, 棕色, 圆肾形, 中央淡棕色, 宿存; 孢子圆肾形, 孢壁有规则的片状纹饰。

【生境分布】分布于临沂（蒙山）, 生于林下湿地。模式标本采自山东蒙山。

【保护价值】山东鳞毛蕨是山东特有植物, 仅产于蒙山, 数量稀少。

【致危分析】山东鳞毛蕨分布范围狭窄, 个体较少, 影响了种群繁衍和维持。且当地生境在历史上经常受到人为干扰。

【保护措施】就地保护, 加强生物学特性和繁殖生物学研究。

（编写人: 张学杰）

◆ **假中华鳞毛蕨**

Dryopteris parachinensis Ching & F. Z. Li, Bull. Bot. Res., Harbin 5（1）: 157. 1985; 陈汉斌, 山东植物志（上卷）, 119. 1990; D. K. Zang in Bull. Bot. Res., Harbin 14（1）: 49. 1994; 李法曾, 山东植物精要, 20. 2004; 臧德奎, 山东特有植物, 20. 2016.

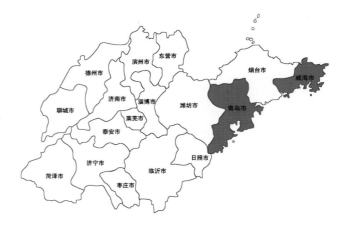

【类别】山东特有植物

【现状】极危（CR）

【形态】多年生草本，高达 60 cm；根状茎直立或斜升，顶端密被鳞片；鳞片黑褐色，披针形，全缘，边缘有棕色狭边。叶簇生；叶柄长 20 ~ 25 cm，禾秆色，初有黑褐色先端卷曲的披针形鳞片，后逐渐脱落；叶片长圆形，长 30 ~ 40 cm，宽 20 ~ 25 cm，基部圆形，先端渐尖并为羽裂，3 回羽裂；羽片 10 ~ 12 对，斜向上，互生，基部 1 对较大，柄长约 1 cm，卵状披针形，长约 16 cm，宽约 10 cm，2 回羽裂；小羽片约 10 对，基部上侧小羽片与叶轴平行，下侧 1 片较大，长圆形，长约 6 cm，宽约 3 cm，1 回羽裂；末回小羽片长圆形，边缘羽裂或全缘；其余各对羽片向上渐狭缩；叶草质，叶脉羽状，叶轴下面疏被极易脱落的鳞片，羽轴下面疏被泡状鳞片。孢子囊群生于小脉中部；囊群盖圆肾形，灰褐色，全缘，宿存，中等大小，直径约 1.2 mm；孢子周壁有明显的耳片状突起。

【生境分布】分布于青岛（崂山）、威海（荣成），生于山坡林下湿地。模式标本采自山东威海荣成石岛。

【保护价值】假中华鳞毛蕨是山东特有植物，分布范围狭窄，对于研究该属的分布具有一定价值。本种介于中华鳞毛蕨和棕边鳞毛蕨之间。与中华鳞毛蕨不同之处在于，叶片长圆形，不为五角形，叶柄上鳞片黑褐色，羽轴下面疏被兜形鳞片；与棕边鳞毛蕨不同之处在于叶柄及叶轴上疏被容易脱落的鳞片，羽轴上被很稀疏的兜形鳞片，孢子囊群盖中等大小，直径约 1.2 mm，孢子周壁具明显的耳片状突起。

【致危分析】假中华鳞毛蕨数量少，且生境在历史上经常受到人为干扰，目前已处于濒危状态。

【保护措施】进一步加强资源调查和研究，对发现的分布点就地保护；加强生物学特性和繁殖生物学研究。

（编写人：张学杰）

◆ **山东耳蕨**

Polystichum shandongense J. X. Li & Y. Wei, Acta Phytotax. Sin. 22（2）: 164, pl. 1. 1984; 陈汉斌，山东植物志（上卷），124 . f. 66. 1990; D. K. Zang in Bull. Bot. Res., Harbin 14（1）: 49. 1994; 孔宪需，中国植物志，5（2）: 5. 2001; 李法曾，山东植物精要，21. f. 66. 2004; 臧德奎，山东特有植物，21. 2016.

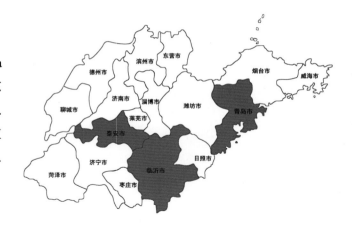

【类别】山东特有植物

【现状】濒危（EN）

【形态】多年生草本，高 30 ~ 40 cm。根茎直立，密生披针形棕色鳞片。叶簇生，叶柄长 10 ~ 15 cm，基部直径约 2 mm，禾秆色，腹面有纵沟，密生狭卵形棕色鳞片，鳞片边缘有齿，下部边缘为卷曲的纤毛状；叶片线状披针形，长 20 ~ 30 cm，宽 4 ~ 5 cm，先端渐狭，基部楔形，1 回羽状；羽片 30 ~ 34 对，互生，平展，

特征图

模式标本

植株

生境（蒙山）

柄极短，带状披针形，中部的长 2 ~ 2.5 cm，宽 5 ~ 6 mm，先端钝，基部偏斜，上侧截形，有明显的三角形耳凸，下侧楔形，边缘有内弯的尖齿牙；具羽状脉，侧脉单一，腹面隐没，背面微凸。叶纸质，背面脉上有较多的线形及毛状黄棕色鳞片，鳞片下部边缘为卷曲的纤毛状；叶轴腹面有纵沟，背面密生狭披针形、基部边缘纤毛状的鳞片，先端延伸成鞭状，顶端有芽胞能萌发新植株。孢子囊群位于羽片上侧边缘，成 1 行，有时下侧也有 1 行；囊群盖大，圆形隆起，全缘，盾状。

【生境分布】分布于青岛、泰安（泰山）、临沂（蒙山），生海拔 1100 m 以下林下石缝内。模式标本采自山东蒙山。

【保护价值】本种为山东特有植物，资源较少，在科研上也具有重要价值。也可供观赏和药用。

【致危分析】山东耳蕨的繁殖需要湿润环境，随着森林植被的破坏和人为干扰加剧，分布区片段化严重，加上气候干旱等因素的作用，自然更新不良，种群繁衍困难。

【保护措施】建议列为山东省重点保护野生植物。就地保护，加强对其生境的保护，还应保护其潜在分布区；加大宣传教育和管理力度，严禁采挖；开展繁育生物学研究，进行人工繁殖研究。

（编写人：臧德奎、邢树堂）

里白科 Gleicheniaceae

◆ 芒萁（铁芒萁）

Dicranopteris pedata（Houttuyn）Nakaike Enum. Pterid. Jap., Filic. 114. 1975; 陈汉斌，山东植物志（上卷），33 . f. 12. 1990; 李法曾，山东植物精要，6. f. 12. 2004.

——*Dicranopteris dichotoma*（Thunb.）Bernh. in Schrad. Journ. I: 38. 1860; 中国植物志，2: 120. 1959.

【类别】山东珍稀植物

【现状】濒危（EN）

【形态】多年生草本，高 45 ~ 90 cm。根状茎横走，粗约 2 mm，密被暗锈色长毛。叶远生，叶柄麦秆色，24 ~ 56 cm，粗 1.5 ~ 2 mm，光滑无毛；叶轴 1 ~ 2（3）回二叉分枝，一回羽轴长约 9 cm，被暗锈色毛，渐变光滑，二回羽轴长 3 ~ 5 cm；腋芽小，卵形，密被锈黄色毛；芽苞长 5 ~ 7 mm，卵形，边缘具不规则裂片或粗牙齿，偶为全缘；各回分叉处两侧均各有一对托叶状的羽片，平展，宽披针形，生于一回分叉处的长 9.5 ~ 16.5 cm，宽 3.5 ~ 5.2 cm，生于二回分叉处的较小，长 4.4 ~ 11.5 cm，宽 1.6 ~ 3.6 cm；末回羽片长 16 ~ 23.5 cm，宽 4 ~ 5.5 cm，披针形或宽披针形，向顶端变狭，尾状，基部上侧变狭，篦齿状深裂

特征图

群落

植株   植株

几达羽轴；裂片平展，35～50对，线状披针形，长1.5～2.9 cm，宽3～4 mm，顶钝，常微凹，羽片基部上侧的数对极短，三角形或三角状长圆形，长4～10 mm，各裂片基部汇合，有尖狭的缺刻，全缘，具软骨质的狭边。侧脉两面隆起，每组3～4（5）条并行小脉，直达叶缘。孢子囊群圆形，在每侧脉基部的上侧小脉的弯弓处着生成一列；每孢子囊群有孢子囊5～8枚。

【生境分布】分布于青岛（崂山），生于酸性土的荒坡或林缘。国内分布于江苏南部、浙江、江西、安徽、湖北、湖南、贵州、四川、福建、台湾、广东、香港、广西、云南等地。热带亚洲和大洋洲也有分布。

【保护价值】芒萁是酸性土壤的指示植物，对生态环境的检测具有重要意义；株型优美，叶形奇特，可供观赏；叶柄是编织手工艺品的材料；根茎匍匐横走于土壤表层，生长快速，是水土保持植物；根茎及叶可治冻伤，是重要中药材。此外，芒萁是栽培灵芝的优良草本植物，从芒萁提取色素做天然染料用。

【致危分析】芒萁分布区狭窄，分布量少，属于山东稀有植物，山东且为其自然分布的北界；随着崂山旅游业的发展，生境遭到破坏；游客常随意采挖和攀折。

【保护措施】建议列为山东省重点保护野生植物。建立原生境保护点，保证其原生境不受人为破坏，有效遏制植物资源衰竭的趋势；开展引种栽培和繁殖试验。

（编写人：侯元同）

肿足蕨科 Hypodematiaceae

◆ **山东肿足蕨**

Hypodematium sinense K. Iwatsuki, Acta Phytotax. Geobot. 11: 54. 1964; 陈汉斌，山东植物志（上卷），78. f. 39. 1990; 邢公侠，中国植物志，4（1）：11. 1999; 李法曾，山东植物精要，13. f. 38. 2004; 臧德奎，山东特有植物，22. 2016.

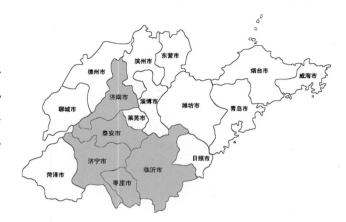

【类别】山东特有植物

【现状】易危（VU）

【形态】多年生草本，高达 17 ~ 45 cm；根状茎横走，连同叶柄膨大的基部密被红棕色披针形鳞片，鳞片长 8 ~ 15 mm，宽 2 ~ 3 mm。叶近生，2 列；叶柄长 10 ~ 25 cm，粗约 1.3 mm，近光滑；叶片卵状五角形，长 7 ~ 10 cm，宽 6 ~ 18 cm，两面疏被金黄色球杆状腺毛，沿叶轴、中脉和小脉较密。叶片基部 4 回羽状，先端渐尖并羽裂；羽片约 8 对，基部 1 ~ 2 对对生，相距 3 ~ 4 cm，向上互生；基部 1 对最大，卵状三角形，长达 10 cm，基部宽达 6 cm，基部阔楔形，柄长 7 ~ 15 mm，3 回羽状，先端渐尖；末回小羽片约 7 对，近对生，歪

特征图

模式标本，引自 CVH

生境（抱犊崮）

斜，长圆状披针形，基部下侧 1 片最大，长 1 ~ 1.5 cm，宽 4 ~ 6 mm，基部楔形并下延，羽状分裂，先端短渐尖；裂片 4 ~ 6 对，长圆形，全缘或有 1 ~ 2 个圆锯齿。第二对及其上的羽片逐渐变短，长圆状披针形，基部圆楔形，先端渐尖。叶脉两面明显，小脉伸至叶缘。孢子囊群圆形，每裂片 1 枚，生于小脉中部；囊群盖宿存，淡棕色，肾形，中型或小型，有稀疏腺毛；孢子椭圆形，周壁表面有疣状纹饰。

【生境分布】分布于济南（千佛山）、枣庄（抱犊崮、滕州）、济宁（峄山）、泰安（泰山、新泰）、临沂（蒙山、塔山）等地，生于低山丘陵石缝间，其成土母质主要为石灰岩。

【保护价值】山东肿足蕨是山东特有植物，数量较少，具有重要的科研价值。

【致危分析】山东肿足蕨生于低海拔的石灰岩山地，生境在经常受到人为干扰，主要有采石、樵采等；生境恶劣，种群繁衍困难。

【保护措施】建议列为山东省重点保护野生植物。就地保护，在主要分布区建立保护点；开展生物学特性、遗传结构、生态学特性等方面的全面研究，为保护源提供科学依据。该种自 K. Iwatsuki 发表以来就一直没有进行过系统研究。

（编写人：张学杰）

瓶尔小草科 Ophioglossaceae

◆ 狭叶瓶尔小草

Ophioglossum thermale Komarov in Fedde, Repert. sp. nov. Kill. 85. 1914; 陈汉斌, 山东植物志（上卷）, 30 . f. 10. 1990; 李法曾 , 山东植物精要 , 5. f. 10. 2004.

【类别】中国珍稀濒危植物

【现状】极危（CR）

【形态】多年生小草本，高 10 ～ 20 cm。根状茎细短而直立，簇生细长不分枝的肉质根，向四面横走如匍匐茎，在先端发生新植株。叶单生或 2 ～ 3 枚同自根部生出。总叶柄长 3 ～ 6 cm，纤细，绿色或下部埋入地下时苍白色；不育叶（营养叶）单生，无柄，淡绿色，长 2 ～ 5 cm，宽 3 ～ 10 mm，倒披针形或矩圆状倒披针形，向基部为狭楔形，边缘全缘，先端微尖或稍钝，具不明显的网状脉，但在光下则明晰可见。孢子叶从不育叶基部生出；柄长 5 ～ 7 cm，高于不育叶；孢子囊穗狭线形，长 2 ～ 3 cm，顶端尖，由 15 ～ 28 对孢子囊组成。孢子灰白色，表面近网状或近平滑。

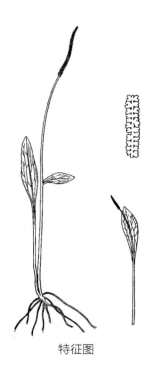

特征图

植株

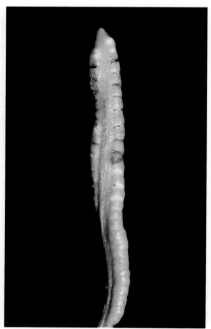

孢子囊穗

幼株

【生境分布】分布于临沂（平邑），生于河边林下草丛。国内产于东北、安徽、贵州、河北、河南、陕西、四川、云南、台湾、江西及江苏。俄罗斯远东地区堪察加半岛、朝鲜及日本也产。

【保护价值】狭叶瓶尔小草为厚囊蕨纲植物的小型成员，对研究蕨类系统发育有一定价值；全株入药，能消肿解毒，主治毒蛇咬伤、无名中毒和跌打损伤。

【致危分析】狭叶瓶尔小草为山东稀有植物，仅产于平邑，植株小而稀少，又为民间草药，易受人为破坏。目前已经陷于濒临灭绝的境地。

【保护措施】建议列为山东省重点保护野生植物。对狭叶瓶尔小草进行全面的资源调查，搞清其自然分布、生长及数量状况；将生长集中处划为自然保护点，设立固定围栏，加以重点保护；进行引种栽培或组培繁殖等。

（编写人：侯元同）

紫萁科 Osamundaceae

◆ 紫萁

Osmunda japonica Thunb. in Nova Acta Reg. Soc. Sci. Upsal. II. 209. 1780; 陈汉斌，山东植物志（上卷），31．f. 11. 1990; 李法曾，山东植物精要，6. f. 11. 2004.

【类别】山东珍稀植物

【现状】易危（VU）

【形态】植株高 50 ~ 80 cm。根状茎短粗，叶簇生，直立，柄长 20 ~ 30 cm，幼时被密茸毛，不久脱落；叶片三角广卵形，长 30 ~ 50 cm，宽 25 ~ 40 cm，顶部 1 回羽状，其下为 2 回羽状；羽片 3 ~ 5 对，对生，长圆形，长 15 ~ 25 cm，基部宽 8 ~ 11 cm，基部 1 对稍大，有长 1 ~ 1.5 cm 的柄，斜向上，奇数羽状；小羽片 5 ~ 9 对，对生或近对生，无柄，分离，长 4 ~ 7 cm，宽 1.5 ~ 1.8 cm，长圆形或长圆披针形，先端稍钝或急尖，向基部稍宽，圆形，或近截形，相距 1.5 ~ 2 cm，向上部稍小，顶生的同形，有柄，基部常有 1 ~ 2 片合生圆裂片，或阔披针形的短裂片，边缘有均匀的细锯齿。叶脉两面明显，自中肋斜向上，2

特征图

孢子叶穗

群落中的幼株　　　　　　　生境（崂山）　　　　　　　生境

孢子囊群　　　　　　　　植株　　　　　　　　植株（昆嵛山）

拳卷的幼叶　　　　　　　叶片　　　　　　　孢子囊与孢子

回分歧，小脉平行，达于锯齿。叶为纸质，成长后光滑无毛，干后为棕绿色。孢子叶（能育叶）同营养叶等高，或经常稍高，羽片和小羽片均短缩，小羽片变成线形，长 1.5 ~ 2 cm，沿中肋两侧背面密生孢子囊。孢叶春夏间抽出，深棕色，成熟后枯死。

【生境分布】分布于青岛（崂山）、烟台（昆嵛山、海阳）、威海（荣成）、临沂（苍山？）。生于林下或溪边酸性土上。为我国暖温带、亚热带最常见的一种蕨类，自山东向南、西南至两广、云贵均有分布。也广泛分布于日本、朝鲜、印度北部。

【保护价值】山东是紫萁自然分布的北界，对于紫萁科和山东的植物区系地理研究具有较大的学术价值。另外，紫萁嫩叶可食，其铁丝状的须根为附生植物的培养剂。

【致危分析】紫萁自然状态下繁衍正常，偶尔有采食幼叶的情况。随着气候变化，生境改变常使其分布区萎缩。

【保护措施】建议列为山东省重点保护野生植物。就地保护；加强宣传教育力度，防止人为采摘和破坏。

（编写人：臧德奎、马　燕）

水蕨科 Parkeriaceae

◆ **水蕨**

Ceratopteris thalictroides（Linn.）Brongniart in Bull. Sci. Soc. Philom. Paris 186 cumt. 1821; 陈汉斌，山东植物志（上卷），55. 1990; 李法曾，山东植物精要，10. 2004.

【**类别**】国家重点保护野生植物

【**现状**】极危（CR）

【**形态**】多年生草本，植株幼嫩时呈绿色，多汁柔软，由于水湿条件不同，形态差异较大，高 5 ~ 70 cm。根状茎短而直立，以 1 簇粗根着生于淤泥上。叶簇生，2 型。不育叶：叶柄绿色，长 3 ~ 40 cm，圆柱形，肉质，不膨胀，光滑无毛；叶片卵形到披针形，长 6 ~ 30 cm，宽 3 ~ 15 cm，2 ~ 4 回羽状裂，下部 1 ~ 2 对羽片较大，长可达 10 cm，宽可达 6.5 cm；末级裂片线状长圆形或线状披针形，长可达 2 cm，宽可达 6 mm，基部沿柄下延成宽翅。生殖叶：叶柄类似于不育叶；叶片矩圆形或卵状三角形，长 15 ~ 40 cm，宽 10 ~ 22 cm，2 ~ 3 回羽状深裂；羽片 3 ~ 8 对，互生，斜展，具柄，下部 1 ~ 2 对羽片最大，长可达 14 cm，宽可达 6 cm，卵形或长三角形，柄长可达 2 cm；向上各对羽片均逐渐变小，一至二回分裂；裂片狭线形，渐尖头，角果状，长可达 1.5 ~ 4（6）cm，宽不超过

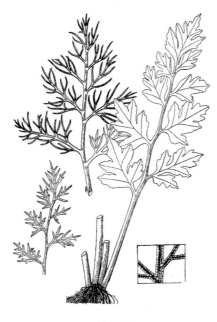

特征图

植株

生境（济宁）　　　　　　　　　　　能育叶

幼株　　　　　　　　　　　　　　　幼株

2 mm，边缘薄而透明，无色，强度反卷达于主脉，好像假囊群盖。孢子囊沿能育叶的裂片主脉两侧的网眼着生，稀疏，棕色，幼时为连续不断的反卷叶缘所覆盖，成熟后多少张开，露出孢子囊。孢子四面体形，不具周壁，外壁很厚，分内外层，外层具肋条状纹饰。

【生境分布】分布于济宁（微山湖的南阳湖），生池沼浅水、水田或水沟的淤泥中，有时漂浮于深水面上。国内分布于广东、台湾、福建、江西、浙江、山东、江苏、安徽、湖北、四川、广西、云南等地。广布于世界热带及亚热带各地，日本也产。

【保护价值】水蕨是优良的食用蕨，也可作药用，能明目、清凉、活血解毒。此外，水蕨叶形多变，具有较高的观赏价值，用于水体绿化还可净化水质。

【致危分析】水蕨分布区狭窄，仅产于微山湖局部水域，是山东稀有植物，也是该种自然分布的北界。渔民建房屋、挖鱼塘，水蕨生境遭受破坏；老运河内各种船只往来，造成污染；渔民采挖食用或入药。

【保护措施】建议列为山东省重点保护野生植物。选择水蕨生长的湖边生境，建立水蕨原生境保护点，保证原生境免遭破坏，有效遏制植物资源衰竭的趋势；开展引种栽培和繁殖实验。

（编写人：侯元同）

◆ **粗梗水蕨**

Ceratopteris pteridoides（Hooker）Hieronymus in Engl. Bot. Jahrb. 84: 561. 1905; 陈汉斌，山东植物志（上卷），55. f. 25. 1990; 李法曾，山东植物精要，10. f. 25. 2004.

【类别】国家重点保护野生植物

【现状】极危（CR）

【形态】通常为漂浮植物，植株高 20 ~ 30 cm，叶柄、叶轴与下部羽片的基部均显著膨胀成圆柱形；叶柄基部尖削，布满细长的根。叶二型：不育叶为深裂的单叶，绿色，光滑，柄长约 8 cm，粗约 1.6 cm，叶片卵状三角形，裂片宽带状；能育叶幼嫩时绿色，成熟时棕色，光滑，叶柄长 5 ~ 8 cm，粗 1.2 ~ 2.7 cm，叶片阔三角形，长 15 ~ 30 cm，2 ~ 4 回羽状，末回裂片边缘薄而透明，强烈反卷达于主脉，覆盖孢子囊，呈线形或角果形，渐尖头，长 2 ~ 7 cm，宽约 2 mm。孢子囊沿主脉两侧的小脉着生，幼时为反卷的叶缘所覆盖，成熟时张开，露出孢子囊。

【生境分布】分布于济宁（微山湖的南阳湖、独山湖）。国内分布于安徽、湖北、江苏、江西。也分布

特征图

标本，引自 CVH

生境

营养期植株

植株

植株

于东南亚和美洲。

　　【保护价值】山东为本属植物分布的北界，对于植物区系地理研究具有重要价值。本种可供药用，茎叶入药可治胎毒，消痰积；嫩叶可做蔬菜。

　　【致危分析】参考水蕨。

　　【保护措施】建议列为山东省重点保护野生植物。选择分布集中区域建立原生境保护点；开展引种栽培和繁殖实验。

（编写人：臧德奎、马　燕）

中国蕨科 Sinopteridaceae

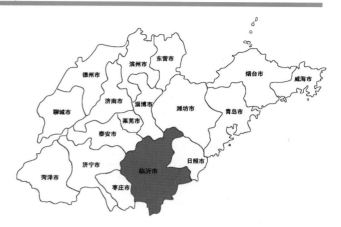

◆ 蒙山粉背蕨

Aleuritopteris mengshanensis F. Z. Li, Acta Phytotax. Sin. 22（2）：153. 1984；陈汉斌，山东植物志（上卷），48．f. 21. 1990；D. K. Zang in Bull. Bot. Res., Harbin 14（1）：49. 1994；李法曾，山东植物精要，8. f. 20. 2004；臧德奎，山东特有植物，24. 2016.

【类别】山东特有植物

【现状】极危（CR）

【形态】多年生草本。植株细瘦，高 4 ~ 10 cm。叶簇生；叶柄长 3 ~ 6 cm，纤细如线，栗棕色，基部鳞片条状披针形、淡棕色、质薄，向上近光滑（幼时有较多的同形鳞片）；叶片卵形，长宽 2 ~ 3.5 cm，钝尖头，基部心形，1 回羽状（基部下侧 2 回羽裂）；羽片 3 ~ 4 对，对生，开展，基部上侧与叶轴合生，基部 1 对最大，长 1 ~ 1.4 cm，略呈三角形，钝头，下侧深羽裂，裂片 2 ~ 3 片，上侧波状，下侧裂片长圆形，全缘或波状，基部 1 片较长，约 5 mm，向上的渐短，第 2 对羽片较小，长圆形，边缘波状，基部略下延，楔形，与基部 1 对以无翅叶轴分开，向上各对羽片的基部汇合，渐缩短；中脉略可见，栗棕色；叶片干后纸质，上面光滑，下面有白色粉末。孢子囊群小，分离；囊群盖膜质，棕色，断裂，边缘深裂成流苏状。

【生境分布】分布于临沂（蒙山），生于海拔 700 m 的岩石缝上。模式标本采自山东蒙山。

【保护价值】蒙山粉背蕨是山东特有植物，数量稀少，具有重要的科研价值。

【致危分析】蒙山粉背蕨分布范围狭窄，随着旅游开发等人为干扰，数量减少。

【保护措施】对本种所知甚少，应开展全面深入研究，掌握其资源现状，为保护提供科学依据。

（编写人：张学杰）

模式标本

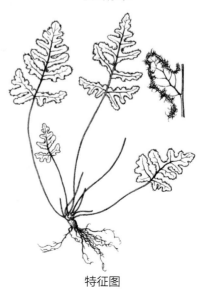

特征图

卷柏科 Selaginellaceae

◆ 卷柏（九死还魂草）

Selaginella tamariscina（P. Beauv.）Spring in Bull. Acad. Brux. 10: 136. 1843; 陈汉斌，山东植物志（上卷），16. f. 1. 1990; 李法曾，山东植物精要，3. f. 1. 2004.

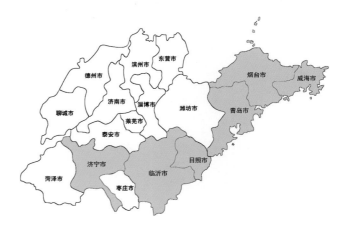

【类别】山东珍稀植物

【现状】易危（VU）

【形态】土生或石生，复苏植物，呈垫状。根托只生于茎的基部，长 0.5 ~ 3 cm，直径 0.3 ~ 1.8 mm，根多分叉，密被毛，和茎及分枝密集形成树状主干。主茎自中部开始羽状分枝或不等二叉分枝，不分枝的主茎高 10 ~ 20（35）cm，茎卵圆柱状，光滑，维管束 1 条；侧枝 2 ~ 5 对，2 ~ 3 回羽状分枝，小枝规则，背腹压扁。叶交互排列，2 形，具白边，主茎上的叶略大，覆瓦状排列，绿色或棕色，边缘有细齿。分枝上的腋叶对称，卵形、卵状三角形或椭圆形，长 0.8 ~ 2.6 mm，宽 0.4 ~ 1.3 mm，边缘有细齿，黑褐色。中叶不对称，小枝上的椭圆形，长 1.5 ~ 2.5 mm，宽 0.3 ~ 0.9 mm，覆瓦状排列，背部不呈龙骨状，先端具芒，外展或与轴平行，基部平截，边缘有细齿（基部有短睫毛），不外卷，不内卷。侧叶不对称，小枝上的侧叶卵形到三角形或矩圆状卵形，略斜升，相互重叠，长 1.5 ~ 2.5 mm，宽 0.5 ~ 1.2 mm，先端具芒，基部上侧扩大，加宽，覆盖小枝，基部上侧边缘不为全缘，呈撕裂状或具细齿，下侧边近全缘，基部有细齿或具睫毛，反卷。孢子叶穗紧密，四棱柱形，单生于小枝末端，长 12 ~ 15 mm，宽 1.2 ~ 2.6 mm；孢子叶一形，卵状三角形，边缘有细齿，具白边（膜质透明），先端有尖头或具芒；大孢子叶在孢子叶穗上下两面不规则排列。大孢子浅黄色；小孢子橘黄色。

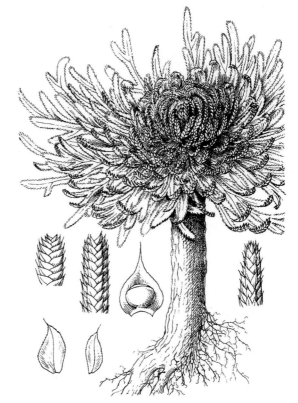

特征图

【生境分布】分布于胶东丘陵和鲁中南山地，青岛（崂山、大珠山、小珠山）、烟台（昆嵛山）、济宁（曲阜）、威海、日照（五莲山、九仙山）、临沂（蒙山、塔山）等地均有分布，生于山坡岩石上或干旱的岩石缝。国

生境（大珠山） 生境（蒙山）

生境（崂山） 植株 早春植株

内大部分地区均有分布。也分布到俄罗斯西伯利亚、朝鲜半岛、日本、印度和菲律宾。

【保护价值】卷柏是著名的药用植物，全草入药，有止血、收敛的效能；姿态优美，栽培容易，也是优良的观赏植物，适于盆栽或配置成山石盆景。

【致危分析】卷柏分布面积较广，但各分布区均零星分布，近年来受到旅游开发影响较大，也常被山民采集而数量减少。

【保护措施】就地保护；加强宣传教育力度，防止人为采摘和破坏。

（编写人：臧德奎、邢树堂）

二、裸子植物

麻黄科 Ephedraceae

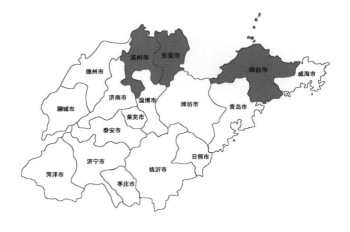

◆ 草麻黄

Ephedra sinica Stapf in Kew Bull. 1927: 133. 1927; 中国植物志, 7: 477. 1978; 陈汉斌, 山东植物志（上卷）, 230 . f. 130. 1990; 李法曾, 山东植物精要, 41. f. 133. 2004; 臧德奎, 山东木本植物精要, 31. f. 73. 2015.

【类别】国家重点保护野生植物

【现状】濒危（EN）

【形态】草本状灌木；高 20 ～ 40 cm。木质茎短或成匍匐状，黄褐色；小枝直立或微曲，表面细纵槽纹常不明显，节间长 2.5 ～ 5 cm，多为 3 ～ 4 cm，直径约 2 mm。叶 2 裂，膜质鞘状，基部合生，鞘占全长 1/3 ～ 2/3，上部裂片锐三角形，先端急尖。雄球花多为复穗状，常具总梗，苞片常 4 对，每雄花有雄蕊 7 ～ 8，花丝合生，稀先端微分离；雌球花单生，在幼枝上顶生，在老枝上腋生，卵圆形或矩圆状卵圆形，苞片 4 对，下部 3 对基部合生，合生部分占 1/4 ～ 1/3，最上面 1 对合生部分占 1/2 以上；每雌球花有雌花 2 朵，各有 1 枚胚珠；胚珠的珠被管长 1 mm 或稍长，直立或先端微弯，管口隙裂窄长，裂口边缘不整齐，常被少数毛茸。雌球花成熟时肉质红色，

特征图

植株

生境（滨州）

雄株   种子枝

矩圆状卵圆形或近于圆球形，长约 8 mm，径 6 ~ 7 mm;种子通常 2 粒，包于苞片内，不露出或与苞片等长，黑红色或灰褐色，三角状卵圆形或宽卵圆形，长 5 ~ 6 mm，径 2.5 ~ 3.5 mm，表面具细皱纹，种脐明显，半圆形。花期 5 ~ 6 月；种子 8 ~ 9 月成熟。

【生境分布】分布于烟台（莱州、蓬莱、长岛）、东营（利津）、滨州（无棣、沾化），生于盐碱地和沿海沙滩及岛屿。生境土壤大多为盐碱土和风沙土，伴生植物包括酸枣、白刺、碱蓬、蒿属等。中国特有植物，国内分布于辽宁、甘肃、黑龙江、吉林、内蒙古、河北、山西、宁夏、河南及陕西。

【保护价值】草麻黄是国家重点保护植物，也是山东稀有植物，数量较少。是重要的药用植物，枝叶入药，有镇咳、发汗、止喘、利尿功效，也是提取麻黄素的重要原料。同时，草麻黄也是海滨重要固沙植物，对维持干旱半干旱地区、盐碱地区脆弱的生态平衡具有显著作用。

【致危分析】草麻黄过去分布较广，在黄河三角洲地区主要分布在贝壳沙堤，在烟台主要分布在海滨沙地，目前生长受到破坏非常严重，主要是海滨沙地受到挖沙、修路、养殖、旅游、工业及港口建设等威胁十分严重，特别是烟台北部沿海各县市区的海滨沙地已基本不存在自然状态，滨州贝壳堤岛主要受采沙制作贝瓷影响，目前面积大规模缩小。

【保护措施】建议列为山东省重点保护野生植物。就地保护，尽量保留天然贝壳沙堤和滨海沙地，为草麻黄创造适宜的生境，建立良好的种间和种内生态关系，利于其生长和天然更新；迁地保存，在适宜生长的区域进行引种栽培。

（编写人：张学杰）

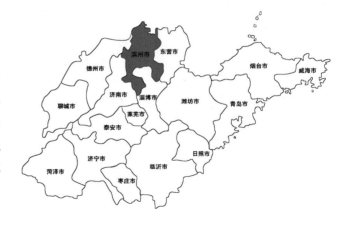

◆ 中麻黄

Ephedra intermedia Schrenk ex Meyer in Mem. Acad. Sci. St. Petersb. ser. 6（Sci. Nat.）, 5: 278（Vers. Monogr. Gatt. Ephedra 88）. 1846; 中国植物志, 2: 474. 1959; 陈汉斌, 山东植物志（上卷）, 230. 1990; 李法曾, 山东植物精要, 42. 2004; 臧德奎, 山东木本植物精要, 31. f. 74. 2015.

【类别】国家重点保护野生植物

【现状】极危（CR）

【形态】灌木, 高 20 ~ 100 cm; 茎直立或匍匐斜上, 粗壮, 基部分枝多; 绿色小枝常被白粉呈灰绿色, 径 1 ~ 2 mm, 节间长 3 ~ 6 cm, 纵槽纹较细浅。叶 3 裂及 2 裂混见, 下部约 2/3 合生成鞘状, 上部裂片钝三角形或窄三角披针形。雄球花通常无梗, 数个密集于节上成团状, 稀 2 ~ 3 个对生或轮生于节上, 具 5 ~ 7 对交叉对生或 5 ~ 7 轮（每轮 3 片）苞片, 雄花有 5 ~ 8 枚雄蕊, 花丝全部合生, 花药无梗; 雌球花 2 ~ 3 成簇, 对生或轮生于节上, 无梗或有短梗, 苞片 3 ~ 5 轮（每轮 3 片）或 3 ~ 5 对交叉对生, 通常仅基部合生, 边缘常有明显膜质窄边, 最上一轮苞片有 2 ~ 3 雌花; 雌花的珠被管长达 3 mm, 常成螺旋状弯曲。雌球花成熟时肉质红色, 椭圆形、卵圆形或矩圆状卵圆形, 长 6 ~ 10 mm, 径 5 ~ 8 mm; 种子包于肉质红色的苞片

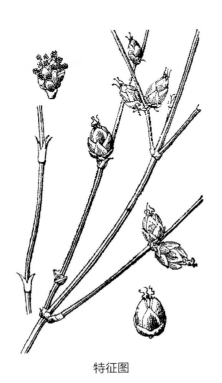

特征图

标本

植株

种子枝

种子

内，不外露，3 粒或 2 粒，形状变异颇大，常呈卵圆形或长卵圆形，长 5 ~ 6 mm，径约 3 mm。花期 5 ~ 6 月；种子 7 ~ 8 月成熟。

【生境分布】分布于滨州（无棣）等地，生于盐碱地。国内分布于辽宁、河北、内蒙古、山西、陕西、甘肃、青海及新疆等地，主产西北各地。阿富汗、伊朗和俄罗斯也有分布。

【保护价值】供药用，唯生物碱含量较木贼麻黄（*Ephedra equisetina*）和草麻黄（*Ephedra sinica*）为少。肉质多汁的苞片可食。抗旱性强，对于维系盐碱和荒漠地区的生态系统具有重要价值。

【致危分析】中麻黄在山东省处于极危状态，仅知无棣一个分布地点，种群过小，难以维系正常繁衍，且生境受较强的人为干扰。

【保护措施】加强资源调查，掌握资源现状，采取就地保护。迁地保存，在适宜生长的区域进行引种栽培。

（编写人：臧德奎、邢树堂）

三、被子植物（双子叶植物）

槭树科 Aceraceae

◆ 葛萝槭

Acer davidii Franch. subsp. grosseri（Pax）P. C. de Jong in van Gelderen et al., Maples World, 151. 1994; 臧德奎，山东木本植物精要，223. f. 598. 2015.

——*Acer grosseri* Pax in Engler, Pflanzenr. 8（IV. 163）: 80. 1902; 中国植物志，46: 224. 1981

——*Acer grosseri* Pax var. *hersii*（Rehd.）Rehd. in Journ. Arn. Arb. 14: 220, f. 8. 1933；陈汉斌，山东植物志（下卷），601 . f. 518. 1997; 李法曾，山东植物精要，363. f. 1302. 2004.

【类别】山东珍稀植物

【现状】易危（VU）

【形态】落叶乔木，高达 15 m。树皮光滑，绿褐色并常有白色条纹。小枝无毛，当年生枝绿色或紫绿色。叶纸质，卵形，长 7 ~ 9 cm，宽 56 cm，边缘具密而尖锐的重锯齿，基部近于心脏形，3 ~ 5 裂；中裂片三角形或三角状卵形，先端钝尖，有短尖尾；侧裂片和基部的裂片钝尖，或不发育；上面深绿色，无毛；下面淡绿色，嫩时在叶脉基部被有淡黄色丛毛，渐老则脱落；叶柄长 2 ~ 3 cm，细瘦，无毛。花淡黄绿色，雌雄异株，常成细瘦下垂的总状花序；萼片 5，长圆卵形，先端钝尖，长 3 mm，宽 1.5 mm；花瓣 5，倒卵形，长 3 mm，宽 2 mm；雄蕊 8，长 2 mm，无毛，在雌花中不发育；花盘无毛，位于雄蕊的内侧；子房紫色，无毛，在雄花中不发育；花梗长 3 ~ 4 mm。翅果嫩时淡紫色，成熟后黄褐色；小坚果长 7 mm，宽 4 mm，略微扁平；翅连同小坚果长约 2.5 cm，宽 5 mm，张开成钝角或近于水平。花

特征图

花枝	植株（泰山）	枝叶	树干
群落中的幼苗	植株（徂徕山）	枝叶	
群落中的幼苗	果枝	花序	果实

期 4 ~ 5 月；果期 9 ~ 10 月。

【生境分布】分布于鲁中南山地，见于淄博（鲁山）、泰安（泰山、徂徕山）、临沂（蒙山）、潍坊（沂山、仰天山）等地，生于海拔 1200 m 以下山坡疏林中及溪边湿润的疏松土壤中。青岛、泰安等地有栽培。中国特有植物，国内分布于安徽、甘肃、河北、河南、湖北、湖南、江苏、陕西、山西、四川、浙江等地。

【保护价值】本种树皮奇特，观赏价值高，是优良的园林绿化树种；树皮纤维较长，又含丹宁，可作工业原料。

【致危分析】本种为山东稀有植物，残存于鲁中部分山区沟谷，数量稀少，分布区片段化明显，生境恶劣，种群繁衍较困难，并经常遭受采挖。

【保护措施】就地保护，加强对其生境的保护，加大对周边群众宣传教育工作，严禁采挖；加强对其繁殖、种子扩散、萌发等机理研究，提高种群数量。

（编写人：臧德奎、马　燕）

◆ 苦茶槭（苦茶枫）

Acer tataricum Linn. subsp. theiferum（W. P. Fang）Y. S. Chen & P. C. de Jong in Flora of China, 11: 546. 2008; 臧德奎, 山东木本植物精要, 226. f. 613. 2015.

——Acer ginnala Maxim. subsp. *theiferum*（Fang）Fang in Act. Phytotax. Sin. 17（1）: 72, 1979; 中国植物志, 46: 138. 1981.

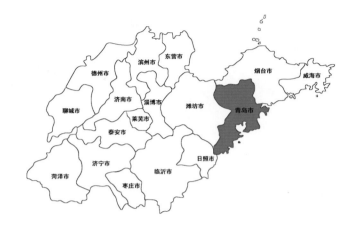

【类别】山东珍稀植物

【现状】极危（CR）

【形态】落叶灌木, 高约 2 m。与茶条槭（*Acer tataricum* subsp. *ginnala*）的主要区别在于, 叶片为薄纸质, 卵形或椭圆状卵形, 不分裂或极不明显的 3~5 裂, 长 5 ~ 8 cm, 宽 2.5 ~ 5 cm, 边缘有不规则的锐尖重锯齿, 下面有白色疏柔毛。花杂性, 伞房花序圆锥状, 顶生, 长 3 cm, 有白色疏柔毛; 子房有疏柔毛。翅果较大, 长 2.5 ~ 3.5 cm, 张开近于直立或成锐角, 果核两面突起。花期 5 月; 果期 9 月。

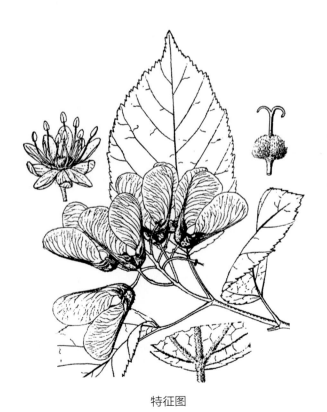

特征图

生境（崂山）

果实

果枝

花枝

果期植株

【生境分布】分布于青岛崂山（上清宫）海拔 230 m 左右的溪边疏林中。中国特有植物，国内分布于安徽、广东北部、河南、湖北、江苏、陕西、浙江。

【保护价值】苦茶槭树皮、叶和果实都含鞣质，可提制栲胶，又可为黑色染料；树皮的纤维可作人造棉和造纸的原料；嫩叶烘干后可代替茶叶用，有降低血压的作用，又为夏季丝织工作人员一种特殊饮料，服后汗水落在丝绸上，无黄色斑点。

【致危分析】山东是苦茶槭自然分布的最北界，为稀有树种，个体数量极少，目前发现的成年植株仅约20 株。分布地点为旅游热点地区，生境遭受一定程度的破坏，也受到林业生产和旅游等干扰，对种群更新具有较大影响。

【保护措施】建议列为山东省重点保护野生植物。在崂山上清宫附近对发现的种群进行就地保护，以其为中心设立较大面积的重点保护区域，加强对其潜在分布区的保护。

（编写人：臧德奎）

猕猴桃科 Actinidiaceae

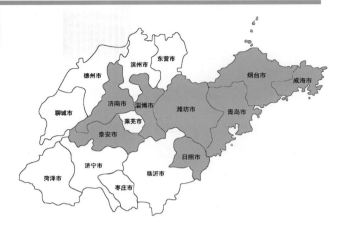

◆ **软枣猕猴桃**

Actinidia arguta（Sieb. & Zucc）Planch. ex Miquel in Ann. Mus. Bot. Ludg. Bat. 3: 15. 1867; 中国植物志，49 (2)：205. 1984; 陈汉斌，山东植物志（下卷），688 . f. 592. 1997; 李法曾，山东植物精要，380. f. 1371. 2004; 臧德奎，山东木本植物精要，96. f. 227. 2015.

【类别】国家重点保护野生植物

【现状】近危（NT）

【形态】落叶藤本；小枝无毛或幼时被茸毛；髓白色至淡褐色，片层状。叶膜质或纸质，卵形、长圆形、阔卵形至近圆形，长 6 ~ 12 cm，宽 5 ~ 10 cm，顶端急短尖，基部圆形至浅心形，等侧或稍不等侧，边缘具锐锯齿，背面脉腋有髯毛或连中脉和侧脉下段生少量卷曲柔毛；侧脉 6 ~ 7 对。花序腋生或腋外生，1 ~ 2 回分枝，1 ~ 7 花。花绿白色或黄绿色，芳香，直径 1.2 ~ 2 cm；萼片 4 ~ 6 枚，卵圆形至长圆形，长 3.5 ~ 5 mm；花瓣 4 ~ 6 片，楔状倒卵形或瓢状倒阔卵形，长 7 ~ 9 mm；花丝长 1.5 ~ 3 mm，花药黑色或暗紫色；子房瓶状，长 6 ~ 7 mm，无毛，花柱长 3.5 ~ 4 mm。果圆球形至柱状长圆形，长 2 ~ 3 cm，有喙，无毛，无

特征图　　　　　　　　　　　　　　果实　　　　　　　　植株

花枝

花序

果枝　　　　　　　　　　　果实　　　　　　　　　　二年生扦插苗

枝叶　　　　　　　　　　花序（花未开放）　　　　　　　群落（崂山）

一年生扦插苗　　　　　　　　　　　　　　群落（徂徕山）

斑点，萼片脱落。花期 5 ~ 6 月；果期 9 ~ 10 月。

　　【生境分布】本种是山东省最常见的猕猴桃属植物，已知分布于济南（梯子山）、青岛（崂山、小珠山、大泽山）、淄博（鲁山）、烟台（昆嵛山、牙山、艾山）、潍坊（沂山）、泰安（泰山、徂徕山）、威海（伟德山、正棋山）、日照（五莲山）等地，多生于海拔 500 ~ 1000 m 灌丛中，或攀援于乔木上。在泰山海拔上限可达 1500 m，在崂山等沿海山地海拔可低至 50 m 左右。国内分布于东北、华北、长江流域至华南。日本、朝鲜也有分布。

　　【保护价值】本种是重要的果树资源，果实可生食，也可药用，经济价值大，也是猕猴桃育种的重要野生种质资源。已被列为国家二级保护植物。

　　【致危分析】本种在山东半岛较为常见，分布区内繁衍正常，个体数量较多，常成片分布。但其分布地点多为旅游热点地区，果实常被大量采摘，枝条也常受到破坏。

　　【保护措施】就地保护，加大宣传教育和管理力度，严禁采挖。

（编写人：臧德奎）

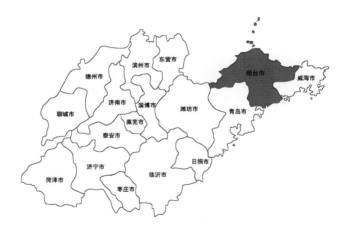

◆ 狗枣猕猴桃（深山木天蓼）

Actinidia kolomikta（Maxim. & Rupr.）Maxim. in Mem. Acad. Sci. St. Petersb. Sav. Etrang 9: 63. 1859（Prim. Fl. Amur.）; 中国植物志, 49 (2) : 212. 1984; 李法曾, 山东植物精要, 380. 2004; 臧德奎, 山东木本植物精要, 97. f. 229. 2015.

【类别】国家重点保护野生植物

【现状】极危（CR）

【形态】落叶藤本；小枝紫褐色，髓褐色，片层状。叶阔卵形、长方卵形至长方倒卵形，长 6 ~ 15 cm，宽 5 ~ 10 cm，顶端急尖至短渐尖，基部心形，稀圆形至截形，两侧不对称，边缘有单锯齿或重锯齿，两面近同色，上部往往变为白色，后渐变为紫红色，侧脉 6 ~ 8 对。聚伞花序，雄性的有花 3 朵，雌性的通常 1 花，花序柄和花柄纤弱，花序柄长 8 ~ 12 mm，花梗长 4 ~ 8 mm，苞片钻形，不及 1 mm。花白色或粉红色，芳香，直径 15 ~ 20 mm；萼片 5，长方卵形，长 4 ~ 6 mm，两面被有极微弱的短茸毛，边缘有睫状毛；花瓣 5，长方倒卵形，长 6 ~ 10 mm；花丝长 5 ~ 6 mm，花药黄色，长约 2 mm；子房圆柱状，长约 3 mm，无毛。果柱状长圆形、卵形或球形，有时扁，长达 2.5 cm，无毛，无斑点，成熟时淡橘红色，并有深色纵纹；果熟时花萼脱落。花期 5 ~ 6 月；果熟期 9 ~ 10 月。

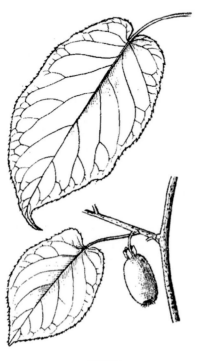

特征图

植株

枝叶

花枝

果枝

【生境分布】分布于烟台（昆嵛山）等地，生于沟谷林缘及疏林中。国内分布于黑龙江、吉林、辽宁、河北、四川、云南等地，其中以东北三省最盛，四川其次。俄罗斯远东、朝鲜和日本有分布。

【保护价值】狗枣猕猴桃是重要的野生果树资源，果实可食用。已被列为国家二级保护植物。

【致危分析】本种为山东稀有植物，资源量较少，易受森林抚育等林业生产干扰。本种有时易与软枣猕猴桃和葛枣猕猴桃混淆，但本种叶片两侧不对称，基部收窄并成浅心形，侧脉中的最下两对基端相靠很近，几近基出；叶面散生若干软弱的小刺毛，是其特点。

【保护措施】就地保护。开展繁育生物学研究，加强对其繁殖、种子扩散、萌发等机理研究。

（编写人：臧德奎）

◆ 葛枣猕猴桃（木天蓼）

Actinidia polygama（Sieb. & Zucc.）Maxim. in Mem. Acad. Sci. St. Petersb. Sav. Etrang. 9: 64. 1859 （Prim. Fl. Amur.）；中国植物志，49 (2) : 216. 1984; 陈汉斌，山东植物志（下卷），689. f. 593. 1997; 李法曾，山东植物精要，380. f. 1372. 2004; 臧德奎，山东木本植物精要，97. f. 230. 2015.

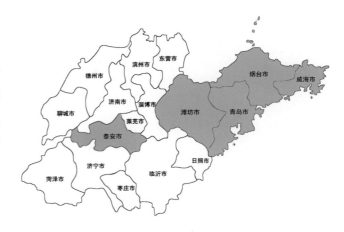

【类别】国家重点保护野生植物

【现状】近危（NT）

【形态】落叶藤本；小枝无毛或幼时顶部被微柔毛，皮孔不显著；髓白色，实心。叶膜质（花期）至薄纸质，卵形或椭圆卵形，长 7 ~ 14 cm，宽 4.5 ~ 8 cm，顶端急渐尖至渐尖，基部圆形或阔楔形，有细锯齿，腹面散生少数小刺毛，有时前端部变为白色或淡黄色，背面沿脉被卷曲的微柔毛，有时中脉上着生小刺毛，叶脉较发达，侧脉约 7 对，上段常分叉。花序 1 ~ 3 花；花白色，芳香，直径 2 ~ 2.5 cm；萼片 5 片，卵形至长方卵形，长 5 ~ 7 mm；花瓣 5 片，倒卵形至长方倒卵形，长 8 ~ 13 mm；花丝线形，长 5 ~ 6 mm，花药黄色；子房瓶状，长 4 ~ 6 mm，花柱长 3 ~ 4 mm。果成熟时淡橘色，卵珠形或柱状卵珠形，长 2.5 ~ 3 cm，无毛，无斑点，顶端有喙，基部有宿存萼片。花期 6 月中旬至 7 月上旬，果熟期 9 ~ 10 月。

【生境分布】分布于青岛（崂山、标山）、烟台（昆嵛山）、潍坊（沂山）、泰安（徂徕山、泰山油篓沟）、威海（伟德山）等地，生于海拔 300 ~ 800 m 溪边灌丛、林缘中。国内分布于东北、甘肃、陕西、河北、河南、湖北、湖南、四川、云南、贵州等地。俄罗斯远东地区、朝鲜和日本也有分布。

特征图

植株

叶背面　　　　　　　　花　　　　　　　　果枝

群落　　　　　　　　植株　　　　　　　　花枝

当年生扦插苗　　　　果枝　　　　　　老叶　　　　　　幼枝叶

【保护价值】果实除作水果利用之外，虫瘿可入药，从果实提取新药 Polygamol 为强心利尿的注射药。也是猕猴桃重要的育种材料。已被列为国家二级保护植物。

【致危分析】本种为山东稀有植物，资源量较少，常分布于沟谷灌丛、林缘，易受森林抚育等林业生产干扰，近年来多发的山洪对其也影响较大。

【保护措施】建议列为山东省重点保护野生植物。就地保护，加强对其生境的保护，加大宣传教育和管理力度；迁地保护，引种到植物园、资源圃进行保护。

（编写人：臧德奎）

漆树科 Anacardiaceae

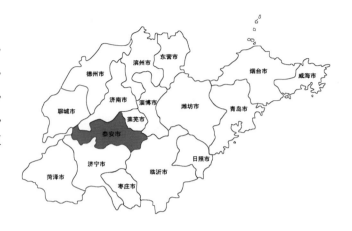

◆ 泰山盐麸木

Rhus taishanensis S.B.Liang, Bull. Bot. Res.,
Harbin 2（4）：155 1982；D. K. Zang in Bull. Bot. Res.,
Harbin 14（1）：52. 1994；陈汉斌，山东植物志（下卷），
579. 1997；李法曾，山东植物精要，357. 2004；臧德奎，
山东木本植物精要，230. 2015；臧德奎，山东特有植
物，9. 2016.

【类别】山东特有植物

【现状】极危（CR）

【形态】落叶灌木或小乔木，高 2 ～ 5 m；树皮
灰色；小枝粗壮，与芽均密被黄褐色茸毛。奇数羽
状复叶，互生，连叶柄长 14 ～ 32 cm，叶柄长 4 ～
8 cm；小叶 3 ～ 4（5）对，叶轴具窄翅，每对小叶
间距 1.5 ～ 4.5 cm，叶轴与叶柄密被黄褐色茸毛；
小叶对生，无柄或几无柄，生于叶轴上部的较大，
卵状椭圆形或椭圆形，长 6 ～ 12 cm，宽 4 ～ 7 cm，
先端急尖，基部不对称，宽楔形或圆形，顶生小叶
的基部渐窄成翅柄，上部的 1 ～ 2 对小叶基部下侧
常与叶轴之翅连结，无柄，中上部边缘具疏钝锯齿，
上面平滑，除中脉和侧脉具褐色短柔毛外，余处无
毛或几无毛，下面密被黄褐色茸毛，中、侧脉和细
脉在叶面下陷，在叶背隆起。圆锥花序顶生和腋生
并存，疏散，在果期长 30 ～ 45 cm，下垂，密生锈
褐色茸毛，每个分枝的基部和轴上有宿存苞片，苞
片从基部到先端逐渐缩小，窄椭圆状披针形，长
0.7 ～ 3.7 cm，下面密被茸毛。核果红色，圆球形，
略压扁，直径 3 ～ 4 mm，密生具节柔毛和腺毛，果
柄长 1 ～ 2 mm。

【生境分布】分布于泰安（泰山），生于海拔
200 m 左右的山坡。模式标本采自山东泰山。

特征图

模式标本，引自 CVH　　　　　　　　模式标本，引自 CVH

【保护价值】泰山盐麸木为山东特有植物，仅分布于泰山。药用植物。

【致危分析】个体数量极少，分布区为旅游胜地，容易受到农林生产、旅游等干扰。

【保护措施】就地保护，加强对其生境的保护。

（编写人：臧德奎）

伞形科 Apiaceae

◆ **山茴香（岩茴香）**

Carlesia sinensis Dunn in Hook. Icon. Pl. 28: 2739. 1905; 中国植物志 , 55 (2) : 151. 1985; 陈汉斌 , 山东植物志（下卷）, 841 . f. 719. 1997; 李法曾 , 山东植物精要 , 411. f. 1476. 2004.

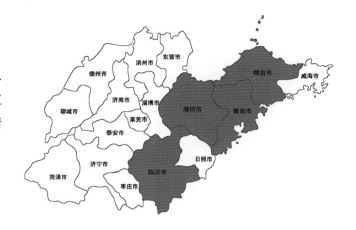

【类别】国家重点保护野生植物

【现状】濒危（EN）

【形态】多年生矮小草本，高 10 ~ 30 cm。根圆锥形，茎 8 ~ 15 mm，根颈密生残留的纤维状叶鞘。叶柄长 2 ~ 8 cm，基部具鞘。基生叶多数，矩圆形，长 3 ~ 9 cm，3 回羽状全裂，最终裂片条形，长 5 ~ 10 mm，宽约 1 mm，边缘内折。花葶多数，有时分枝；复伞形花序顶生；总苞片多数，条形，长约 1 cm；伞幅 10 ~ 20，长 1.5 ~ 3 cm；小总苞片多数；线形，长 3 ~ 5 mm；花白色，花柄多数，长 2 ~ 3 mm；萼齿明显，卵状三角形，外面有毛，果期宿存；花瓣倒卵形，长 1.2 ~ 1.5 mm，基部渐窄，顶端 2 裂，有内折的小舌片；花丝长于花瓣，花药卵圆形；子房有毛，花柱开花后长约 2 mm。双悬果长椭圆状卵形，长 4 ~ 5 mm，表面有疏毛，先端稍收缩，果棱丝状，稍凸起，每棱槽内有油管 3。花期 7 ~ 8 月；果期 8 ~ 10 月。

特征图

植株

生境（崂山）　　　　　　　　　　花序　　　　　　　　　　叶丛

果序　　　　　　　　　　花序　　　　　　　　　　果期植株

　　【生境分布】分布于青岛（崂山）、烟台（艾山、昆嵛山）、潍坊（沂山）、临沂（蒙山）等山地，生于海拔 600 m 以上的山顶岩石缝隙上，伴生植物主要有华北绣线菊、锦带花、山莴苣、披针叶薹草、唐松草等。国内分布于辽宁。模式标本采自山东烟台。

　　【保护价值】山茴香是我国特有的单种属植物，仅见于山东、辽宁，山东为主产区，已被列为国家重点保护野生植物，对研究伞形科植物的地理分布、系统进化具有一定意义。也是药用植物，根入药，也可做香料。幼嫩枝叶可食。

　　【致危分析】山茴香野生资源稀少，分布区片段化，种群繁衍困难。山茴香多分布在山顶岩石上，风大、干旱，生境恶劣，只有极少数种子能落到合适环境萌发生长，因此自然更新不良。另外山区旅游开发、攀岩等户外运动，当地山民及游客采摘幼嫩茎叶、根，对其生长也造成一定影响。

　　【保护措施】建议列为山东省重点保护野生植物。就地保护，在其分布点周围人工辅助播种育苗，增加幼龄个体数量；开展全面研究，重点放在生物学特性、繁育机制、生态学特性等方面。

（编写人：张　萍、侯元同、胡德昌）

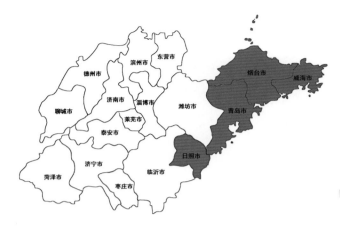

◆ 珊瑚菜（北沙参、莱阳参）

Glehnia littoralis Fr. Schmidt ex Miquel in Ann. Mus. Bot. Lugd. -Botav. 3: 61. 1867; 中国植物志, 55 (3)：77. 1992; 陈汉斌, 山东植物志（下卷）, 839 . f. 718. 1997; 李法曾, 山东植物精要, 414. f. 1492. 2004.

【类别】国家重点保护野生植物、中国珍稀濒危植物

【现状】濒危（EN）

【形态】多年生草本。主根细长，圆柱形或纺锤形，长 20 ~ 70 cm，径 0.5 ~ 1.5 cm，表面黄白色。根状茎直立，伸长于地下，露于地面部分较短。叶多数基生，厚纸质，无毛，有长柄，叶柄长 5 ~ 15 cm；叶片轮廓呈圆卵形至长圆状卵形，三出式分裂至三出式 2 回羽状分裂，末回裂片倒卵形，顶端圆形至尖锐，基部楔形至截形，边缘有缺刻状锯齿，齿边缘为白色软骨质；茎生叶与基生叶相似，叶柄基部逐渐膨大成鞘状，有时茎生叶退化成鞘状。复伞形花序顶生，密生浓密的长柔毛，径 3 ~ 6 cm，花序梗有时分枝；伞辐 8 ~ 16，不等长；无总苞片；小总苞 8 ~ 12，条状披针形，边缘及背部密被柔毛；小伞形花序有花 15 ~ 25，花白色；萼齿 5，卵状披针形，被柔毛；花瓣白色或带堇色；花柱基短圆锥形。果实近圆球形或倒广卵形，长 6 ~ 13 mm，宽 6 ~ 10 mm，密被棕色粗毛，果棱 5，有栓质翅；分生果的横剖面半圆形，油管多数。花果期 5 ~ 8 月。

特征图

生境（威海）

成熟散落的果实	果期植株	花期植株
植株	幼苗	果序

【生境分布】分布于青岛（崂山仰口湾、胶南、黄岛）、日照（东港）、烟台（海阳、龙口、牟平、蓬莱、芝罘、莱州）、威海（荣成成山海滨、乳山）等地海边沙滩上，集中分布在距离潮间带 100 m 的范围内，常和砂钻薹草、砂引草、肾叶打碗花、匍匐苦荬菜、滨麦、筛草和单叶蔓荆等植物混生，在沙滩上形成海滨植物群落。国内分布于辽宁、河北、江苏、浙江、福建、台湾、广东等地。朝鲜、日本、俄罗斯也有分布。

【保护价值】珊瑚菜的根经加工后药用，即商品"北沙参"，是中国传统中药材，叶可作蔬菜食用。野生资源对于培育和更新珊瑚菜的品种具有重要价值。同时，该种植物对研究伞形科植物的系统发育、种群起源以及东亚与北美植物区系具有重要意义。已列入国家珍稀保护植物名录。

【致危分析】由于保护意识淡泊，近年来随着城市扩张和海洋养殖，海岸被大面积利用，沿海采沙、挖养殖池、翻沙修建房屋现象严重，生长珊瑚菜的沙滩常被修建旅游设施、港口、养殖场或采沙，生境遭到严重破坏，珊瑚菜大面积消失；加上药农连年挖根，资源逐渐减少，分布面积迅速减少。

【保护措施】建议列为山东省重点保护野生植物。开展野生珊瑚菜资源普查、资源收集工作；选取有代表性的分布地进行就地保护，建立野生珊瑚菜原生境保护点，保证现有原生境不受人为破坏，有效遏制植物资源衰竭的趋势。开展引种栽培和繁殖试验，迁地保存。

（编写人：张　萍、侯元同、胡德昌）

◆ 少管短毛独活

Heracleum moellendorffii Hance var. paucivittatum R. H. Shan & T. S. Wang, Act. Phytotax. Sin. 24（4）：316. 1986; 单人骅, 中国植物志, 55（3）：195. pl. 7-8. 1992; 李法曾, 山东植物精要, 416. 2004; F. T. Pu, Flora of China, 14: 198. 2005; 臧德奎, 山东特有植物, 10. 2016.

【类别】山东特有植物

【现状】极危（CR）

【形态】多年生草本，高 1~2 m，全体被短硬毛。根圆柱形、粗大，多分歧，灰棕色。茎直立，有分枝。基部或下部的叶柄长 10 ~ 30 cm；叶片薄膜质，三出或三出羽状复叶，小叶 3 ~ 5，阔卵形，长 10 ~ 20 cm，宽 7 ~ 18 cm，不规则的 3 ~ 5 裂，裂片边缘具粗大的锯齿，小叶柄长 3 ~ 8 cm；茎上部的叶有扩大的叶鞘。复伞形花序顶生和侧生，花序梗长 4 ~ 15 cm；总苞片少数，线状披针形；伞辐 12 ~ 30，不等长；小总苞片 5 ~ 10，披针形；小伞形花序有花多于 20 朵，花柄细长，长 4 ~ 20 mm；萼齿不显著；花瓣白色，二型，边花有二深裂的辐射瓣。双悬果近圆形或长椭圆形，长 6 ~ 8 mm，宽 4 ~ 7 mm，有稀疏的柔毛或近光滑，每棱槽中油管 1 或无，合生面油管 2，棒形，长度为分生果的一半。分果背部极扁压，腹面平直。花期 7 ~ 8 月；果期 8 ~ 10 月。

模式标本，引自 CVH

模式标本，引自 CVH

【生境分布】分布于烟台（蓬莱），生长于山沟路旁，多为棕壤或为发育不完全的棕壤。模式标本采自山东烟台蓬莱。

【保护价值】少管短毛独活是山东特有植物，分布狭窄，数量少，对研究独活属植物的演化具有重要价值。此外，独活属植物均为传统的中药材，对其资源的保护也有重要意义。

【致危分析】少管短毛独活仅分布于蓬莱，多生于山沟路旁，随着旅游业发展，常被清除或践踏，数量逐渐减少。

【保护措施】就地保护，加大宣传力度，使当地政府和公众认识该物种的重要性，减少人为破坏。

（编写人：张　萍）

◆ **济南岩风**

Libanotis jinanensis L. C. Xu & M. D. Xu, Bull. Bot. Res., Harbin 9（1）：37. 1989; D. K. Zang in Bull. Bot. Res., Harbin 14（1）：52. 1994; 陈汉斌，山东植物志（下卷），844 . f. 722. 1997; 李法曾，山东植物精要，411. f.1480. 2004; M. L. She, Flora of China, 14: 119. 2005; 臧德奎，山东特有植物，11. 2016.

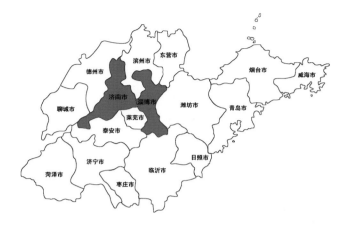

【类别】山东特有植物

【现状】极危（CR）

【形态】多年生草本，高 25 ～ 50 cm，疏被微柔毛。茎单生，自基部分枝，有时不分枝，具细沟槽。基生叶多数；叶片长卵形，2 ～ 3 回羽状全裂；羽片 4 ～ 7 对，具小叶柄；小羽片 1 ～ 2 对，菱状倒卵形，2 ～ 3 深裂；顶生裂片倒卵状楔形，具不规则锯齿；侧生裂片矩圆形或卵形，具齿或浅裂。复伞形花序，苞片缺如，偶尔 1 ～ 2 枚；伞幅 4 ～ 9 枚，长 1.5 ～ 3 cm，约等长，密被茸毛；小苞片 10 ～ 12 枚，狭三角形；小伞形花序 12 ～ 30 花。萼齿三角状披针形，花瓣白色或粉红色，背面密被微柔毛，花柱基圆锥形。双悬果卵球形，密被白色短柔毛，果棱稍隆起。油管每棱槽内 1 条，合生面上 2 条。花、果期 8 ～ 10 月。

【生境分布】分布于济南附近山区，已知历城、章丘等地有分布，生于海拔 500 ～ 600 m 的山坡上。淄博沂源也有分布。模式标本采自山东济南历城。

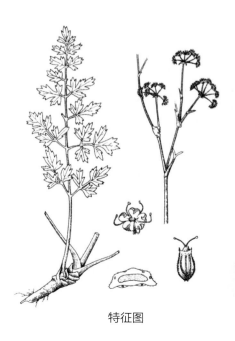

特征图

植株

叶片

生境（章丘）　　　　　　　生境　　　　　　　　花序

果实

花序　　　　　　　　　　　　　　幼果

【保护价值】济南岩风是一个狭域分布的山东特有种，仅产于济南邻近山地，对研究伞形科植物的系统发育有一定价值；也是一种中草药。

【致危分析】济南岩风分布区狭窄，零散生长，分布稀少；其生境紧邻大城市济南，容易受人践踏和采挖。

【保护措施】建议列为山东省重点保护野生植物。对本种所知甚少，应开展济南岩风资源普查，根据调查结果建立原生境保护点，就地保护，保证其原生境不受人为破坏；开展引种栽培和繁殖试验。

（编写人：侯元同、高德民、辛晓伟）

◆ **滨海前胡**

Peucedanum japonicum Thunb. Fl. Jap. 117. 1784;
中国植物志，55（3）：144. 1992；陈汉斌，山东植物志
（下卷），828．f. 708. 1997；李法曾，山东植物精要，
415. f. 1495. 2004.

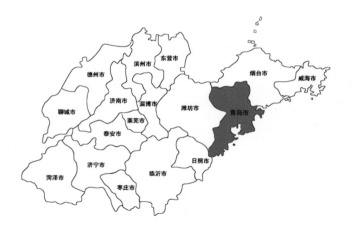

【类别】山东珍稀植物

【现状】濒危（EN）

【形态】多年生粗壮草本，高达 1 m，常呈蜿蜒状。
茎圆柱形，曲折，多分枝，有粗条纹显著突起，光滑
无毛。基生叶具长柄，叶柄长 4 ～ 5 cm，具宽阔叶鞘
抱茎，边缘耳状膜质；叶片宽大质厚，轮廓为阔卵状
三角形，1 ～ 2 回三出式分裂，第 1 回羽片卵状圆形
或三角状圆形，下部的 1 对羽片柄长 2 ～ 4 cm，较粗，
中间羽片柄比两侧的柄长 1 倍以上，羽片 3 浅裂或深
裂，基部心形，长和宽 7 ～ 9 cm，第 2 回羽片居于两
侧者卵形，中间 1 片为倒卵状楔形，均无柄，具 3 ～ 5
粗大钝锯齿，两面光滑无毛，粉绿色，网状脉细致而
清晰。伞形花序分枝，花序梗粗壮；总苞片 2 ～ 3，
有时无，卵状披针形至线状披针形，长 5 ～ 10 mm，
宽约 2 mm，有柔毛，中央伞形花序直径约 10 cm；伞
辐 15 ～ 30，长 1 ～ 5 cm，不等长，有短柔毛；小伞
形花序有花 20 余朵；小总苞片 8 ～ 10 余枚，线状披
针形或卵状披针形，长渐尖，通常与花柄等长或较长；
花瓣紫色，少为白色，卵形至倒卵形，背部有小硬毛；
子房密生短硬毛；萼齿不显；花柱基圆柱形。分生果
长圆状卵形至椭圆形，背部扁压，长 4 ～ 6 mm，宽
2.5 ～ 4 mm，有短硬毛，背棱线形稍突起，侧棱翅状
较厚；每棱槽内油管 3 ～ 5，合生面油管 6 ～ 10；胚
乳腹面微凹入。花期 6 ～ 7 月；果期 8 ～ 9 月。

特征图

【生境分布】分布于青岛（长门岩岛）低海拔海滨，生于滨海滩地或石缝。国内分布于江苏、浙江、福建、台
湾等东部沿海地区。也分布于日本、朝鲜、菲律宾等地。

生境（长门岩）

花序

叶片

群落（长门岩）　　　　　石缝中的幼株　　　　　花期植株

【保护价值】滨海前胡是常用中药，味辛，性寒，主治肺热咳嗽、湿热淋痛、疮痈红肿。日本作防风用。

【致危分析】在山东为稀有植物，仅产于青岛近海的长门岩岛，目前生长繁衍正常，未受到人为干扰。但目前仅知此一个分布地点，易因环境变迁而消失。

【保护措施】建议列为山东省重点保护野生植物。就地保护；迁地保护，人工繁育后引入资源圃、植物园。

（编写人：臧德奎、辛晓伟）

五加科 Araliaceae

◆ 楤木

Aralia elata（Miquel）Seem. in Journ. Bot. 6: 134（Revis. Heder. 90. 1868），1868；陈汉斌，山东植物志（下卷），796. 1997；李法曾，山东植物精要，405. 2004；臧德奎，山东木本植物精要，236. f. 639. 2015.

【类别】山东珍稀植物

【现状】易危（VU）

【形态】落叶灌木或小乔木，高 2 ~ 5 m；树干疏生粗壮直刺；小枝淡灰棕色，有黄棕色茸毛，疏生细刺。2 ~ 3 回羽状复叶，长 60 ~ 110 cm；托叶与叶柄基部合生，耳廓形；叶轴无刺或有细刺；羽片有小叶 5 ~ 11，稀 13，基部有小叶 1 对；小叶片卵形、阔卵形或长卵形，长 5 ~ 12 cm，宽 3 ~ 8 cm，先端渐尖或短渐尖，基部圆形，上面疏生糙毛，下面有淡黄色或灰色短柔毛，脉上更密，有锯齿，侧脉 7 ~ 10 对，两面明显，网脉在上面不甚明显，顶生小叶柄长 2 ~ 3 cm。

特征图

枝条

果序一部分

花枝　　　　　　　　　　　果枝

植株　　　　　　　　　　　生境

圆锥花序长 30 ~ 60 cm；分枝长 20 ~ 35 cm，密生淡黄棕色或灰色短柔毛；伞形花序直径 1 ~ 1.5 cm，有花多数；总花梗长 1 ~ 4 cm，密生短柔毛；花梗长 4 ~ 6 mm；花白色，芳香；萼无毛，长约 1.5 mm；花瓣 5，卵状三角形，长 1.5 ~ 2 mm；雄蕊 5，花丝长约 3 mm；子房 5 室；花柱 5。果实球形，黑色，径约 3 mm，5 棱；宿存花柱长 1.5 mm。花期 7 ~ 9 月；果期 9 ~ 12 月。

【生境分布】分布于青岛（崂山）、泰安（泰山）等地，生于海拔 800 m 以下山谷灌丛或林缘。中国特有植物，国内分布于甘肃南部、河北、陕西、山西至长江流域至华南、西南。

【保护价值】本种为常用的中草药，有镇痛消炎、祛风行气、祛湿活血之效，根皮治胃炎、肾炎及风湿疼痛，亦可外敷治刀伤。

【致危分析】本种在山东为一稀有植物，仅产于崂山和泰山局部地区，过去常将辽东楤木（*Aralia elata* var. *glabrescens*）鉴定成本种，但实际上辽东楤木分布较广而本种稀有。分布地点为旅游热点地区，受到农林生产、旅游等干扰；幼叶经常遭受采摘破坏。

【保护措施】就地保护，加强对其生境的保护，加大宣传教育和管理力度，严禁采挖。

（编写人：臧德奎、马　燕）

◆ 无梗五加（短梗五加）

Eleutherococcus sessiliflorus（Rupr. & Maxim.）
S. Y. Hu, J. Arnold Arbor. 61: 109. 1980; Xiang Qibai,
Flora of China 13: 467. 2007; 臧德奎，山东木本植物
精要，237. f. 642. 2015.

——*Acanthopanax sessiliflorus*（Rupr. & Maxim.）
Seem. in Journ. Bot. 5: 239（Revis. Heder. 87. 1868）
1867; 中国植物志，54: 115. 1978; 陈汉斌，山东植物
志（下卷），794 . f. 682. 1997; 李法曾，山东植物精要，
405. f. 1460. 2004.

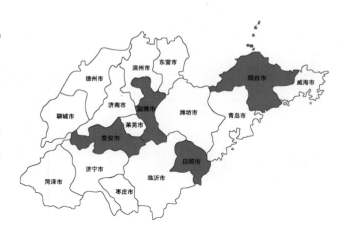

【类别】山东珍稀植物

【现状】极危（CR）

【形态】落叶灌木或小乔木，高 2～5 m。树皮暗灰色，有纵裂纹；枝无刺或疏生刺。掌状复叶；小叶 3～5，倒卵形或长圆状倒卵形至长圆状披针形；长 8～18 cm，宽 3～7 cm，先端渐尖，基部楔形，边缘有不整齐锯齿，侧脉 5～7 对，两面无毛；小叶柄长 2～10 mm；总叶柄长 3～12 cm。头状花序紧密，球形，直径 2～5 cm，花多数；有 5～6 个，稀 10 个头状花序组成顶生圆锥花序或复伞形花序；总花梗长 0.5～3 cm，密生短柔毛；花无梗；萼密生白茸毛，边缘有 5 小齿；花瓣 5，卵形，浓紫色，长 5～2 mm，外面有短柔毛，后脱落；子房 2 室，花柱合生成柱状，柱头离生。浆果倒卵形，黑色，稍有棱，宿存花柱长达 3 mm。花期 8～9 月；果期 9～10 月。

【生境分布】零星分布于淄博（鲁山）、烟台（昆嵛山）、泰安（徂徕山）、日照（五莲山），生于山谷杂

特征图

植株

花序及幼果　　　　　　　　成熟果实　　　　　　　　花序

枝叶　　　　　　　　　　　　　　　　幼果

花序　　　　　　　　　　　　生境（鲁山）

木林下。无梗五加喜温和湿润气候，耐荫蔽、耐寒，生长环境一般在向阳较潮湿的山谷中，土层深厚肥沃，排水良好，土壤为酸性的冲积土或砂质壤土。国内分布于东北地区及河北、山西等地。朝鲜也有分布。

【保护价值】山东为无梗五加在我国自然分布的南界，数量稀少。无梗五加根皮亦称"五加皮"，入药，有祛风化湿、健胃利尿、强筋通络、镇痛解热的功效，也可制"五加皮"药酒。

【致危分析】无梗五加分布范围狭窄，生境在历史上经常受到人为干扰，且其分布区域主要为旅游区，如鲁山、五莲山均在主要旅游线路边上，极易受到破坏。无梗五加种子量较大，但发育程度差，成实率低，种皮、果皮中可能含有抑制萌发的物质，因此种子萌发率很低，可能是珍稀濒危的主要原因。

【保护措施】建议列为山东省重点保护野生植物。就地保护，并在原产地结合同其它物种的关系，为无梗五加创造适宜的生境，利于其生长和天然更新。开展全面深入的研究，加强生物学特性、生态特性尤其是繁殖生物学的研究，掌握濒危机制。

（编写人：张学杰、邢树堂）

◆ **刺楸**

Kalopanax septemlobus（Thunb.）Koidz. in Bot. Mag. Tokyo 39: 306. 1925; 中国植物志, 54: 76. 1978; 陈汉斌, 山东植物志（下卷）, 790. f. 679. 1997; 李法曾, 山东植物精要, 404. f. 1457. 2004.

【类别】国家珍贵树种

【现状】近危（NT）

【形态】落叶乔木，高达 30 m；小枝散生粗刺；刺基部宽阔扁平，在茁壮枝上的长达 1 cm 以上。叶纸质，在长枝上互生，在短枝上簇生，圆形或近圆形，直径 9 ~ 25 cm，掌状 5 ~ 7 浅裂，裂片阔三角状卵形至长圆状卵形，长不及全叶片的 1/2，茁壮枝上的叶片分裂较深，裂片长超过全叶片的 1/2，先端渐尖，基部心形，上面深绿色，无毛或几无毛，下面淡绿色，幼时疏生短柔毛，边缘有细锯齿，放射状主脉 5 ~ 7 条，两面均明显；叶柄细长，长 8 ~ 50 cm，无毛。圆锥花序大，长 15 ~ 25 cm，直径 20 ~ 30 cm；伞形花序直径 1 ~ 2.5 cm，有花多数；总花梗细长，长 2 ~ 3.5 cm，无毛；花梗细长，无关节，无毛或稍有短柔毛，长 5 ~ 12 mm；花白色或淡绿黄色；萼无毛，长约 1 mm，边缘有 5 小齿；花瓣 5，三角状卵形，长约 1.5 mm；雄蕊 5；花丝长 3 ~ 4 mm；子房 2 室，花盘隆起；花柱合生成柱状，柱头离生。果实球形，直径约 5 mm，蓝黑色；宿存花柱长 2 mm。花期 7 ~ 10 月；果期 9 ~ 12 月。

【生境分布】山东省各大山区零星分布，生于山地疏林中，常作为伴生树种出现，虽然分布面积较大但

特征图

群落（崂山）

枝条

大树周围的萌蘖苗

播种苗

树干

花序

幼叶

成熟果实

花枝

植株（昆嵛山）

群落中的幼苗

群落（威海里口山）

植株（蒙山）　　　　　　　　　　幼果　　　　花序　　　　　　人为干扰状

是资源数量有限。目前已知分布区有济南（章丘、历城）、青岛（崂山、豹山、大珠山、小珠山、大泽山）、淄博（鲁山）、烟台（昆嵛山、牙山、招虎山）、潍坊（仰天山）、泰安（泰山、徂徕山）、威海（伟德山、铁槎山、里口山、岠嵎山、正棋山）、日照（五莲山、河山）、临沂（蒙山、塔山）、莱芜。国内分布于辽宁以南各地。日本、朝鲜、俄罗斯也有分布。

【保护价值】本种为国家珍贵树种，在山东处于近危状态。木材硬度适中、纹理美观，可作建筑用材；根皮为民间草药；嫩叶可食；树皮及叶含鞣酸，可提制栲胶；种子含油量约38%。

【致危分析】本种分布范围较大但各分布点多呈零星分布，而且近年来人为干扰较为严重，幼叶常被采摘，有的分布点野生居群消失（枣庄抱犊崮）。在保存较好的地区，自然更新（种子和萌蘖）良好，如蒙山、崂山等地。

【保护措施】建议列为山东省重点保护野生植物。就地保护，加强对其生境的保护，加大宣传教育和管理力度，严禁采挖、采集幼叶。开展繁育生物学研究，加强对其繁殖、种子扩散、萌发等机理研究，提高种群数量。

（编写人：臧德奎、邢树堂）

马兜铃科 Aristolochiaceae

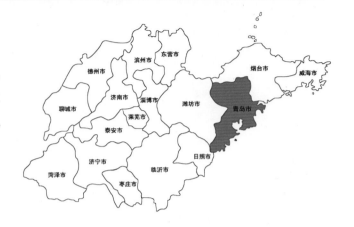

◆ 汉城细辛

Asarum sieboldii Miquel in Ann. Mus. Bot. Lugd. -Bat. 2: 134. 1865; 中国植物志, 24: 176. 1988; 陈汉斌, 山东植物志（上卷）, 1001. f. 661. 1990; 李法曾, 山东植物精要, 193. f. 668. 2004.

【类别】山东珍稀植物

【现状】濒危（EN）

【形态】多年生草本；根状茎直立或横走，直径 2 ~ 3 mm，节间长 1 ~ 2 cm，有多条须根。叶通常 2 枚，叶片心形或卵状心形，长 4 ~ 11 cm，宽 4.5 ~ 13.5 cm，先端短渐尖或尖，基部深心形，两侧裂片长 1.5 ~ 4 cm，宽 2 ~ 5.5 cm，顶端圆形，叶面密生柔毛或仅沿脉有短柔毛，叶背疏生短柔毛；叶柄长 8 ~ 18 cm，无毛或被柔毛；芽苞叶肾圆形，长与宽各约 13 mm。花梗长 2 ~ 4 cm；花萼深紫色，坛状或钟状，长宽各约 1 ~ 1.5 cm，内壁有疏离纵行脊皱；萼片在开花期直立或平展，决不反折，背面光滑无毛，三角状卵形，长约 7 mm，宽约 10 mm；管部近球形，高 6 ~ 8 mm，径 1 ~ 1.5 cm，有纵棱脊；雄蕊 12，花丝略长于花药，药隔突出，短锥形；子房上位，花柱较短，离生，顶端浅 2 裂，柱头侧生。花期 4 ~ 5 月；果期 9 ~ 10 月。

特征图

群落（崂山）

| 生境 | 植株 | 果期植株 |

| 叶片 | 花期植株 | 果实 |

【生境分布】分布于青岛（崂山），生于海拔 600 ~ 900 m 的落叶松林和杂木林下阴湿肥沃的土壤中。国内分布于辽宁。朝鲜也有分布。

【保护价值】本种为我国稀有植物，仅分布于山东和辽宁，山东仅产于崂山，资源较少，对于研究本属的地理分布和植物区系具有重要价值。全草入药，有祛风止痛的功效。

【致危分析】分布区片段化；作为著名中草药，本种经常遭受采挖，由于长期采挖，目前数量已很少。

【保护措施】建议列为山东省重点保护野生植物。立即进行就地保护，在崂山建立原生地保护点，加大管理力度。对周边群众加大宣传教育工作，严禁私自采摘采药。开展繁育生物学研究，加强对其繁殖、种子扩散、萌发等机理研究，探求濒危机理，提高种群数量。

（编写人：臧德奎）

萝藦科 Asclepiadaceae

◆ 白首乌（泰山何首乌）

Cynanchum bungei Decne. in Candolle Prodr. 8: 549. 1844; 中国植物志, 63: 322. 1977; 陈汉斌, 山东植物志（下卷）, 962 . f. 818. 1997; 李法曾, 山东植物精要, 442. f. 1595. 2004.

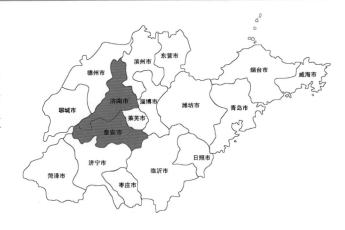

【类别】山东珍稀植物

【现状】濒危（EN）

【形态】攀援性草本或半灌木；块根粗壮。茎纤细而韧性强，被微毛。叶对生，戟形，长 3～8 cm，基部宽 1～5 cm，顶端渐尖，基部心形，两面被粗硬毛，以叶面较密，侧脉约 6 对。伞形聚伞花序腋生，比叶为短；花萼裂片披针形，基部内面腺体通常没有或少数；花冠白色，裂片长圆形；副花冠 5 深裂，裂片呈披针形，内面中间有舌状片；花粉块每室 1 个，下垂；柱头基部 5 角状，顶端全缘。蓇葖单生或双生，披针形，无毛，向端部渐尖，长 9 cm，直径 1 cm；种子卵形，长 1 cm，直径 5 mm；种毛白色绢质，长 4 cm。花期 6～7月；果期 7～10 月。

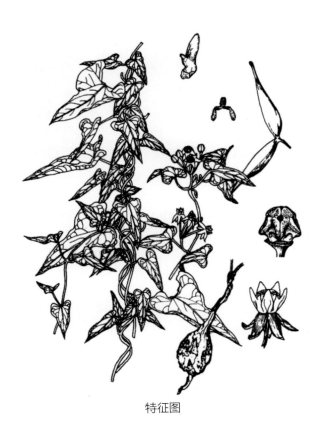

特征图

植株

花序

生境

块根

茎叶

果实

　　【生境分布】分布于济南（历城、长清、章丘）、泰安（泰山）等地，生于海拔 1000 m 以下岩石隙缝中、路边灌木丛或疏林中。国内分布于辽宁、内蒙古、河北、河南、山西、甘肃等地。也分布于朝鲜。

　　【保护价值】白首乌的块根肉质多浆，栓皮层层剥落，质坚色白，味苦甘涩，为山东泰山一带四大名药之一，是滋补珍品。

　　【致危分析】白首乌在山东仅产于鲁中的济南和泰安，为稀有植物，由于具有重要的药用价值，且分布区为旅游热点地区，经常遭受采挖，资源数量迅速减少，目前已经稀见。

　　【保护措施】建议列为山东省重点保护野生植物。就地保护，加强对其生境的保护，加大宣传教育和管理力度，严禁采挖；开展繁育生物学研究，探求濒危机理，提高种群数量。

（编写人：臧德奎、高德民）

菊科 Asteraceae

◆ **渤海滨南牡蒿**

Artemisia eriopoda Bunge var. *maritima* Ling & Y. R. Ling in Bull. Bot. Res. , Harbin 8（3）: 6. 1988; 中国植物志 , 76 (2): 236. 1991; D. K. Zang in Bull. Bot. Res., Harbin 14（1）: 53. 1994; Y. R. Ling, Flora of China, 20-21: 732. 2011; 臧德奎 , 山东特有植物 , 11. 2016.

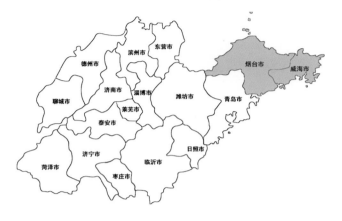

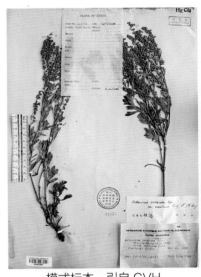

模式标本，引自 CVH

模式标本，引自 CVH

【类别】山东特有植物

【现状】易危（VU）

【形态】多年生草本。主根明显，粗短。高 30 ~ 40 cm，分枝多，枝绿色或稍带紫褐色，疏被毛，后渐脱落。叶上面无毛，背面微有短柔毛或无毛；叶质地稍肥厚，基生叶与茎下部叶羽状全裂，每侧具 3 枚裂片，每裂片先端具 3 枚规整的浅裂齿。头状花序多数，宽卵形或近球形，直径 1.5 ~ 2.5 mm，基部具线形小苞叶，在茎上排成中等开展的圆锥花序，多分枝。总苞片 3 ~ 4 层，外层略短小，外、中层总苞片卵形或长卵形，背面绿色或稍带紫褐色，边膜质，内层总苞片长卵形；雌花 4 ~ 8 朵，花冠狭圆锥状，檐部具 2 ~ 3 裂齿，花柱伸出花冠外，先端 2 叉，叉端尖；两性花 6 ~ 10 朵，不孕育，花冠管状，花药线形，先端附属物尖，长三角形，基部圆钝，花柱短，先端稍膨大，不叉开。瘦果长圆形。花果期 6 ~ 11 月。

【生境分布】分布于烟台、威海（荣成），生于海边沙地。模式标本采自山东烟台。

【保护价值】渤海滨南牡蒿为山东特有植物，仅产于烟台和威海，可入药，有祛风、去湿、解毒之效，也作青蒿（即黄花蒿）的代用品。与原变种南牡蒿（*Artemisia eriopoda*）的区别主要在于，基生叶与茎下部叶质地较肥厚，每侧 3 枚裂片，每裂片先端有 3 枚规整的浅裂齿；头状花序在茎上排成中等开展的圆锥花序。

【致危分析】渤海滨南牡蒿生于海边沙地，近年来滨海地区的旅游开发、道路建设对其生境造成了一定程度的破坏。

【保护措施】在分布集中的区域设计保护点进行就地保护。

（编写人：张　萍、臧德奎）

◆ 朝鲜苍术

Atractylodes koreana（Nakai）Kitamura Acta Phytotax. Geobot. 4: 178. 1935; 中国植物志, 78 (1): 24. 1987; 陈汉斌, 山东植物志（下卷）, 1397 . f. 1194. 1997, "*coreana*"; 李法曾, 山东植物精要, 544. f. 1965. 2004.

【类别】山东珍稀植物

【现状】易危（VU）

【形态】多年生草本, 根状茎粗而长, 不定根等粗或近等粗。茎直立, 单生或少数簇生, 高 25 ~ 50 cm, 不分枝或上部分枝, 光滑无毛。叶纸质, 绿色, 两面同色或近同色, 无毛, 边缘有针刺状缘毛或三角形的细密刺齿或稀疏的三角形长针齿, 顶端渐尖或急尖。基生叶花期枯萎, 脱落。茎中下部的叶椭圆形或长椭圆形、卵状披针形, 长 3.5 ~ 10 cm, 宽 2 ~ 4 cm, 最宽处在叶片中部或中部以下, 基部圆形, 半抱茎或贴茎, 上部叶渐小。头状花序单生茎顶或枝顶; 总苞钟状或倒圆锥钟状, 直径达 1 cm; 苞片 6 ~ 7 层, 覆瓦状排列, 背面无毛, 先端钝或圆形; 外层及最外层卵形, 长 2 ~ 4 mm, 宽 1 ~ 2 mm; 中层椭圆形; 最内层倒披针形或狭倒披针形, 长约 11 mm, 宽约 4 mm。小花白色, 长 8 mm。瘦果倒卵形, 长 4 mm, 冠毛褐色, 羽毛状基部结合成环。花、果期 7 ~ 9 月。

特征图

幼果期

生境　　　　　　　　　　　　　　花枝

花期植株　　　　　　　　　　　　花序

【生境分布】分布于青岛（崂山、浮山）、烟台（昆嵛山、艾山、牙山）、潍坊（沂山）、威海、临沂（蒙山）等山区。生于山坡灌丛中或林下灌丛中或干燥山坡草丛中，海拔 200 ～ 800 m 范围内。国内分布于辽宁。朝鲜也有分布。

【保护价值】朝鲜苍术为我国稀有植物，仅分布在山东、辽宁，并且在山东多为零散生长，数量不多，应加强保护。干燥根茎在民间也作为北苍术入药，有补中益气燥湿健脾的功效。

【致危分析】朝鲜苍术数量很少，多分布于山的上部接近山顶位置，受到开荒、旅游、采挖以及干旱的影响。

【保护措施】建议列为山东省重点保护野生植物。对朝鲜苍术野生资源进行全面调查，弄清其资源现状、生境，采取就地保护措施，对旅游区分布地点进行围栏，禁止采挖和践踏。

（编写人：张　萍、胡德昌）

◆ 叶状菊（裂苞菊）

Chrysanthemum foliaceum（G. F. Peng C. Shih & S. Q. Zhang）J. M. Wang & Y. T. Hou, Guihaia. 30: 816. 2010; Z. Shi, Flora of China, 20-21: 674. 2011; 臧德奎 , 山东特有植物 , 12. 2016.

——*Dendranthema foliaceum* G. F. Peng, C. Shih & S. Q. Zhang, Acta Phytotax. Sin. 37: 600. 1999.

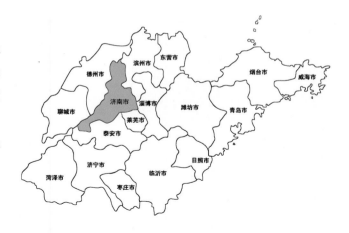

【类别】山东特有植物

【现状】易危（VU）

【形态】多年生草本， 高 50 ~ 80 cm。茎直立，自中部以上有稀疏的长分枝，全部茎枝被稠密的灰白色短柔毛。基生叶及下部茎叶未见；中部茎叶几无柄，卵形或宽卵形，长 2 ~ 3 cm，宽 1 ~ 1.5 cm，2 回羽状深裂，一回侧裂片 2 对，末回侧裂片椭圆形或锯齿状；上部茎叶小，全形椭圆形或卵形，羽状深裂或 3 深裂，羽片边缘有锯齿；头状花序下的苞叶椭圆形，长 5 ~ 7 mm，宽 3 ~ 4 mm，羽状深裂；全部叶上面几无毛，下面被灰白色短柔毛。头状花序单生枝端，直径 1 ~ 1.5 cm。总苞碟形，直径 9 ~ 10 mm；总苞片 3 层，外层长椭圆形，长 6 mm，宽 2 mm，中层长椭圆形，长 4 mm，宽 1.8 mm，内层长椭圆形，长 8 mm，宽 2.2 mm；全部总苞片顶端圆形，边缘透明膜质。边缘舌状花橘黄色，顶端 3 齿；中央两性管状花多数，橘黄色。瘦果圆柱状，长 1 mm，无冠毛。花期 9 ~ 10 月。

特征图

【生境分布】分布于济南（千佛山、开元寺），生于海拔 100 ~ 300 m 路边。模式标本采自山东济南开元寺。

【保护价值】与甘菊（*Chrysanthemum lavandulifolium*）接近，但头状花序有羽状深裂的苞叶，对于研究菊属的系统演化具有价值。

【致危分析】生于低海拔路边、荒坡，易于因人为活动和生境破坏而消失。

【保护措施】就地保护与迁地保存相结合。

（编写人：马　燕、臧德奎）

◆ **长苞菊（线苞菊）**

Chrysanthemum longibracteatum（C. Shih, G. F. Peng & S. Y. Jin）J. M. Wang & Y. T. Hou, Guihaia. 30: 816. 2010; Z. Shi, Flora of China, 20-21: 674. 2011; 臧德奎, 山东特有植物, 14. 2016.

——*Dendranthema longibracteatum* C. Shih, G. F. Peng & S. Y. Jin, Acta Phytotax. Sin. 37: 598. 1999.

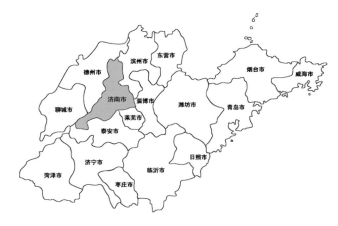

【类别】山东特有植物

【现状】易危（VU）

【形态】多年生草本，高 60 ~ 80 cm。茎直立，自中部以上稀疏长分枝，全部茎枝被稠密灰白色短柔毛。基生叶与下部茎叶未见；中部茎叶全形卵形、宽卵形或长椭圆形，长 1 ~ 5 cm，宽 1 ~ 2 cm，几无柄，2 回羽状深裂，一回侧裂片 2 对，末回侧裂片椭圆形；上部茎叶小，羽状深裂或 3 深裂；在头状花序下苞叶多数，线形，长 2 ~ 2.5 cm，宽 2 ~ 5 mm，边缘全缘；全部叶上面绿色，几无毛，下面被稠密的灰白色柔毛。头状花序单生枝端，直径 2.4 ~ 3 cm。总苞碟状，直径 5 ~ 7 mm；总苞片 3 层，外层线形或长椭圆形，长 7 mm，宽 2 mm，中层宽线形，长 8 mm，宽 2 mm，内层线形，长 8 mm，宽 2 mm；全部总苞片顶端钝或渐尖，边缘透明膜质。边缘舌状花橘黄色，中央管状花多数，橘黄色。瘦果圆锥状，长 1 mm，无冠毛。花果期 10 月。

【生境分布】分布于济南（千佛山、羊头峪、开元寺），生于海拔 100 m 路边林中。模式标本采自山东济南千佛山。

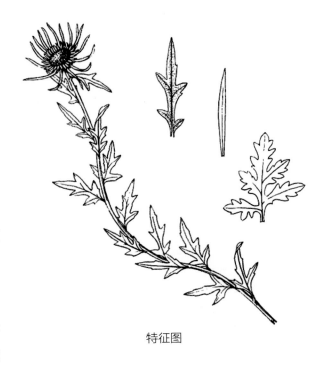

特征图

【保护价值】与甘菊（*Chrysanthemum lavandulifolium*）接近，但头状花序之下有多数、线形、边缘全缘的苞叶，对于研究菊属的系统演化具有价值。也是优良的观赏植物。

【致危分析】生于低海拔路边、荒坡，易于因人为活动和生境破坏而消失。

【保护措施】就地保护与迁地保存相结合。

（编写人：马　燕、臧德奎）

秋海棠科 Begoniaceae

◆ **中华秋海棠**

Begonia grandis Dryander subsp. sinensis（A. Candolle）Irmsch. in Mill. Inst. Allg. Bot. Hamburg 10: 494, Pl. 13. 1939; 中国植物志 , 52 (1): 165. 1999; 李法曾 , 山东植物精要 , 390. 2004.

——*Begonia sinensis* A. Candolle in Ann. Sci. Nat. Bot. ser. 4, 11: 125. 1859; 陈汉斌 , 山东植物志（下卷）, 731 . f. 632. 1997.

【类别】山东珍稀植物

【现状】易危（VU）

【形态】多年生草本，有球形块茎，须根细长。茎高 20 ～ 40 cm，肉质，少分枝。叶片椭圆状卵形至三角状卵形，薄纸质，长 5 ～ 12（20）cm，宽 3.5 ～ 9（13）cm，先端渐尖并常呈尾状，下面淡绿色，偶带红色；基部心形，偏斜，宽侧下延呈圆形，边缘呈尖波状，有细尖牙齿，下面淡绿色；叶柄细长，长达 10 cm。花单性，雌雄同株；花序较短，呈伞房状至圆锥状二歧聚伞花序，腋生；花粉红色，直径 1.5 ～ 2.5 cm；雄花

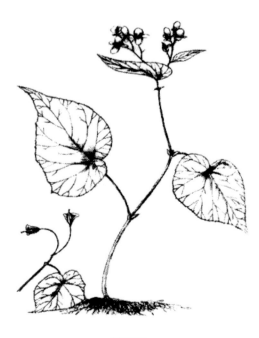

特征图

群落

| 果期植株 | 生境（泰山） | 生境（徂徕山） |
| 叶背面 | 花枝 | 花期植株 |

被片 4，雄蕊多数，雄蕊柱短于 2 mm，整体呈球状；雌花被片 5，花柱基部合生或微合生，有分枝，柱头呈螺旋状扭曲，稀呈 U 字形。蒴果有 3 不等大之翅。花期 7～8 月；果期 9～10 月。

【生境分布】分布于鲁中南山区和及胶东丘陵，见于济南（药乡）、青岛（崂山、胶南）、淄博（鲁山）、烟台（昆嵛山）、潍坊（沂山）、泰安（泰山、徂徕山）、威海、日照（五莲山）、临沂、莱芜等地。生于山谷阴湿岩石上、滴水的石灰岩边、疏林阴处、荒坡阴湿处以及山坡林下，多见于海拔 600 m 以下。中国特有植物，国内分布于河北、甘肃、陕西、山西、河南、广西、广东、福建、贵州、江西、浙江、四川、云南。

【保护价值】中华秋海棠花色优美，花期长，幽香淡雅，可栽培供观赏。

【致危分析】中华秋海棠对环境要求较严格，喜阴湿。由于森林砍伐、旅游等人类活动干扰，生境显得极为脆弱，导致种群数量日益减少，有些分布点已消失。

【保护措施】建议列为山东省重点保护野生植物。中华秋海棠在自然条件下种群能够自然繁衍，但旅游开发使原生地受到了不同程度的破坏，应采取保护其生境的方式，就地保护，促进种群恢复。同时开展有计划的引种工作，实施迁地保护。

（编写人：臧德奎、韩晓弟）

小檗科 Berberidaceae

◆ **北京小檗**

Berberis beijingensis Ying in Acta Phytotax. Sin. 37（4）：324, f. 8: 1-8, 1999; 中国植物志, 29: 214. 2001; 臧德奎, 山东木本植物精要, 58. f. 116. 2015.

【类别】山东珍稀植物

【现状】极危（CR）

【形态】落叶灌木，高约 1 m。枝具棱槽，禾秆黄色或带淡棕褐色，无毛，具稀疏黑色疣点；茎刺单生，偶三分叉，长 5～8 mm，腹面具浅槽，与枝同色。叶薄纸质，狭倒披针形，长 1～4 cm，宽 3～6 mm，先端急尖，基部渐狭，上面绿色，中脉微隆起，背面淡绿色，无毛，不被白粉，中脉明显隆起，两面侧脉和网脉明显隆起，叶缘平展，全缘；近无柄。圆锥花序具花 15～30 朵，长 3～7 cm，包括总梗长 1～1.5 cm，无毛；苞片披针形，长 2～3.5 mm；花梗长 2～5 mm，光滑无毛；花黄色；小苞片披针形，长约 2 mm；萼片 2 轮，外萼片椭圆形，长 2～2.5 mm，宽 1～1.3 mm，内萼片倒卵形，长 3～3.5 mm，宽 1.5～1.8 mm；花瓣椭圆形，长 3～3.2 mm，宽 1.2～1.5 mm，先端全缘，基部楔形，具 2 枚分离腺体；雄蕊长约 2.1 mm，药隔不延伸，先端平截；胚珠单生，具柄。果未见。花期 5～6 月。

【生境分布】分布于青岛（崂山），生于海拔 100 m 左右低海拔山坡灌丛中。中国特有植物，国内分布于河北。

【保护价值】本种是细叶小檗（*Berberis poiretii*）的近缘种，具有较大的药用价值；也可作蜜源植物和观赏植物。

【致危分析】本种在山东为一稀有植物，但对本种了解较少，近年来的调查中未发现。本种外形极近细叶小檗，但具圆锥花序，花瓣先端全缘。

【保护措施】对本种所

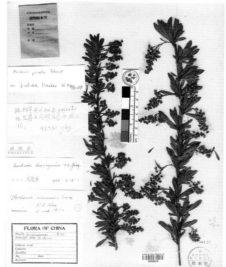

模式标本，引自 CVH

特征图

知甚少，在资源调查中尚未发现其分布，应进一步调查，对发现的种群进行就地保护，以其为中心设立较大面积的重点保护区域，加强对其潜在分布区的保护。

（编写人：臧德奎）

桦木科 Betulaceae

◆ **坚桦（杵榆）**

Betula chinensis Maxim. in Bull. Soc. Nat. Moscou
54（1）: 47. 1879; 中国植物志, 21:134. 1979; 陈汉斌,
山东植物志（上卷）, 920 . f. 600. 1990; 李法曾, 山
东植物精要, 178. f. 607. 2004; 臧德奎, 山东木本植
物精要, 91. f. 210. 2015.

——*Betula jiaodongensis* S. B. Liang in Bull. Bot.
Res., Harbin 4（2）: 155. 1984

【类别】山东珍稀植物

【现状】易危（VU）

【形态】落叶灌木或小乔木；高 2 ~ 5 m；树皮黑灰色，纵裂或不开裂；枝条灰褐色或灰色，无毛；小枝密被长柔毛。叶厚纸质，卵形、宽卵形、较少椭圆形或矩圆形，长 1.5 ~ 6 cm，宽 1 ~ 5 cm，顶端锐尖或钝圆，基部圆形，有时为宽楔形，边缘具不规则的齿牙状锯齿，上面深绿色，幼时密被长柔毛，后渐无毛，下面绿白色，沿脉被长柔毛，脉腋间疏生髯毛，无或沿脉偶有腺点；侧脉 8 ~ 9（10）对；叶柄长 2 ~ 10 mm，密被长柔毛，有时多少具树脂腺体。果序单生，直立或下垂，通常近球形，较少矩圆形，长 1 ~ 2 cm，直径 6 ~ 15 mm；序梗几不明显，长约 1 ~ 2 mm；果苞长 5 ~ 9 mm，背面疏被短柔毛，基部楔形，上部具 3 裂片，裂片通常反折，或仅中裂片顶端微反折，中裂片披针形至条状披针形，顶端尖，侧裂片卵形至披针形，斜展，通常长仅及中裂片的 1/3 ~ 1/2，较少与中裂片近等长。小坚果宽倒卵形，长 2 ~ 3 mm，宽 1.5 ~ 2.5 mm，疏被短柔毛，具极狭的翅。

特征图

植株（崂山）

生境（蒙山）

果枝

果枝

花枝

树干

果序

枝叶

　　【生境分布】分布于青岛（崂山）、烟台（昆嵛山）、淄博（鲁山）、泰安（泰山、徂徕山）、临沂（蒙山、塔山）等地，生于海拔 500～1400 m 的山坡、山脊、石山坡及沟谷等的林中。国内分布于辽宁、内蒙古、河北、山西、河南、陕西、甘肃。朝鲜也有分布。

　　【保护价值】本种在山东为稀有植物，木质坚重，为北方较坚硬的木材之一，供制车轴及杵槌之用。树皮煎汁可染色。

　　【致危分析】本种分布区片段化，多生于山脊，生境恶劣，种群繁衍困难；经常遭受采挖，目前数量已很少。有些分布点果实多不育，结实率低。

　　【保护措施】建议列为山东省重点保护野生植物。就地保护，加大宣传教育和管理力度，严禁采挖，开展繁育生物学研究，探求濒危机理。

（编写人：臧德奎）

◆ 千金榆

Carpinus cordata Blume, Mus. Bot. Lugd.-Bat. 1: 309. 1850; 中国植物志, 21:63. 1979; 陈汉斌, 山东植物志（上卷）, 910 . f. 594. 1990; 李法曾, 山东植物精要, 177. f. 600. 2004; 臧德奎, 山东木本植物精要, 92. f. 213. 2015.

【类别】山东珍稀植物

【现状】易危（VU）

【形态】落叶乔木, 高约 15 m; 树皮灰色; 小枝棕色或橘黄色, 具沟槽, 初时疏被长柔毛, 后变无毛。叶厚纸质, 卵形或矩圆状卵形, 较少倒卵形, 长 8 ~ 15 cm, 宽 4 ~ 5 cm, 顶端渐尖, 具刺尖, 基部斜心形, 边缘具不规则的刺毛状重锯齿, 上面疏被长柔毛或无毛, 下面沿脉疏被短柔毛, 侧脉 15 ~ 20 对; 叶柄长 1.5 ~ 2 cm, 无毛或疏被长柔毛。果序长 5 ~ 12 cm, 直径约 4 cm; 序梗长约 3 cm, 无毛或疏被短柔毛; 序轴密被短柔毛及稀疏的长柔毛; 果苞宽卵状矩圆形, 长 15 ~ 25 mm, 宽 10 ~ 13 mm, 无毛, 外侧的

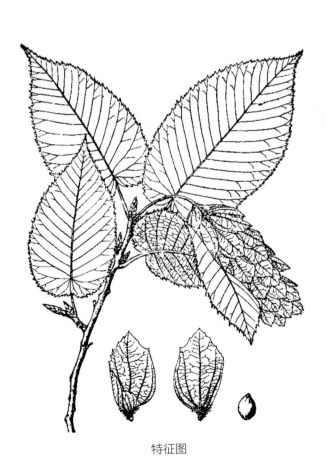

特征图

坚果

果枝

植株（昆嵛山）	群落（崂山）	树干
二年生苗	枝叶	果序

基部无裂片，内侧的基部具一矩圆形内折的裂片，全部遮盖着小坚果，中裂片外侧内折，其边缘的上部具疏齿，内侧的边缘具明显的锯齿，顶端锐尖。小坚果矩圆形，长 4 ~ 6 mm，直径约 2 mm，无毛，具不明显的细肋。

【生境分布】分布于青岛（崂山）、烟台（昆嵛山、牙山）、潍坊（仰天山）、威海等地，生于海拔 500 ~ 1000 m 较湿润、肥沃的阴山坡或山谷杂木林中。国内分布于东北、华北、河南、陕西、甘肃。朝鲜、日本也有。

【保护价值】本种为山东稀有植物，资源稀少，应加强保护。材质坚重，纹理致密美观，是重要的用材树种；叶形秀丽，果穗奇特，枝叶茂密，可作为园林观赏植物。种子可榨油，供食用以及工业用。

【致危分析】千金榆分布范围狭窄，数量少，且其分布区域主要为旅游区，生境易受到破坏。

【保护措施】就地保护。开展种子繁育技术研究，迁地保存。

（编写人：臧德奎、张学杰）

◆ 蒙山鹅耳枥

Carpinus mengshanensis S. B. Liang & F. Z. Zhao,
Bull. Bot. Res., Harbin 11（2）：33, 1991; D. K. Zang
in Bull. Bot. Res., Harbin 14（1）：50. 1994; 山东植物
精要 , 177, f. 602. 2004; 臧德奎 , 山东木本植物精要 ,
92. 2015; 臧德奎 , 山东特有植物 , 16. 2016.

【类别】山东特有植物

【现状】极危（CR）

【形态】落叶小乔木，高 5 ～ 8 m；树皮灰褐色，粗糙，不裂；小枝紫红色，近无毛，具椭圆形小皮孔。叶卵状披针形，纸质，长 3.5 ～ 6 cm，宽 2 ～ 3 cm，先端渐尖，基部楔形或近圆形，边缘具较深的重锯齿，上面无毛，下面沿脉被长柔毛，脉腋具髯毛，侧脉 10 ～ 12 对，叶柄长 1 ～ 2 cm，被短柔毛。果序长 3 ～ 5 cm，序梗长 2 ～ 3 cm，序梗及序轴被短柔毛；果苞长椭圆状矩圆形，先端尖，长 15 ～ 20 mm，宽 3 ～ 5 mm，无毛，内侧基部微内折或具耳突，外侧基部全缘或具一长 2 ～ 3 mm 的裂片，中裂片狭长椭圆形，长约 15 mm，先端锐尖，内侧全缘，外侧稀具 1 ～ 2 小齿。小坚果宽卵形，长约 4 mm，顶端被柔毛，上部有时疏生树脂腺体。

【生境分布】分布于临沂（平邑县蒙山），生于海拔 750 m 左右阳坡。模式标本采自山东蒙山。

【保护价值】本种为山东特有植物，具有重要的科研价值，资源较少。也可作园林绿化树种。与鹅耳枥

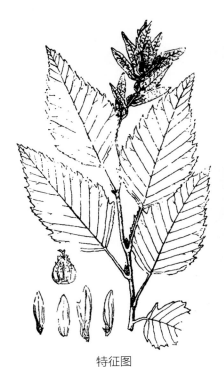

特征图

植株

叶片背面

果枝

果序及小坚果

（*Carpinus turczaninowii*）相近，但区别在于小枝近无毛，叶缘具较深的重锯齿，果苞狭长椭圆形，较窄。

【致危分析】分布区受到农林生产、旅游等干扰，个体数量极少，且与鹅耳枥近缘，常易被误认为鹅耳枥而遭受采挖，由于长期乱砍滥伐，目前数量已很少。

【保护措施】建议列为山东省重点保护野生植物。加强调查，对发现的分布点进行就地保护，并以其为中心设立较大面积的重点保护区域，加强对其潜在分布区的保护。

（编写人：臧德奎）

◆ **小叶鹅耳枥**

Carpinus stipulata H. Winkler in Engler, Pflanzenr. IV. 61（Heft 19）: 35. 1904; 臧德奎, 山东木本植物精要, 92. 2015.

——*Carpinus turczaninowii* Hance var. *stipulata*（H. Winkl.）H. Winkl. inEngler, Bot. Jahrb. 50（Suppl.）: 505. 1914; 中国植物志, 21: 73. 1979; 陈汉斌, 山东植物志（上卷）, 910. 1990; 李法曾, 山东植物精要, 177. 2004.

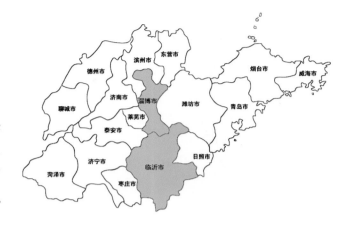

【类别】山东珍稀植物

【现状】易危（VU）

【形态】落叶小乔木，高达 8 m；树皮灰色。小枝深紫色，光滑无毛。叶片卵形、卵状椭圆形或卵状披针形，长 2 ~ 3.5 cm，宽 1 ~ 3 cm，先端渐尖，稀锐尖；基部近圆形或近心形，边缘具单锯齿，侧脉 11 ~ 13 对；上面无毛，背面沿脉有绢质长柔毛，脉腋具髯毛。叶柄长约 1 cm，疏被长柔毛。雌花序长约 5 cm，径约 2 cm，花序梗长约 1 cm，密被长柔毛，苞片阔半卵形，长约 15 mm，宽 3 mm，疏被长柔毛，外侧不规则齿裂，基部无裂片，内侧全缘，基部具反折的耳状裂片，先端锐尖，脉 4 或 5，网状脉明显。小坚果宽卵形，长约 4 mm，宽约 2.5 mm，顶端被柔毛，其余部分无毛，有棱脊。花期 5 ~ 6 月；果期 7 ~ 8 月。

【生境分布】分布于临沂（蒙山、塔山）、淄博（鲁山）等地，在塔山生于海拔 400 m 左右山坡林下，在

枝叶

生境（鲁山）

果枝

植株

果枝

枝叶

鲁山生于海拔 900 ~ 1000 m 林缘、路边。中国特有植物，国内分布于甘肃、湖北和陕西。

【保护价值】本种为我国特有树种，在山东为稀有植物，数量稀少，应加强保护。树姿、叶形优美，是优良的观赏植物。

【致危分析】多生于林下，常受到林业生产尤其是森林抚育的影响而被清理，个体数量已经很少；与鹅耳枥（*Carpinus turczaninowii*）近缘，常被误认为鹅耳枥而遭受采挖。

【保护措施】建议列为山东省重点保护野生植物。就地保护，在鲁山和塔山划定原生地保护点。加强人工繁育研究，扩大种群数量。

（编写人：邢树堂、臧德奎）

◆ 毛榛

Corylus mandshurica Maxim. & Rupr. in Bull.
Acad. Sci. St. Petersb. 15: 137. 1856; 中国植物志, 21:
54. 1979; 陈汉斌, 山东植物志（上卷）, 908 . f. 593.
1990; 李法曾, 山东植物精要, 176. f. 599. 2004; 臧德
奎, 山东木本植物精要, 93. f. 218. 2015.

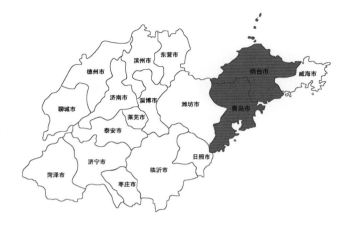

【类别】山东珍稀植物

【现状】濒危（EN）

【形态】落叶灌木, 高 3 ~ 4 m; 树皮暗灰色或灰褐色; 枝条灰褐色, 无毛; 小枝黄褐色, 被长柔毛, 下部的毛较密。叶宽卵形、矩圆形或倒卵状矩圆形, 长 6 ~ 12 cm, 宽 4 ~ 9 cm, 顶端骤尖或尾状, 基部心形, 边缘具不规则的粗锯齿, 中部以上具浅裂或缺刻, 上面疏被毛或几无毛, 下面疏被短柔毛, 沿脉的毛较密, 侧脉约 7 对; 叶柄细瘦, 长 1 ~ 3 cm, 疏被长柔毛及短柔毛。雄花序 2 ~ 4 枚排成总状; 苞鳞密被白色短柔毛。果单生或 2 ~ 6 枚簇生, 长 3 ~ 6 cm; 果苞管状, 在坚果上部缢缩, 较果长 2 ~ 3 倍, 外面密被黄色刚毛兼有白色短柔毛, 上部浅裂, 裂片披针形; 序梗粗壮, 长 1.5 ~ 2 cm, 密被黄色短柔毛。坚果几球形, 长约 1.5 cm, 顶端具小突尖, 外面密被白色茸毛。

【生境分布】分布于青岛（崂山）、烟台（昆嵛山）, 生于海拔 400 m 左右山坡灌丛中或林下。国内分布于东北、华北及陕西、甘肃、四川。朝鲜、俄罗斯远东地区、日本也有。

【保护价值】本种在山东为一稀有植物, 分布很少。种子可食, 是优良的干果树种, 也可作为山地水土

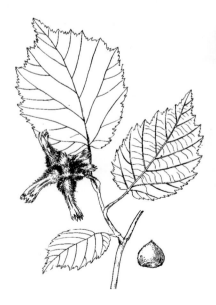

特征图

枝叶

叶片背面

群落中的幼树

雄花序（未开放）

果苞

保持灌木。

【致危分析】毛榛在山东处于我国东部分布区的边缘，种群及生境受到农林生产、旅游开发等的干扰，近年来资源数量逐渐减少。

【保护措施】建议列为山东省重点保护野生植物。就地保护，加强对其生境的保护。

（编写人：臧德奎）

紫草科 Boraginaceae

◆ **紫草**

Lithospermum erythrorhizon Sieb. & Zucc. in Abh. Bayer, Akad. Wiss. 4（3）：149. 1846; 中国植物志, 64 (2): 35. 1989; 陈汉斌, 山东植物志（下卷）, 995 . f. 849. 1997; 李法曾, 山东植物精要, 451. f. 1628. 2004.

【类别】山东珍稀植物

【现状】濒危（EN）

【形态】多年生草本, 高 50 ~ 90 cm。根直立粗大肥厚, 圆柱状, 暗紫红色, 具丰富的紫色色素。茎通常 1 ~ 3 条, 直立, 单一或上部分歧, 密被白色贴伏和开展的短糙伏毛。单叶无柄, 互生; 叶片卵状披针形至阔披针形, 长 3 ~ 8 cm, 宽 0.7 ~ 1.7 cm, 先端渐尖, 基部楔形, 全缘, 两面被糙伏毛; 叶脉背面突出。聚伞花序总状, 长 2 ~ 6 cm, 顶生, 果期延长; 花小, 两性; 苞片叶状, 两面具粗毛; 花萼短筒状, 5 深裂, 裂片线形, 外被短糙伏毛; 花冠白色, 长 7 ~ 9 mm,

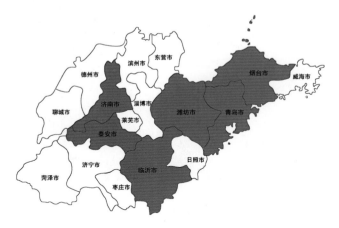

特征图

植株

花枝

花

花序

外面疏生柔毛，筒部长约 4 mm，先端 5 裂，裂片开展，阔卵形，边缘全缘或浅波状，有时先端微凹；喉部附属物半球形、球形。雄蕊 5，生于花冠管中稍上，花丝短或无，花药长 1～1.2 mm；子房上位，4 深裂，花柱线形，柱头球状，2 浅裂。坚果白色或淡黄棕色，卵球形，长约 3.5 mm，平滑有光泽，腹面中线凹陷成纵沟。种子 4 枚，卵圆形。花期 6～7 月；果期 8～9 月。

【生境分布】分布于济南（药乡）、青岛（崂山）、烟台（昆嵛山、艾山、罗山）、潍坊（青州、沂山）、泰安（泰山）、临沂等山地。生于向阳山坡草地、稀疏的灌丛或林下，海拔多在 500 m 以上。国内分布于辽宁、河北、山西、河南、江西、湖南、湖北、广西、贵州、四川、陕西至甘肃。朝鲜、日本、俄罗斯也有分布。

【保护价值】紫草是我国著名的传统中药材，也是泰山四大名药之一。根还可做染料，也可作酸碱指示剂。

【致危分析】紫草作为草药，在民间使用已久，采挖比较严重。虽然分布区域较广，但多零散分布，野生资源少。由于花期易于识别，采挖导致其数量减少，繁殖受阻，野生资源急剧减少。

【保护措施】建议列为山东省重点保护野生植物。就地保护，对位于各类保护区内的紫草资源禁止采挖；开展生物学特性、野外生存状况、生态学特性及生殖生物学等方面的研究。

（编写人：张　萍、胡德昌）

◆ 蒙山附地菜

Trigonotis tenera I. M. Johnston, Journ. Arn. Arb. 21: 56. 1940; 中国植物志, 64（2）: 99. 1989; D. K. Zang in Bull. Bot. Res., Harbin 14（1）: 52. 1994; G. L. Zhu, Flora of China 16: 369. 1995; 陈汉斌, 山东植物志（下卷）, 1004. 1997; 李法曾, 山东植物精要, 453. 2004; 臧德奎, 山东特有植物, 17. 2016.

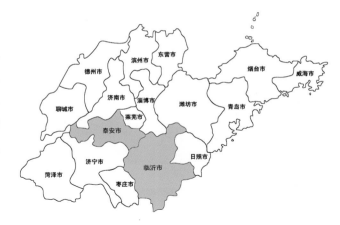

【类别】山东特有植物

【现状】易危（VU）

【形态】多年生密丛草本, 茎基短粗, 密被深褐色枯萎的叶柄。茎细弱, 多条丛生, 平卧或斜升, 高 10 ～ 16 cm, 散生糙伏毛。基生叶多数, 心形或卵圆形, 长 0.5 ～ 3 cm, 宽 0.5 ～ 1.5 cm, 先端急尖, 基部心形稀圆钝, 两面被细糙伏毛; 叶柄细长, 长 3 ～ 8 cm, 基部扩张呈鞘状, 具缘毛; 茎中、上部叶少、小、柄极短（长 4 ～ 5 mm）。花序顶生, 细弱, 长 5 ～ 9 cm, 基部有 2 ～ 3 个苞片, 上部无苞片; 花梗细, 丝状, 果期长达 20 mm; 花萼裂片披针形, 先端尖, 花期长 1.5 ～ 2 mm, 果期微增大; 花冠蓝色, 筒部短, 长约 1.5 mm, 檐部直径约 3 mm, 裂片近圆形, 平展, 长 1.5 mm, 喉部附属物 5, 稍厚, 高约 0.5 mm; 雄蕊 5, 着生于花冠筒中部, 花药长圆形, 长 0.5 mm。小坚果 4, 斜三棱锥状四面体形, 直立, 长 1.3 mm, 暗褐色, 散生短柔毛, 背面凸或略平, 卵形, 先端尖, 具 3 锐棱, 腹面的基底面较小略向下凸, 2 个侧面近等大亦略凸起, 中央具纵棱, 内侧具短柄, 柄长约 0.3 mm, 直或略弯曲。花期 8 月。

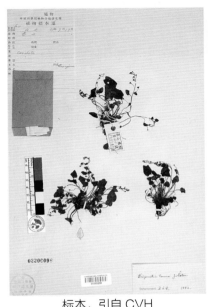

标本, 引自 CVH

群落

花期植株

花序

生境

植株

生境

幼苗

【生境分布】分布于临沂（蒙山）、泰安（泰山），生海拔 900 ~ 1500 m 山地草坡、林下阴湿处或林缘及山坡岩石缝。模式标本采自山东蒙山。

【保护价值】蒙山附地菜形态特别，为山东特有种，对于研究该属的地理分布和植物区系演化具有较大价值。

【致危分析】蒙山附地菜分布海拔较高，分布区为旅游热点地区，生境常遭受破坏，且该种喜阴湿环境，气候干旱也影响了其繁衍和生长。

【保护措施】建议列为山东省重点保护野生植物。就地保护，加强对其生境的保护。

（编写人：臧德奎）

桔梗科 Campanulaceae

◆ **羊乳（轮叶党参）**

Codonopsis lanceolata（Sieb. & Zucc.）Trautv.,
Act. Hort. Petrop. 6: 46. 1879; 中国植物志, 73 (2): 37.
1983; 陈汉斌, 山东植物志（下卷）, 1258 . f. 1070.
1997; 李法曾, 山东植物精要, 512. f. 1848. 2004.

【类别】山东珍稀植物

【现状】濒危（EN）

【形态】多年生缠绕草本，长达 1 ~ 3 m，全株含
有乳白色液汁。根粗壮，圆锥形或纺锤形，有少数须根。茎细长缠绕，无毛而光滑，略带紫色，有多数短分枝；
主茎生小叶，呈菱状狭卵形，互生、无毛；分枝上叶 4 枚轮生，有柄，狭卵形或菱状卵形，长 3 ~ 7 cm，宽
1.5 ~ 3 cm，无毛，先端尖，基部楔形，全缘。花单生于侧枝顶端，有短梗；萼片 5 裂，裂片三角状披针形，宿
存；花冠 5 裂，宽钟状，黄绿色或紫色，先端反卷；雄蕊 5，子房半下位，花柱短，柱头 3 裂。蒴果扁圆锥形，熟
时于顶部 3 裂。种子多数，淡褐色，具膜质翅。花期 7 ~ 8 月；果期 8 ~ 9 月。

【生境分布】分布于青岛（崂山）、烟台（昆嵛山、牙山、海阳）、威海、日照（五莲山）等地，生于山坡林缘、疏
林灌丛及溪谷间。国内分布于东北、华北、华东和中南各地。俄罗斯远东地区、朝鲜、日本也有分布。

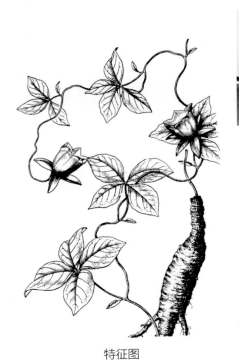

特征图

花朵（未开放）

根 花

群落中的幼苗

叶背面

花枝

枝叶

【保护价值】羊乳是我国传统的著名药用植物，具有清热解毒、补虚通乳、舒筋活血、健身补气等功效。

【致危分析】羊乳在山东分布较广泛，但资源破坏严重，曾经是泰山一带的四大名药之一但近年来在泰山调查中未发现尚存野生分布。山民对羊乳采挖，导致羊乳种群数量直接减少；森林破坏所引发的环境旱化、水土流失、土壤贫瘠化也导致了羊乳种群生境条件从根本上恶化，限制了种群生存的发展。

【保护措施】建议列为山东省重点保护野生植物。就地保护，禁止无限制地采集。进行迁地保护，增加人工种群数量，对羊乳进行开发利用。

（编写人：韩晓弟）

忍冬科 Caprifoliaceae

◆ **紫花忍冬**

Lonicera maximowiczii (Rupr.) Regel in Gartenll. 6: 107. 1857; 中国植物志 , 72: 189. 1988; 臧德奎 , 山东木本植物精要 , 270. f. 737. 2015.

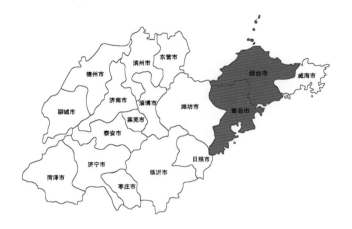

【类别】山东珍稀植物

【现状】濒危（EN）

【形态】落叶灌木，高达 2 m；幼枝带紫褐色，有疏柔毛，后变无毛。叶纸质，卵形至卵状矩圆形或卵

特征图

花期

果期

幼枝叶

| 花序 | 果实、叶下面 | 花枝 |
| 生境（崂山） | 枝叶 | 植株 |

状披针形，稀椭圆形，长 4 ~ 10（12）cm，顶端尖至渐尖，基部圆形，有时阔楔形，边缘有睫毛，上面疏生短糙伏毛或无毛，下面散生短刚伏毛或近无毛；叶柄长 4 ~ 7 mm，有疏毛。总花梗长 1 ~ 2（2.5）cm，无毛或有疏毛；苞片钻形，长约为萼筒的 1/3；杯状小苞极小；相邻两萼筒连合至半，果时全部连合，萼齿甚小而不显著，宽三角形，顶尖；花冠紫红色，唇形，长约 1 cm，外面无毛，筒有囊肿，内面有密毛，唇瓣比花冠筒长，上唇裂片短，下唇细长舌状；雄蕊略长于唇瓣，无毛；花柱全被毛。果实红色，卵圆形，顶锐尖；种子淡黄褐色，矩圆形，长 4 ~ 5 mm，表面颗粒状而粗糙。花期 6 ~ 7 月，果熟期 8 ~ 9 月。

【生境分布】分布于青岛（崂山）、烟台（昆嵛山），生于海拔 800 ~ 1000 m 林中或林缘。国内分布于东北地区。朝鲜、日本和俄罗斯远东地区也有分布。

【保护价值】山东为本种自然分布的南界，在植物区系地理研究方面具有价值。花色优美，观赏价值高，是优良的观赏植物。

【致危分析】本种在山东为一稀有植物，数量很少，分布地点为旅游热点地区，生境遭受一定程度的破坏，对种群更新具有较大影响。

【保护措施】建议列为山东省重点保护野生植物。就地保护，严格保护现有资源及其生境。

（编写人：臧德奎）

◆ 荚蒾

Viburnum dilatatum Thunb. Fl. Jap. 124. 1784; 中国植物志 , 72: 88. 1988; 陈汉斌 , 山东植物志（下卷），1200 . f. 1026. 1997; 李法曾 , 山东植物精要 , 499. f. 1806. 2004; 臧德奎 , 山东木本植物精要 , 273. f. 746. 2015.

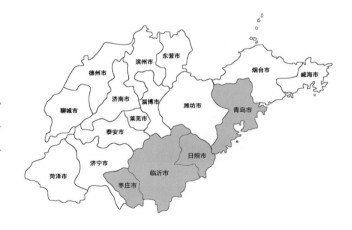

【类别】山东珍稀植物

【现状】易危（VU）

【形态】落叶灌木，高 1.5 ～ 3 m；当年小枝连同芽、叶柄和花序均密被土黄色或黄绿色开展的小刚毛状粗毛及簇状短毛，老时毛可弯伏，毛基有小瘤状突起，2 年生小枝暗紫褐色，被疏毛或几无毛，有凸起的垫状物。叶纸质，宽倒卵形、倒卵形或宽卵形，长 3 ～ 10（13）cm，顶端急尖，基部圆形至钝形或微心形，有时楔形，边缘有牙齿状锯齿，齿端突尖，上面被叉状或简单伏毛，下面被带黄色叉状或簇状毛，脉上毛尤密，脉腋集聚簇状毛，有带黄色或近无色的透亮腺点，虽脱落仍留有痕迹，近基部两侧有少数腺体，侧脉 6 ～ 8 对，直达齿端，上面凹陷，下面明显凸起；叶柄长（5）10 ～ 15 mm；无托叶。复伞形式聚伞花序稠密，生于具 1

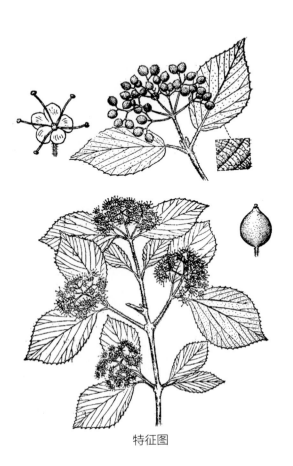

特征图

生境（蒙山）

花序　　　　　　　　　果枝　　　　　　　　　果实

花枝　　　　　　群落中的幼树　　　　　　　枝叶

植株　　　　　花序（花未开放）　　　　　　幼枝叶

对叶的短枝之顶，直径 4 ~ 10 cm，果时毛多少脱落，总花梗长 1 ~ 2（3）cm，第 1 级辐射枝 5 条，花生于 3 ~ 4 级辐射枝上，萼和花冠外面均有簇状糙毛；萼筒狭筒状，长约 1 mm，有暗红色微细腺点，萼齿卵形；花冠白色，辐状，直径约 5 mm，裂片圆卵形；雄蕊明显高出花冠，花药小，乳白色，宽椭圆形；花柱高出萼齿。果实红色，椭圆状卵圆形，长 7 ~ 8 mm；核扁，卵形，长 6 ~ 8 mm，直径 5 ~ 6 mm，有 3 条浅腹沟和 2 条浅背沟。花期 5 ~ 6 月，果熟期 9 ~ 11 月。

【生境分布】分布于青岛（崂山、胶南）、枣庄（抱犊崮）、日照、临沂（蒙山），生于山坡或山谷疏林下，林缘及山脚灌丛中，海拔 400 ~ 800 m。国内分布于河北、陕西、江苏、安徽、浙江、江西、福建、台湾、河南、湖北、湖南、广东、广西、四川、贵州及云南。日本和朝鲜也有分布。

【保护价值】本种具有重要观赏价值；韧皮纤维可制绳和人造棉。种子含油 10.03% ~ 12.91%，可制肥皂和润滑油。果可食，亦可酿酒。

【致危分析】本种在山东为一稀有植物，分布区受到农林生产、旅游等干扰，个体数量极少。

【保护措施】就地保护，加强对其生境的保护。人工繁育，迁地保存到植物园、资源圃。

（编写人：邢树堂、臧德奎）

◆ 裂叶宜昌荚蒾

Viburnum erosum Thunb. var. taquetii（H. Léveillé）Rehd. in Sarg. Pl. Wils. 1: 311. 912; 中国植物志, 72: 98. 1988; 李法曾, 山东植物精要, 499. 2004; 臧德奎, 山东木本植物精要, 273. 2015.

【类别】山东珍稀植物

【现状】极危（CR）

【形态】落叶灌木, 高达 2 m。当年枝、叶两面、叶柄和花序均被短柔毛。叶纸质, 矩圆状披针形或披针形, 边缘具粗牙齿或缺刻状牙齿, 基部常浅 2 裂; 长 3 ~ 8 cm, 宽 1 ~ 2.5 cm, 顶端渐尖或略钝, 基部圆形、宽楔形, 近基部两侧有少数腺体, 侧脉 7 ~ 11 对, 直达齿端; 叶柄长 1 ~ 3 mm, 托叶钻形。复伞形式聚伞花序生于具 1 对叶的侧生短枝之顶, 直径 2 ~ 4 cm, 总花梗长 1 ~ 2 cm, 第 1 级辐射枝通常 5 条, 花生于第 2 ~ 3 级辐射枝上, 有长梗; 花白色, 辐状, 直径 5 ~ 6 mm, 裂片圆卵形, 花药黄白色。果实红色, 宽卵圆形, 长 6 ~ 7 mm。花期 4 ~ 5 月, 果熟期 8 ~ 10 月。

【生境分布】分布于青岛（崂山）、烟台（昆嵛山）, 生于海拔 600 ~ 700 m 左右山坡灌丛中。朝鲜和日本也有分布。

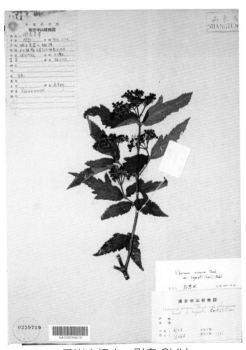

昆嵛山标本, 引自 CVH   崂山标本, 引自 CVH

植株（崂山）　　　　　　　　　　　枝叶

花枝　　　　　　　花序（花未开放）　　　　　枝叶

　　【保护价值】裂叶宜昌荚蒾是中国稀有植物，我国仅产于山东，具有重要的科研价值。花朵繁密，果色优美，可供观赏。

　　【致危分析】本种为稀有植物，资源较少，分布区受到林业生产、放牧等干扰，目前本种已处于濒危状态。

　　【保护措施】建议列为山东省重点保护野生植物。立即进行就地保护，对已知分布点进行严格保护，加强对其潜在分布区的保护。加大管理力度，对周边群众加大宣传教育工作。

（编写人：臧德奎）

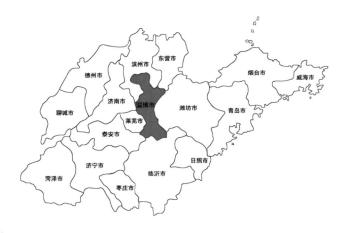

◆ 蒙古荚蒾

Viburnum mongolicum（Pallas）Rehd. in Sarg. Trees and Shrubs 2: 111. 1908; 中国植物志, 72: 28. 1988; 臧德奎, 山东木本植物精要, 274. f. 750. 2015.

【类别】山东珍稀植物

【现状】极危（CR）

【形态】落叶灌木。幼枝、冬芽、叶下面、叶柄及花序均被星状毛；老枝灰白色，无毛；芽裸露，被星状毛。单叶，对生；叶片宽卵形至椭圆形，稀近圆形，长 2.5 ~ 6 cm，先端尖或钝，基部近圆形，缘有波状浅齿，齿端具小突尖，上面疏生星状短毛或叉状毛，下面疏被星状毛，羽状脉，侧脉 4 ~ 5 对，近缘处网结，连同中脉上面略凹陷，下面隆起；叶柄长 4 ~ 10 mm。聚伞花序，径 1.5 ~ 3.5 cm；花序梗长 5 ~ 15 mm；第 1 级辐射枝 5 条，花大部生在第 1 级辐射枝上；花萼筒筒状，长 3 ~ 5 mm，无毛，萼齿波状；花冠淡黄白色，径约 3 mm，5 裂，裂片卵圆形，长约 1.5 mm，花冠筒钟状，长 5 ~ 7 mm；雄蕊 5，与花冠等长；雌蕊子房下位，1 室，花柱短。核果椭圆形，长约 10 mm，先红后黑；核扁，背部有 2 浅沟，腹面有 3 浅沟。花期 5 月；果期 9 月。

【生境分布】分布于淄博（鲁山），生于阴坡灌丛林中，伴生物种主要有华北绣线菊（*Spiraea fritschiana*）、鞘柄菝葜（*Smilax stans*）等，稍耐阴，喜肥沃湿润土壤。国内分布于内蒙古、河北、河南、陕西、山西、甘肃、宁夏、青海等地。俄罗斯西伯利亚东部和蒙古也有分布。

【保护价值】蒙古荚蒾是水土保持树种，也可供绿化观赏。是山东稀有植物，数量较少。

【致危分析】蒙古荚蒾分布范围狭窄，数量少，目前其生长未受到明显威胁，但种群小，自然更新能力较弱。

【保护措施】就地保护；研究种子繁殖技术，采取迁地保护。

（编写人：张学杰）

特征图

花枝　　　　　　　　　　　　果枝

卫矛科 Celastraceae

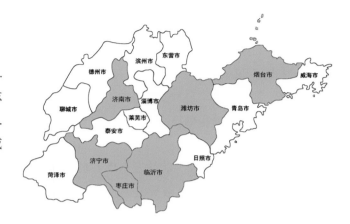

◆ 苦皮藤（苦树皮）

Celastrus angulatus Maxim. in Bull. Acad. Sci. St. Petersb. 3（27）：455. 1881；陈汉斌，山东植物志（下卷），591．f. 508. 1997；中国植物志，45 (3): 102. 1999；李法曾，山东植物精要，360. f. 1292. 2004；臧德奎，山东木本植物精要，197. f. 522. 2015.

【类别】山东珍稀植物

【现状】易危（VU）

【形态】落叶性木质藤本；小枝暗褐色，具 4 ~ 6 纵棱；皮孔明显，圆形至椭圆形，白色，密集。叶柄粗壮；叶片卵形至圆形，革质，亮绿色，光滑无毛；侧脉 5 ~ 7 对，叶上面明显突出。圆锥状聚伞花序顶生，顶端 1 或 2 分枝；花序轴和花梗光滑无毛或有赤褐色短柔毛；花梗短，顶端具关节。花小，淡绿色，雌雄异株；萼片镊合状排列，三角形或卵形，长约 1.2 mm，边缘近全缘；花瓣矩圆形，边缘啮蚀状。花盘肉质，盘状，稍5 裂；雄花的雄蕊长约 3 mm，退化雌蕊长约 1.2 mm；雌花的退化雄蕊长约 1 mm，雌蕊长 3 ~ 4 mm，子房球形。蒴果球形，黄色，3 瓣裂，果瓣近轴面具褐色斑点。种子椭圆形，假种皮鲜红色。花期 5 ~ 6 月。

【生境分布】分布于济南、枣庄（抱犊崮）、烟台（龙口）、潍坊、济宁（邹城、泗水）、临沂（蒙山、郯城），生于海拔 200 ~ 600 m 山地丛林及山坡灌丛中。中国特有植物，国内分布于河北、河南、陕西、甘肃、江

特征图

生境（蒙山）

果实（未成熟）

成熟果实、假种皮

枝条髓部

花枝（花未开放）

植株

果枝

生境（抱犊崮）

苏、安徽、江西、湖北、湖南、四川、贵州、云南及广东、广西。

【保护价值】树皮纤维供造纸和做人造棉原料；果皮及种仁含油脂，供工业用油；根皮和茎皮为强力杀虫剂；大型木质藤本，秋季叶色橘黄，果皮开裂、种子红色，供观赏。

【致危分析】苦皮藤零星分布于向阳山坡，数量极少，是山东稀有植物；随着旅游业的发展，苦皮藤生境遭受破坏；人为过度采挖，造成资源损失。

【保护措施】就地保护，建议在蒙山大恶峪、枣庄抱犊崮等地建立保护点；加强对其繁殖、种子扩散、萌发等机理研究，提高种群数量。

（编写人：臧德奎、侯元同、邢树堂）

金粟兰科 Chloranthaceae

◆ 丝穗金粟兰（水晶花）

Chloranthus fortunei（A. Gray）Solms-Laubach in Candolle Prodr. 16: 476. 1868; 中国植物志，20 (1): 87. 1982; 陈汉斌，山东植物志（上卷），862. f. 564. 1990; 李法曾，山东植物精要，169. f. 570. 2004.

【类别】山东珍稀植物

【现状】濒危（EN）

【形态】多年生草本，高 15 ～ 40 cm；根状茎粗短，密生多数细长须根；茎直立，光滑，单生或数个丛生。下部节有一对三角形的鳞状叶。单叶常 4 片，对生于茎顶，叶柄长 1 ～ 1.5 cm；叶片纸质，宽椭圆形，长椭圆形，或倒卵形，长 5 ～ 11 cm，宽 3 ～ 7 cm，顶端短尖，基部宽楔形，边缘有锯齿或粗锯齿，齿尖有腺体，嫩叶背面密生细小腺点，老叶不明显；侧脉 4 ～ 6 对，网脉明显；穗状花序单生茎顶，长 4 ～ 6 cm；花密集，苞片倒卵形，通常 2 ～ 3 齿裂；花两性，无花被，有香气；雄蕊 3 枚，基部合生，着生于子房上部外侧，中央药隔的花药 2 室，两侧药隔的花药各 1 室，药隔伸长成丝状，白色，直立或斜上，长 1 ～ 2 cm，药室在药隔的基部；子房倒卵形，无花柱。核果球形，淡黄绿色，有纵条纹，长约 3 mm，近无柄。花期 4 ～ 5 月；果期 6 ～ 7 月。

【生境分布】分布于青岛（崂山）、烟台（昆嵛山）、潍坊（沂山）、威海（伟德山、正棋山）、日照（五莲山）

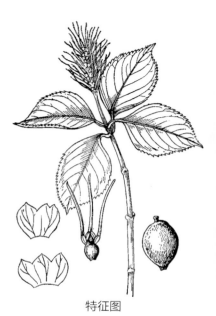

特征图

群落

花序

花枝

植株

等地。生于低山坡林下阴湿而带腐殖质的草丛及山沟水边、路边草丛中，海拔 200 ~ 300 m。中国特有植物，国内分布于长江流域及华南、西南地区。

【保护价值】本种在山东为稀有植物，仅有零星分布，是重要的药用植物，全草药用，能抗菌消炎，清热解毒，有活血散瘀等功效。

【致危分析】丝穗金粟兰数量减少，可能与以下因素有关：一是人为活动增加，如旅游、山区修路多在山沟或山下部的缓坡进行，使其被践踏或铲除；二是其繁殖效率不高，群落中很少见幼苗。

【保护措施】建议列为山东省重点保护野生植物。就地保护，选择分布比较集中的区域建立保护小区，并进行适当的人工干预，如根茎分割、采种繁育和人工补种等，维持其种群数量。加强宣传，使人们有意识进行保护；开展生殖生物学、生态学研究，为保护资源提供科学依据。

（编写人：张　萍）

景天科 Crassulaceae

◆ 多花景天

Phedimus floriferus（Praeger）' t Hart, Evol. & Syst. Crassulac. 168. 1995; K. J. Fu, Flora of China 8: 21. 2001; 臧德奎, 山东特有植物, 17. 2016.

——*Sedum floriferum* Praeg. in Journ. Bot. 56: 149. 1918; Praeg. in Journ. Roy. Hort. Soc. London 46: 122. f. 54d. 63. 64. 1921; 中国植物志, 34（1）: 132. 1984; D. K. Zang in Bull. Bot. Res., Harbin 14（1）: 51. 1994; 陈汉斌, 山东植物志（下卷）, 183 . 1997; 李法曾, 山东植物精要, 264. 2004.

【类别】山东特有植物

【现状】易危（VU）

【形态】多年生草本。根状茎短, 分枝, 木质。茎斜上, 上部稍被微乳头状突起, 高 15 ～ 30 cm, 在上部茎发生很多短花枝。叶互生, 匙状倒披针形, 长 2.5 ～ 4.5 cm, 宽 8 ～ 13 mm, 先端钝圆, 基部楔形, 边缘上部有疏锯齿, 在侧枝上的叶同形, 但较小。聚伞花序顶生及腋生; 花紧密; 萼片 5, 不等长, 线形至倒披针形, 长 2 ～ 4 mm, 先端钝; 花瓣 5, 黄色, 披针形, 长 4 ～ 5 mm, 宽 1.5 ～ 2 mm, 雄蕊 10, 较花瓣稍短; 鳞片 5, 细小, 近正方形, 全缘; 心皮 5, 直立, 后稍弯曲, 与雄蕊同长或稍短, 花柱细长。花期 6 ～ 7 月。

植株

花及幼果

生境

花期

花序

【生境分布】分布于烟台、威海和临沂（沂水），常生于海拔 700 m 以下低山地带。山东中医药大学有栽培。模式标本采自山东威海。

【保护价值】多花景天为山东特有植物，聚伞花序大而平展，花色金黄，是优良的观赏植物。本种习惯上不入药，但通过薄层色谱法确认其中含有垂盆草甙类成分。

【致危分析】多花景天群落结构脆弱、容易退化，存在一定程度的病虫害。植物种子多微小，种子繁殖存在一定难度。

【保护措施】建议列为山东省重点保护野生植物。加强资源调查，真的分布情况设立保护小区和保护点就地保护。加强引种驯化和繁育研究，迁地保存。

（编写人：臧德奎、辛晓伟）

柿树科 Ebenaceae

◆ **野柿**

Diospyros kaki Thunb. var. silvestris Makino in Tokyo Bot. Mag. 22: 159. 1908; 中国植物志, 60 (1): 143. 1987; 陈汉斌, 山东植物志（下卷）, 887. 1997; 李法曾, 山东植物精要, 426. 2004.

【类别】山东珍稀植物

【现状】易危（VU）

【形态】落叶乔木，高达 10 m；树皮裂成长方块状。小枝及叶柄常密被黄褐色柔毛。叶纸质，卵状椭圆形至倒卵形或近圆形，较栽培柿树的叶小，长 5 ~ 10 cm，宽 3 ~ 6 cm，先端渐尖或钝，老叶上面有光泽，深绿色，无毛，下面的毛较多。花较小，雄花为聚伞花序腋生，花萼钟状，深 4 裂，花冠钟状，黄白色，雄蕊 16 ~ 24 枚；雌花单生叶腋，花萼深 4 裂，花冠淡黄白色，壶形或近钟形；子房有短柔毛。果卵形，较小，直径 2 ~ 5 cm。花期 5 ~ 6 月；果期 9 ~ 10 月。

植株

枝叶　　　　　　　　　　花枝　　　　　　　　　　果枝

群落中的幼树（昆嵛山）　　　　　　　　成熟果实

【生境分布】分布于青岛（崂山）、烟台（昆嵛山）、威海（乳山）、临沂（蒙山）等地，生于山地次生林中或灌丛中，垂直分布约达 600 m。中国特有植物，国内分布于湖北、福建、江苏、江西、四川、云南。

【保护价值】野柿在山东为稀有植物，分布很少。未成熟柿子用于提取柿漆。果脱涩后可食，亦有在树上自然脱涩的。木材用途同于柿树。树皮亦含鞣质。实生苗可作栽培柿树的砧木。

【致危分析】野柿在山东省种群较小，分布区片段化严重，而且受到森林抚育等农林生产及旅游开发的影响。

【保护措施】就地保护，在崂山、昆嵛山等地设立小保护区（保护小区、保护点），加大管理力度。对周边群众加大宣传教育工作。

（编写人：臧德奎）

胡颓子科 Elaeagnaceae

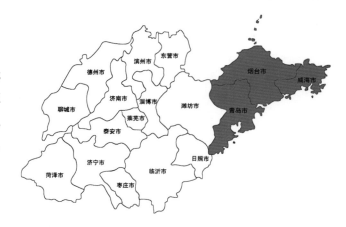

◆ **大叶胡颓子（圆叶胡颓子）**

Elaeagnus macrophylla Thunb., Fl. Jap. 67. 1784; Schlechtend. in Candolle, Prodr. 14: 614. 1857; 中国植物志, 52 (2): 15. 1983; 陈汉斌, 山东植物志（下卷）, 751 . f. 644. 1997; 李法曾, 山东植物精要, 394. f. 1422. 2004; 臧德奎, 山东木本植物精要, 187. f. 492. 2015.

【类别】山东珍稀植物

【现状】濒危（EN）

【形态】常绿性直立或攀援灌木, 高达 4 m, 无刺。幼枝扁棱形, 灰褐色, 密被淡黄白色鳞片, 扭曲状延伸, 老枝鳞片脱落, 灰黑色。叶厚纸质或薄革质, 卵形至宽卵形或阔椭圆形至近圆形, 长 4 ~ 9 cm, 宽 4 ~ 6 cm, 顶端钝形或钝尖, 基部圆形至近心脏形, 全缘, 上面幼时被银灰色鳞片, 成熟后脱落, 深绿色; 下面银灰色, 密被鳞片; 侧脉 6 ~ 8 对, 与中脉开展成 60°~ 80° 角, 近边缘 3/5 处分叉而互相连接, 两面略明显凸起。花白色, 被鳞片, 略开展, 常 1 ~ 8 花生于叶腋短枝上; 萼筒钟形, 长 4 ~ 5 mm, 在裂片下面开展, 在子房上方骤缩, 裂片 4, 宽卵形, 顶端钝尖, 两面密生银灰色腺鳞; 雄蕊与裂片互生, 花丝极短, 花药椭圆形, 花柱被白色星状柔毛及鳞片, 顶端略弯曲, 高于雄蕊。果实长椭圆形, 密被银白色鳞片, 长 14 ~ 20 mm, 直径 5 ~ 8 mm, 两端圆或钝尖, 顶端具小尖头; 果核两端钝尖, 黄褐色, 具 8 纵肋。花期 10 ~ 11 月, 次年 5 ~ 6 月成熟。

【生境分布】分布于青岛（崂山、大管岛、长门岩、灵山岛、山东头）、烟台（昆嵛山）、威海（刘公岛、鸡

特征图

植株

果枝

长门岩群落中的幼苗

播种苗

花枝

幼枝叶

果实

二年生苗

果枝及叶背面

鸣岛、龙须镇）等沿海地区,海拔 10 ~ 200 m 范围内,常在向阳悬壁形成群落、散生在林间或灌丛中。青岛、泰安有栽培。国内分布于江苏、浙江的沿海岛屿和台湾。日本、朝鲜也有分布。

【保护价值】大叶胡颓子为亚热带成分,仅分布于沿海湿润海岛、海滨,对研究植物区系具有价值。大叶胡颓子具有较强的耐受海潮风以及海边盐碱、干旱、瘠薄土壤的特性,可以广泛应用于海岸线绿化。四季常绿、叶色奇特,是优良的棚架、篱垣绿化植物材料。果实可生食,口味酸甜,亦可开发果汁、果酒,具有潜在的经济价值。

三年生苗在泰安越冬后

植株（崂山）

生境（长门岩）

生境（大管岛）

【致危分析】为山东稀有植物。随着经济发展，海岸线开发力度不断增强，人为干扰强度逐渐增大，适生环境不断减少；在其与山茶共生的环境下，人们为保护山茶，对大叶胡颓子进行人为砍伐、修剪，对其生长也造成了威胁。历史上崂山近海的小管岛、马耳岛、狮子岛、兔子岛等都有大叶胡颓子生长，但现在这些岛屿上已无分布。

【保护措施】建议列为山东省重点保护野生植物。就地保护，保护原有植株不受破坏，并且通过科普宣传增强当地居民以及游客对大叶胡颓子的保护意识。开展引种驯化工作，既能丰富园林景观，又能起到保存种质资源的作用，目前青岛的中山公园、植物园、李村公园以及一些住宅区已经有大叶胡颓子的园林应用。

（编写人：周春玲、辛　华）

杜鹃花科 Ericaceae

◆ 迎红杜鹃（尖叶杜鹃、蓝荆子）

Rhododendron mucronulatum Turcz. in Bull. Soc. Nat. Mosc. 7: 155. 1837; 中国植物志, 57 (1): 211. 1999; 陈汉斌, 山东植物志（下卷）, 857. f. 732. 1997; 李法曾, 山东植物精要, 419. f. 1508. 2004; 臧德奎, 山东木本植物精要, 114. f. 287. 2015.

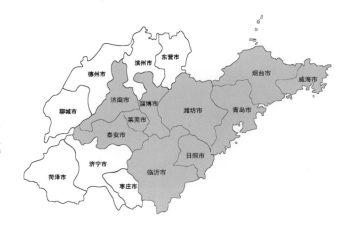

【类别】山东珍稀植物

【现状】易危（VU）

【形态】落叶灌木，分枝多。幼枝细长，疏生鳞片。叶片质薄，椭圆形或椭圆状披针形，长 3 ~ 7 cm，宽 1 ~ 3.5 cm，顶端锐尖、渐尖或钝，边缘全缘或有细圆齿，基部楔形或钝，上面疏生鳞片，下面鳞片大小不等，褐色，相距为其直径的 2 ~ 4 倍；叶柄长 3 ~ 5 mm。花序腋生枝顶或假顶生，1 ~ 3 花，先叶开放，伞形着生；花芽鳞宿存；花梗长 5 ~ 10 mm，疏生鳞片；花萼长 0.5 ~ 1 mm，5 裂，被鳞片，无毛或疏生刚毛；花冠宽漏斗状，长 2.3 ~ 2.8 cm，径 3 ~ 4 cm，淡红紫色，外面被短柔毛，无鳞片；雄蕊 10，不等长，稍短于花冠，花丝下部被短柔毛；子房 5 室，密被鳞片，花柱光滑，长于花冠。蒴果长圆形，长 1 ~ 1.5 cm，径 4 ~ 5 mm，先端 5 瓣开裂。花期 4 ~ 6 月；果期 5 ~ 7 月。

【生境分布】分布于济南（章丘）、青岛（崂山、大珠山、小珠山、豹山、大泽山）、淄博（鲁山）、烟台（昆

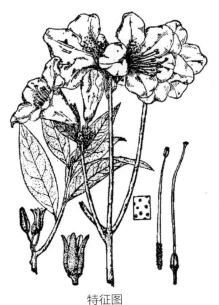

特征图

花期景观（崂山）

群落花期（小珠山）

里口山火烧迹地重新萌发的植株

生境（崂山）

秋季植株

崂山等）、潍坊（沂山）、泰安（徂徕山、泰山）、威海（正棋山、伟德山、铁槎山等）、日照（五莲山）、临沂（蒙山、塔山）、莱芜等地，主产于胶东丘陵。生于高山坡、林下和灌丛中，在内陆地区主要分布于海拔 800 m 以上，在半岛地区分布下限为海拔 100 m 左右，以阴坡为主。国内分布于河北、江苏、辽宁、内蒙古。日本、朝鲜、蒙古、俄罗斯也有分布。

【保护价值】迎红杜鹃花色美丽，观赏价值高，是重要的野生观赏植物资源；叶入药，主治感冒、头痛、咳嗽、支气管炎等；花中含有的绿原酸、槲皮素等药用成分，具有抗菌、抗炎、抗病毒等药效。

【致危分析】迎红杜鹃在山东省曾经广泛分布于鲁中南山区和胶东丘陵，但由于乱挖乱采现象严重，数量不断减少，现在泰山、徂徕山已极为稀见。在胶东丘陵，迎红杜鹃的资源量较多，但随着人为活动的加剧，尤其是掠夺性采挖和人工造林的影响，分布面积和数量都有下降的趋势。

【保护措施】建议列为山东省重点保护野生植物。注重对现有迎红杜鹃资源的就地保护，在资源较丰富的青岛、烟台、威海等的主要山系建立保护小区（点），防止人为干扰和损坏，在保护点设置警示宣传牌。加强宣传教育，提高民众的保护意识，对于有野生迎红杜鹃分布的山系的社区、乡镇，应加强开展保护知识普及宣传，提高民众对迎红杜鹃资源的保护意识，严厉打击私采乱挖行为。加强引种驯化及繁育技术研究。

（编写人：韩晓弟、赵　宏）

花期植株

花枝

果枝

花朵

果实

花朵

开裂的果实

◆ 映山红（杜鹃花）

Rhododendron simsii Planch. in Fl. des Serr. 9: 78. 1854; 中国植物志，57 (2): 386. 1994; 陈汉斌，山东植物志（下卷），859 . f. 734. 1997; 李法曾，山东植物精要，420. f. 1512. 2004; 臧德奎，山东木本植物精要，115. f. 288. 2015.

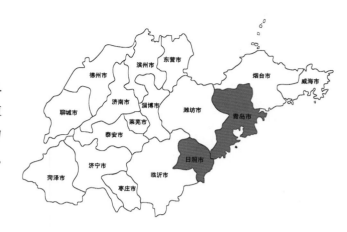

【类别】山东珍稀植物

【现状】濒危（EN）

【形态】落叶灌木，高 2 ～ 3 m；分枝多而纤细，密被亮棕褐色扁平糙伏毛。叶革质，常集生枝端，卵形、椭圆状卵形或倒卵形或倒卵形至倒披针形，长 1.5 ～ 5 cm，宽 0.5 ～ 3 cm，先端短渐尖，基部楔形或宽楔形，边缘微反卷，具细齿，上面疏被糙伏毛，下面密被褐色糙伏毛。花 2 ～ 3 朵簇生枝顶；花梗长 8mm，密被亮

特征图

植株

花枝

花

果枝

花枝　　　　　　　　　　　　　　枝叶

生境（小珠山）　　　　　　　　　生境（九仙山）

棕褐色糙伏毛；花萼 5 深裂，裂片三角状长卵形，长 5 mm，被糙伏毛，边缘具睫毛；花冠阔漏斗形，玫瑰色、鲜红色或暗红色，长 3.5 ~ 4 cm，宽 1.5 ~ 2 cm，裂片 5，倒卵形，长 2.5 ~ 3 cm，上部裂片具深红色斑点；雄蕊 10，长约与花冠相等，花丝中部以下被微柔毛；子房卵球形，10 室，密被亮棕褐色糙伏毛，花柱伸出花冠外，无毛。蒴果卵球形，长达 1 cm，密被糙伏毛；花萼宿存。花期 4 ~ 5 月；果期 6 ~ 8 月。

【生境分布】分布于日照（五莲山、九仙山）、青岛（小珠山），生于山地疏灌丛或松林下。国内分布于江苏、安徽、浙江、江西、福建、台湾、湖北、湖南、广东、广西、四川、贵州和云南等地。日本、老挝、缅甸、泰国也有分布。

【保护价值】本种花冠鲜红色，为著名的观赏植物；全株供药用，有行气活血、补虚功效；山东为本种分布的最北界，在植物区系地理研究和抗寒育种方面具有重要价值。

【致危分析】本种在山东为稀有植物，由于本身具有重要的观赏价值，经常遭受采挖，由于长期乱砍滥伐，目前数量已很少。分布地点为旅游热点地区，生境也遭受一定程度的破坏，对种群更新具有较大影响。

【保护措施】建议列为山东省重点保护野生植物。就地保护，在日照九仙山、青岛小珠山等地划定保护小区，严格保护现有资源，严禁破坏上层乔木和生境。

（编写人：臧德奎、辛　华）

◆ **腺齿越橘**

Vaccinium oldhami Miquel in Ann. Mus. Bot. Lugd. -Bat. 2: 161. 1865; 中国植物志, 57 (3): 154. 1991; 陈汉斌, 山东植物志（下卷）, 862. f. 737. 1997; 李法曾, 山东植物精要, 420. f. 1513. 2004; 臧德奎, 山东木本植物精要, 115. f. 290. 2015.

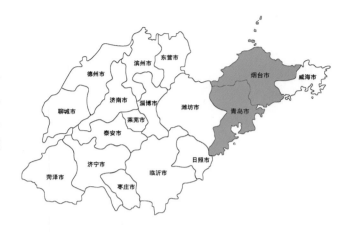

【类别】山东珍稀植物

【现状】近危（NT）

【形态】落叶灌木，高 1 ~ 3 m；幼枝褐色，密被灰色短柔毛，杂生腺毛，老枝暗褐色，渐变无毛。叶多数，散生枝上，生花的枝上叶较营养枝上的小，叶片纸质，卵形、椭圆形或长圆形，长 2.5 ~ 8 cm，宽 1.2 ~ 4.5 cm，顶端锐尖，基部楔形，宽楔形至钝圆，边缘有细齿，齿端有具腺细刚毛，表面沿中脉和侧脉被短柔毛，其余伏生刚毛或近于无毛，背面沿中脉和侧脉被刚毛或具腺刚毛，有时中脉上杂生短柔毛，其余伏生刚毛或近无毛，中脉、侧脉在表面平坦或稍微突起，在背面明显突起；叶柄长 1 ~ 3 mm，被短柔毛及腺毛。总状花序生于当年生枝的枝顶，长 3 ~ 6 cm，序轴被短柔毛及腺毛；苞片狭卵状披针形至线形，长 2.5 ~ 7 mm，有时被腺毛；花梗极短，长 1.5 mm 或更短，有少数腺毛；萼筒外被腺毛，萼齿三角形，长约 1.5 mm，有缘毛，外面被少数腺毛；花冠钟状，棕黄色并带淡紫红色，长 3 ~ 5 mm，外面无毛；雄蕊

特征图

植株

花朵

果枝

幼叶

枝叶

果枝

花枝

10，稍短于花冠，长 2.5 ~ 3.5 mm，花丝扁平，长 1 ~ 2 mm，上部被开展的柔毛，药室背部无距，药管很短，长约为药室之半。浆果近球形，直径 0.7 ~ 1 cm，熟时紫黑色。花期 5 ~ 6 月；果期 9 ~ 10 月。

【生境分布】分布于青岛（崂山、小珠山）、烟台（昆嵛山），生于海拔 200 ~ 550 m 山坡灌丛、林缘、沟谷，分布区土壤为棕壤。国内分布于江苏北部。也分布日本、朝鲜。

【保护价值】腺齿越橘为中国稀有物种，我国仅分布于山东和江苏北部，山东是主要分布区。果实富含

叶片，示叶缘腺齿

成熟果实

花枝（花未开放）

群落中的幼苗

生境（崂山）

群落

花青素，营养丰富、味道可口，具有开发价值。也可用于园林造景，是优良的观果植物。

【致危分析】本种在崂山和昆嵛山分布较多，崂山部分区域可成为群落优势种之一，目前繁衍正常，自然状态下结实率高，也未见明显的人为干扰现象，但本种仅分布于山东局部地区，且有时由于森林抚育、修路、防火道清理等而破坏其生境和植株。

【保护措施】建议列为山东省重点保护野生植物。就地保护，增强人们的保护意识。加强人工繁育研究，开展引种驯化。青岛农业大学有栽培。

（编写人：周春玲、辛　华）

大戟科 Euphorbiaceae

◆ **算盘子**

Glochidion puberum（Linn.）Hutch. in Sarg. Pl. Wilson. 2: 518. 1916; 中国植物志, 44 (1): 151. 1994; 陈汉斌, 山东植物志（下卷）, 565 . f. 486. 1997; 李法曾, 山东植物精要, 348. f. 1246. 2004; 臧德奎, 山东木本植物精要, 205. f. 545. 2015.

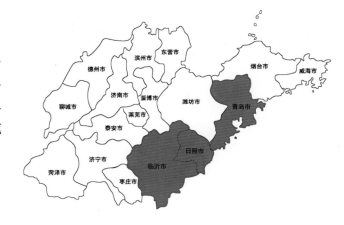

【类别】山东珍稀植物

【现状】濒危（EN）

【形态】落叶灌木，高 1 ~ 5 m，多分枝；小枝灰褐色；小枝、叶片下面、萼片外面、子房和果实均密被短柔毛。叶片纸质或近革质，长圆形、长卵形或倒卵状长圆形，稀披针形，长 3 ~ 8 cm，宽 1 ~ 2.5 cm，顶端钝、急尖、短渐尖或圆，基部楔形至钝，上面灰绿色，仅中脉被疏短柔毛或几无毛，下面粉绿色；侧脉每边 5 ~ 7 条，下面凸起，网脉明显；叶柄长 1 ~ 3 mm；托叶三角形，长约 1 mm。花小，雌雄同株或异株，2 ~ 5 朵簇生于叶腋内，雄花束常着生于小枝下部，雌花束则在上部，或有时雌花和雄花同生于一叶腋内；雄花：花梗长 4 ~ 15 mm；萼片 6，狭

群落及生境（日照）

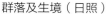
群落及生境（日照）

果枝

果实

花枝

长圆形或长圆状倒卵形，长 2.5 ~ 3.5 mm；雄蕊 3，合生呈圆柱状；雌花：花梗长约 1 mm；萼片 6，与雄花的相似，但较短而厚；子房圆球状，5 ~ 10 室，每室有 2 颗胚珠，花柱合生呈环状，长宽与子房几相等，与子房接连处缢缩。蒴果扁球状，直径 8 ~ 15 mm，边缘有 8 ~ 10 条纵沟，成熟时带红色，顶端具有环状而稍伸长的宿存花柱；种子近肾形，具三棱，长约 4 mm，朱红色。花期 4 ~ 8 月；果期 7 ~ 11 月。

【生境分布】分布于青岛（崂山）、日照、临沂（蒙阴、莒南、郯城），生于海拔 500 m 以下山坡、溪旁灌木丛中或林缘，为酸性土壤的指示植物。国内分布于长江流域及华南、西南地区。日本也有分布。

【保护价值】种子可榨油，含油量 20%，供制肥皂或作润滑油。根、茎、叶和果实均可药用；也可作农药。全株可提制栲胶。

【致危分析】本种在山东为稀有植物，分布区片段化，种群繁衍困难；曾长期受到樵采等人工干扰，个体数量极少。

【保护措施】就地保护，加强对其生境的保护，还应保护其潜在分布区，加大宣传教育和管理力度，严禁采挖，开展繁育生物学研究，探求濒危机理。

（编写人：臧德奎）

◆ 白乳木（白木乌桕）

Neoshirakia japonica（Sieb. & Zucc.）Esser, Blumea 43: 129. 1998; Flora of China, 11: 286. 2008; 臧德奎，山东木本植物精要，206. f. 549. 2015.

——*Sapium japonicum*（Sieb. & Zucc.）Pax & Hoffm. in Engl. Pflanzenr. 52（IV. 147. V.）: 252. 1912; 中国植物志，44 (3): 21. 1997; 陈汉斌，山东植物志（下卷），560 . f. 482. 1997; 李法曾，山东植物精要，351. f. 1258. 2004.

【类别】山东珍稀植物

【现状】近危（NT）

【形态】落叶灌木或乔木，高 3 ～ 7 m，各部无毛，具白色乳汁。叶互生，倒卵形至长椭圆形，长 7 ～ 16 cm，宽 3 ～ 7 cm，顶端短尖或凸尖，基部两侧常不等，全缘；中脉在背面显著凸起，侧脉 8 ～ 10 对；叶柄长 1.5 ～ 3 cm，两侧呈狭翅状，顶端有 2 腺体。花单性，雌雄同株常同序，无花瓣及花盘，聚集成顶生、长 4.5 ～ 11 cm 穗状花序，雌花生于花序轴基部，雄花生于花序轴上部，有时花序全为雄花。雄花：苞片卵形至卵状披针形，具不规则小齿，基部两侧各具 1 腺体，每苞片内具花 3 ～ 4 朵；花萼杯状，3 裂，裂片具不规则小齿；雄蕊 3 枚，稀 2 枚，常伸出于花萼之外，花药球形，略短于花丝。雌花：苞片 3 深裂几达基部，裂片披针形，中裂片较大，两侧裂片边缘各具 1 腺体；萼片 3，三角形；子房卵球形，3 室，花柱基部合生，柱头 3，外卷。蒴果三棱状扁圆形，直径 10 ～ 15 mm；种子球形，直径 6 ～ 10 mm，无蜡质假种皮，具棕褐色斑纹。花期 5 ～ 6 月；果期 9 ～ 10 月。

特征图

幼枝叶

花枝

成熟果实及种子

幼果枝

果序

花序

枝叶

【生境分布】分布于青岛（崂山），多见于二龙山及南部大河东、流清河、太清宫、八水河一带，海拔范围 150 ~ 600 m，土壤为棕壤。较喜湿耐阴，喜生于林中湿润处或溪涧边。国内分布于安徽、江苏、浙江、福建、江西、湖北、湖南、广东、广西、贵州和四川。日本和朝鲜也有。

【保护价值】白乳木属于亚热带成分，山东为自然分布的北界，对研究植物区系地理具有重要价值。本种也是低海拔优良的防治水土流失以及秋色叶风景林树种，具有较高的生态以及景观营造价值。种子含油量

果枝

群落中的幼树

生境（崂山）

植株

秋季植株

春季植株

高，用途广泛；根入药，有消肿利尿功效。

【致危分析】白木乌桕喜温暖，在山东仅分布于崂山，且主要见于南麓气候较为温暖、湿润的区域，但总体上繁衍正常，分布较多，部分区域受到旅游开发影响，干扰强度较大。

【保护措施】建议列为山东省重点保护野生植物。就地保护，增强人们的保护意识，加强其适生环境的保护。开展人工繁育研究。

（编写人：周春玲、臧德奎）

豆科 Fabaceae

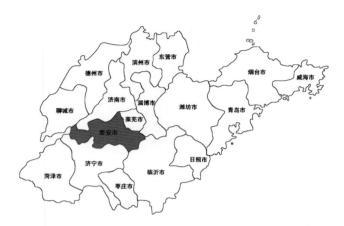

◆ 蒙古黄芪（黄芪）

Astragalus mongholicus Bunge, Mém. Acad. Imp.
Sci. Saint Pétersbourg, Sér. 7, 11（16）：25. 1868.

【类别】国家重点保护野生植物、中国珍稀濒危
植物

【现状】濒危（EN）

【形态】多年生草本，高 25 ~ 60 cm。茎基部
粗 2.5 ~ 3 mm，无毛或被稀疏白色柔毛。羽状复叶
长 6 ~ 15 cm，近无柄，托叶狭三角状，下部的长 8 ~ 10 mm，上部的长 4 ~ 5 mm，无毛或有缘毛，叶轴
疏被毛；小叶 8 ~ 12 对，狭卵形或狭椭圆形，长 5 ~ 22 mm，宽 3 ~ 11 mm，无毛或下面沿脉及边缘被柔毛，先
端圆形或浅缺裂。总状花序稍密，多花，长 4 ~ 5 cm，总花梗至果期显著伸长至 9 ~ 14 cm；苞片带绿色或
绿白色，狭三角状至线形，长 3 ~ 6 mm；花萼钟状，长 5 ~ 9 mm，外面被黑色柔毛或无毛；花冠黄色，极
稀紫色，旗瓣阔椭圆形，长 13 ~ 20 mm，宽 7 ~ 9 mm，翼瓣长 12 ~ 17 mm，龙骨瓣长 11 ~ 16 mm。花
期 6 ~ 8 月；果期 7 ~ 9 月。

【生境分布】已知分布于泰安（泰山）等地，生于海拔 600 ~ 1500 m 向阳草坡或山坡灌丛中。国内分
布于山西、内蒙古、陕西、甘肃、河北、宁夏、黑龙江、吉林、四川、新疆、西藏等地。哈萨克斯坦、蒙古、俄
罗斯也有分布。

特征图

花枝

生境（泰山）

果期植株

果实

花枝

【保护价值】蒙古黄芪是著名的药用植物，具有增强机体免疫力、抗病毒以及对心脑血管系统的作用，山东是我国东部自然分布的南界。

【致危分析】蒙古黄芪在山东资源稀少，生境破坏和人工采挖是其资源减少的主要原因。

【保护措施】建议列为山东省重点保护野生植物。就地保护为主，在保护现有资源的同时，加大对其生境的保护。

（编写人：臧德奎）

◆ **野大豆**

Glycine soja Sieb. & Zucc. in Abh. Akad. Wiss. Muenchen 4（2）：119. 1843 中国植物志，41: 236. 1995; 陈汉斌，山东植物志（下卷），408 . f. 348. 1997; 李法曾，山东植物精要，317. f. 1124. 2004.

【类别】国家重点保护野生植物、中国珍稀濒危植物

【现状】无危（LC）

【形态】一年生缠绕性草本，主根细长，可达 20 cm 以上，侧根稀疏，略带四棱形。蔓茎疏生黄褐色长毛，多攀在伴生植物上或匍匐在地面生长。叶为羽状复叶，具 3 小叶，卵圆形至狭卵形，长 1 ~ 6 cm，宽 1 ~ 3 cm，先端锐尖至钝圆，基部近圆形，两面被毛。总状花序腋生，苞片披针形，萼钟状，密生黄色长硬毛；花淡紫红色，蝶形，长 4 ~ 5 cm；5 齿裂，裂片三角状披针形，先端锐尖；旗瓣近圆形，翼瓣歪倒卵形，龙骨瓣最短。荚果狭长圆形或镰刀形，两侧稍扁，长约 3 cm，密被黄褐色长硬毛；含 2 ~ 4 粒种子，种子椭圆形或稍扁，长 2.5 ~ 4 mm，褐色、黄色、绿色或呈黄黑双色。花期 5 ~ 6 月；果期 9 ~ 10 月。

【生境分布】广泛分布于全省各地，生于山野、河岸、沼泽、湿草地附近或灌丛中缠绕它物生长，稀见于林内和干旱的沙荒地。国内分布于从寒温带到亚热带广大地区。阿富汗、朝鲜、日本和俄罗斯远东地区也

特征图

生境（威海）

花朵　　　　　　花期　　　　　　果实　　　　　　植株

果枝　　　　　　　　生境（青岛）

有分布。

【保护价值】野大豆为国家第一批重点保护野生植物。野大豆具有许多优良性状，如耐盐碱、抗寒、抗病等，与大豆是近缘种，在大豆育种上常用作选育优良大豆品种的种质资源；可作绿肥和水土保持植物，也具有一定的药用价值。

【致危分析】野大豆在山东省分布较广泛，但由于近年来土地的过度开发和植被破坏，大规模的开荒、放牧、农田改造、兴修水利以及基本建设等，野大豆的自然分布区域呈减少趋势。

【保护措施】在野大豆分布集中的区域尤其是黄河三角洲等国家级自然保护区建立保护小区和保护点，设立特殊保护标志加以保护。在开荒、放牧和基本建设中注重对野大豆资源的保护。

（编写人：赵　宏、韩晓弟）

◆ **甘草**

Glycyrrhiza uralensis Fisch. in Candolle Prodr. 2: 248. 1825; 中国植物志, 42 (2): 169. 1998; 陈汉斌, 山东植物志（下卷）, 459 . f. 395. 1997; 李法曾, 山东植物精要, 325. f. 1161. 2004.

【类别】国家重点保护野生植物

【现状】濒危（EN）

【形态】多年生草本；根与根状茎粗壮，直径1 ~ 3 cm，具甜味。茎直立，多分枝，高30 ~ 120 cm，密被鳞片状腺点、刺毛状腺体及白色或褐色的茸毛。叶长5 ~ 20 cm；托叶三角状披针形，长约5 mm，宽约2 mm，两面密被白色短柔毛；叶柄密被褐色腺点和短柔毛；小叶5 ~ 17枚，卵形、长卵形或近圆形，长1.5 ~ 5 cm，宽0.8 ~ 3 cm，两面密被黄褐色腺点及短柔毛，顶端钝，基部圆，全缘或微呈波状。总状花序腋生，总花梗短于叶；苞片长圆状披针形，长3 ~ 4 mm，膜质，外被黄色腺点和短柔毛；花萼钟状，长7 ~ 14 mm，密被黄色腺点及短柔毛，基部偏斜并膨大呈囊状，萼齿5，上部2齿大部分连合；花冠紫色、白色或黄色，长10 ~ 24 mm，旗瓣长圆形，顶端微凹，基部具短瓣柄，翼瓣短于旗瓣，龙骨瓣短于翼瓣；子房密被刺毛状腺体。荚果弯曲呈镰刀状或呈环状，密集成球，密生瘤状突起和刺毛状腺体。种子3 ~ 11，圆形或肾形，长约3 mm。花期6 ~ 8月；果期7 ~ 10月。

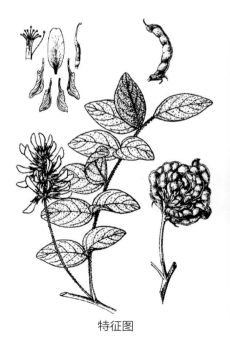

特征图

植株

果实

果枝

枝叶

【生境分布】分布于东营（广饶、孤岛）、滨州（沾化、无棣）、青岛等地，生于碱化沙地和干燥的沙地、田边、路旁。国内分布于北方干旱、半干旱地区，主产新疆、内蒙古、宁夏、甘肃等地，青海、陕西、山西、河北亦有分布。中亚地区也有分布。

【保护价值】根和根状茎供药用，是我国传统中药材。本种也供饲用，同时由甘草构成的群落具有重要的生态价值。

【致危分析】该种主要由于不合理利用而导致野生资源迅速减少。目前由于制药业的发展，国内外对甘草原材料的需求增加，近几十年的滥采乱挖，以及大面积垦荒，加上自然因素的风蚀沙化，使甘草资源逐年减少。

【保护措施】建议列为山东省重点保护野生植物。在黄河三角洲地区等分布面积较大的区域建立保护点，就地保护。

（编写人：韩晓弟、赵　宏）

花序

◆ **海滨香豌豆（海滨山黧豆）**

Lathyrus japonicus Willd. Sp. Pl. 3: 1092. 1802; 中国植物志 , 42 (2): 257. 1998; 李法曾 , 山东植物精要 , 330. f. 1180. 2004; Flora of China, 10: 573. 2010.

——*Lathyrus maritimus* Bigelow, Fl. Boston. ed. 2. 268. 1824; 陈汉斌 , 山东植物志（下卷）, 436 . f. 375. 1997;

【类别】山东珍稀植物

【现状】易危（VU）

【形态】多年生草本，根状茎横走。茎长 15 ~ 50 cm，常匍匐上升，无毛。托叶箭形，长 10 ~ 29 mm，宽 6 ~ 17 mm，网脉明显凸出，无毛；叶轴末端具卷须，单一或分枝；小叶 3 ~ 5 对，长椭圆形或长倒卵形，长 25 ~ 33 mm，宽 11 ~ 18 mm，先端圆或急尖，基部宽楔形，两面无毛，具羽状脉，网脉两面显著隆起。总状花序比叶短，有花 2 ~ 5 朵，花梗长 3 ~ 5 mm；萼钟状，长 9 ~ 10（12）mm，最下面萼齿长 5 ~ 6（8）mm，最上面二齿长约 3 mm，无毛；花紫色，长 21 mm，旗瓣长 18 ~ 20 mm，瓣片近圆形，直径 13 mm，翼瓣长 17 ~ 20 mm，瓣片狭倒卵形，宽 5 mm，具耳，线形瓣柄长 8 ~ 9 mm，龙骨瓣长 17 mm，狭卵形，具耳，线形瓣柄长 7 mm，子房线形，无毛或极偶见数毛。荚果长约 5 cm，宽 7 ~ 11 mm，棕褐色或紫褐色，压扁，无毛或被稀疏柔毛。种子近球状，直径约 4.5 mm，种脐约为周圆的 2/5。花期 5 ~ 7 月；果期 7 ~ 8 月。

【生境分布】分布于青岛（崂山）、烟台（牟平）、威海等地，生于多砂石的海边沙地。国内分布于河北、江苏、辽宁、浙江。朝鲜、日本、俄罗斯及欧洲、北美等沿海地区也有分布。

【保护价值】海滨香豌豆具有改良盐碱地的作用，对于维持滨海生态具有重要价值，同时具有药用、食

特征图

花枝

花离析图

果枝

生境

幼株及生境

用价值。

　　【致危分析】随着海滩的开发利用及海滨度假别墅的兴建，其生境破坏严重；同时采挖严重，当地居民常常作为野生蔬菜食用。

　　【保护措施】建议列为山东省重点保护野生植物。就地保护，加强现有群落保护，加强滨海自然环境的保护，防止过度开发，减低干扰强度，以利于植被逐渐恢复和发展。

（编写人：韩晓弟、赵　宏）

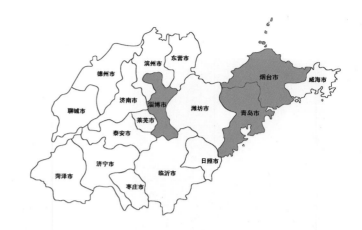

◆ **朝鲜槐（怀槐、山槐）**

Maackia amurensis Rupr. in Bull. Cl. Phys.-Math. Acad. Imp. Sci. Petersb. 15: 128, 143. 1856; 中国植物志，40: 59. 1994; 陈汉斌，山东植物志（下卷），371. f. 313. 1997; 李法曾，山东植物精要，310. f. 1094. 2004; 臧德奎，山东木本植物精要，181. f. 478. 2015.

【类别】国家珍贵树种

【现状】近危（NT）

【形态】落叶乔木，高达 15 m，胸径 60 cm；树皮薄片剥裂。枝紫褐色，有褐色皮孔，幼时有毛，后光滑。羽状复叶，长 16 ~ 20.6 cm；小叶 3 ~ 4（5）对，对生或近对生，纸质，卵形、倒卵状椭圆形或长卵形，长 3.5 ~ 6.8 cm，宽 2 ~ 3.5 cm，先端钝，短渐尖，基部阔楔形或圆形，幼叶两面密被灰白色毛，后脱落，稀下面中脉下部有疏长毛；小叶柄长 3 ~ 6 mm。总状花序 3 ~ 4 个集生，长 5 ~ 9 cm；总花梗及花梗密被锈褐色柔毛；花蕾密被褐色短毛，花密集；花梗长 4 ~ 6 mm；花萼钟状，长、宽各 4 mm，5 浅齿，密被黄褐色平贴柔毛；花冠白色，长 7 ~ 9 mm，旗瓣倒卵形，宽 3 ~ 4 mm，顶端微凹，基部渐狭成柄，反卷，翼瓣长圆形，基部两侧有耳；子房线形，密被黄褐色毛。荚果扁平，长 3 ~ 7.2 cm，宽 1 ~ 1.2 cm，腹缝无翅或有宽约 10 mm 的狭翅，暗褐色，外被疏短毛或近无毛；果梗长 5 ~ 10 mm，无果颈；种子褐黄色，长椭圆形，长约 8 mm；无胚乳。花期 6 ~ 7 月；果期 9 ~ 10 月。

【生境分布】主要分布于胶东山区，见于青岛（崂山、标山）、烟台（艾山、昆嵛山），淄博（鲁山）也有。以崂山分布最为集中，多生于落叶松林下，作为乔木层的伴生树种出现，也有小片纯林。国内分布于东北地区

特征图

果期植株

植株　　　　　　　　　　　　群落（崂山）

花序　　　　　　　果枝　　　　　　　　花枝（花未开放）

　　　　　　　幼叶　　　　　树干　　　　幼叶

及河北。朝鲜、俄罗斯也有分布。

　　【保护价值】朝鲜槐是国家珍贵树种，山东是自然分布的最南界。边材红白色，心材黑褐色，材质致密，稍坚重，有光泽，可作建筑及各种器具、农具等用；树皮、叶含单宁，作染料及药用；种子可榨油。

　　【致危分析】本种为山东稀有植物，分布区域较小，但目前繁衍正常，未受到人为破坏和干扰。

　　【保护措施】建议列为山东省重点保护野生植物。就地保护。开展繁育生物学研究，人工扩大繁殖，可引入园林观赏。

（编写人：臧德奎）

壳斗科 Fagaceae

◆ 蒙古栎

Quercus mongolica Fisch. ex Ledeb. Fl. Ross. 3(2): 589. 1850; 陈汉斌, 山东植物志（上卷）, 934 . f. 612. 1990; 中国植物志 , 22: 236. 1998; 李法曾 , 山东植物精要 , 182. f. 619. 2004; 臧德奎 , 山东木本植物精要 , 87. f. 199. 2015.

【类别】国家珍贵树种

【现状】近危（NT）

【形态】落叶乔木, 高达 30 m, 树皮灰褐色, 纵裂。幼枝紫褐色, 无毛, 具皮孔。叶柄长 2 ~ 8 mm, 无毛。叶片倒卵形至长倒卵形, 长 7 ~ 19 cm；宽 5 ~ 11 cm, 幼时沿脉有毛, 后渐脱落, 顶端截形、短尖或短突尖, 基部窄圆形或耳形, 叶缘 7 ~ 10 对波状粗齿；侧脉每边 7 ~ 15 条, 细脉明显。雄花序为柔荑花序, 生于新枝基部, 长 5 ~ 7 cm, 花序轴近无毛；花被 6 ~ 8 裂, 雄蕊通常 8 ~ 10；雌花序生于新枝顶端, 长约 1 cm, 有花 4 ~ 5 朵, 通常只 1 ~ 2 朵发育, 花被 6 裂, 花柱短, 柱头 3 裂。壳斗杯状, 直径 1.5 ~ 1.8 cm, 高 0.8 ~ 1.5 cm, 包着坚果 1/3 ~ 1/2, 壳斗外壁小苞片三角状卵形, 背面呈半球形瘤状突起, 稀疏到密被灰白色短茸毛, 伸出口部边缘呈流苏状。坚果卵形、长卵形或卵状椭圆形, 直径 1.3 ~ 1.8 cm, 高 2 ~ 2.4 cm, 无毛, 果脐微突起。花期 4 ~ 5 月；果期 9 月。

【生境分布】分布于济南（龙洞、莲台山）、青岛（崂山）、淄博（鲁山）、烟台（昆嵛山、牙山、艾山、罗山、虎山）、潍坊（沂山）、泰安（泰山、徂徕山）、威海（伟德山）、日照、临沂（蒙山）等山地, 多生长在

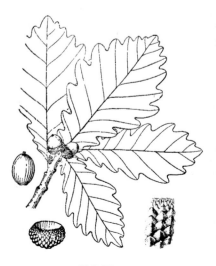

特征图

群落（泰山）

群落（徂徕山）　　　　　　　　　　植株（昆嵛山）

果枝　　　　　树干　　　　　花枝

花枝　　　　　　　果实及壳斗　　　　　　植株

海拔 500 m 以上的山坡上部，在山东半岛分布海拔较低。国内分布于东北及甘肃、河北、河南、内蒙古、宁夏、青海、陕西、山西。俄罗斯、朝鲜、日本也有分布。

【保护价值】蒙古栎为国家二级珍贵树种，是中国东北林区中主要的次生林树种，山东处于该种分布区的南缘。蒙古栎是珍贵用材树种，也是营造防风林、水源涵养林的优良树种。

【致危分析】蒙古栎在山东东部、东南部山地均有分布，早期干扰主要是人工砍伐。目前面临的问题是自然更新不良。在野外很少能见到幼树或幼苗，夏季叶子出现病害，落地的果实多数被虫蛀。另据文献报道：全球气候变暖导致的温度升高和降水减少，对蒙古栎种子萌发和幼苗存活产生了重大的影响。随着降水量减少，种子出芽率明显降低，温度升高也导致其幼苗生长弱小。

【保护措施】蒙古栎野生资源的保护主要采取就地保护。一是对蒙古栎分布的保护区和林场加强管理，禁止山火，防治病虫害；防止旅游开发破坏。二是对死树、病树进行清理或整枝。三是通过人工采种，播种或育苗进行人工抚育，恢复种群数量。

（编写人：张　萍、胡德昌）

牻牛儿苗科 Geraniaceae

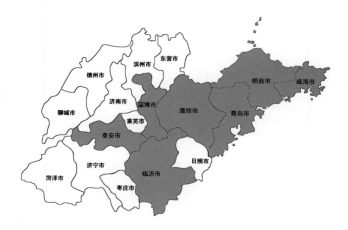

◆ **朝鲜老鹳草（青岛老鹳草）**

Geranium koreanum Kom. in Act. Hort. Petrop. 18: 34. 1901, Kom. Fl. Marsh.2（2）: 652. 1904; 中国植物志, 43 (1): 76. 1998; 李法曾, 山东植物精要, 336. f. 1204. 2004.

——*Geranium tsingtauense* Yabe. Prelim. Rep. Fl. Tsingtau-Reg. 70. 1918; 陈汉斌, 山东植物志（下卷）, 485 . f. 421. 1997.

【类别】山东珍稀植物

【现状】无危（LC）

【形态】多年生草本，高 30～50 cm。根状茎短，木质化，簇生纺锤形的长根。茎直立，具棱槽，中部以上假二歧分枝，被倒向糙毛。叶基生和茎叶对生，托叶披针形，被短毛；基生叶和茎下部叶有长柄，被倒向的白毛，向上叶柄渐短；叶片肾状五角形，长 5～6 cm，宽 8～9 cm，3～5 掌状深裂达中部，中裂片宽菱形，不裂；裂片下部全缘，中部以上有牙齿状浅裂，齿端圆顿，有微凸尖，表面被疏伏毛；上部叶常近无柄，3 裂。二歧聚伞花序顶生，长于叶，有 2 花；花序梗长 5～7 cm，花梗长 2～3 cm，被倒生柔毛，花梗果期下弯；萼片椭圆状披针形，长 8～10 mm，先端有短尖，有 5 脉，背面沿脉被糙毛，边缘膜质；花

特征图

生境（崂山）

花期植株

花序

果实

生境（蒙山）

花枝（花未开放）

花朵

瓣淡紫色，倒卵形，约 1.5 cm，先端钝圆，基部楔形，被白色糙毛；雄蕊花丝粉红色，基部扩大，边缘具糙毛，花药深紫色。蒴果长 2 ~ 2.5 cm，被短糙毛，喙长 1.7 ~ 1.8 cm。花期 7 ~ 8 月；果期 8 ~ 9 月。

【生境分布】本种在山东分布较为广泛，已知分布于青岛（崂山）、烟台（鹊山、牙山、昆嵛山）、潍坊（沂山）、淄博、临沂（蒙山）、泰安（泰山）、威海（伟德山）等地山区。多见于海拔 500 ~ 800 m 的山地阔叶林下、山坡草丛、沟边、路旁和草甸，土质多为森林棕壤或棕性土。国内分布于辽宁。朝鲜也有分布。

【保护价值】朝鲜老鹳草为我国稀有物种，仅分布于山东和辽宁东部，对研究山东植物区系有重要意义。现已被列为国家第二批稀有濒危保护植物。

【致危分析】该物种在山东分布较广，目前繁衍正常，但近年来旅游开发等人类活动干扰使其分布区缩小，种群规模有下降趋势。

【保护措施】建议列为山东省重点保护野生植物。就地保护，选择崂山、昆嵛山等主要分布区进行人工监控。加强对朝鲜老鹳草的繁殖特性、遗传结构、生态学特性的研究，为保护资源提供科学依据。

（编写人：张　萍）

胡桃科 Juglandaceae

◆ 胡桃楸（核桃楸）

Juglans mandshurica Maxim. in Bull. Phys. -Math. Acad. Petersb. 15: 127. 1856; 中国植物志, 21: 32. 1979; 陈汉斌, 山东植物志（上卷）, 899. f. 588. 1990; 李法曾, 山东植物精要, 175. 2004; 臧德奎, 山东木本植物精要, 81. f. 180. 2015.

【类别】中国珍稀濒危植物、国家珍贵树种

【现状】近危（NT）

【形态】落叶乔木，高达 20 m；树冠扁圆形；树皮灰色。幼枝被短茸毛。奇数羽状复叶，集生于枝端，长达 40 ~ 50 cm，叶柄基部膨大，叶柄及叶轴被有短柔毛或星芒状毛；小叶 9 ~ 17 枚，椭圆形至长椭圆形或卵状椭圆形至长椭圆状披针形，边缘具细锯齿，上面初被有稀疏短柔毛，后来除中脉外其余无毛，下面被贴伏的短柔毛及星芒状毛；侧生小叶对生，无柄，基部歪斜。生于萌发条上的复叶长可达 80 cm，小叶 15 ~ 23 枚。雄性柔荑花序长 9 ~ 20 cm，花序轴被短柔毛。雄花具短花柄；苞片顶端钝，小苞片 2 枚位于苞片基部，花被片 1 枚位于顶端而与苞片重叠、2 枚位于花的基部两侧；雄蕊 12 ~ 14 枚，花药黄色。雌性穗状花序具 4 ~ 10 雌花，花序轴被有茸毛。雌花长 5 ~ 6 mm，被有茸毛，下端被腺质柔毛，花被片披针形或线状披针形，被柔毛，柱头鲜红色，背面被贴伏的柔毛。果序俯垂，通常具 5 ~ 7 果。果实球状、卵状或椭圆状，密被腺质短柔毛，长 3.5 ~ 7.5 cm，径 3 ~ 5 cm；果核长 2.5 ~ 5 cm，表面具 8 条纵棱，其中两条较显著。花期 5 月；果期 8 ~ 9 月。

【生境分布】全省多地山区有零星分布，但数量不多，多生于海拔 400 m 以上土质肥厚、湿润、排水良

特征图

树干

小枝

雄花序

花枝　　　　　　　　　　雌花　　　　　　　　　群落中的幼树

成熟果实　　　　　当年生播种苗　　　　　雌花枝

植株　　　　　　未成熟果实　　　　　　果枝　　　　　　枝叶

好的沟谷两旁或山坡的阔叶林中。已知分布地有济南、莱芜、临沂（蒙山、塔山）、青岛（崂山、大珠山、小珠山、大泽山）、日照（五莲山）、泰安（泰山、徂徕山）、威海（正棋山）、潍坊（仰天山）、烟台（昆嵛山、艾山、罗山、栖霞）、淄博（鲁山）等。国内分布于东北及甘肃、山西。朝鲜北部也有分布。

【保护价值】胡桃楸是培育核桃新品种的重要野生种质资源，也是嫁接核桃的优良砧木。材质优良，种子油供食用，种仁可食。此外，树皮、叶及外果皮含鞣质，可提取栲胶，树皮纤维可作造纸等原料，枝、叶、皮可作农药。

【致危分析】本种在山东呈零星分布，多生于湿润的沟边，自然状态下更新良好，常见幼苗幼树，但近年来其生境因旅游开发受到较大人为干扰。

【保护措施】建议列为山东省重点保护野生植物。就地保护，对有分布的地方设立小保护区（保护小区、保护点），加大管理力度。加强对其生境的保护；开展繁育生物学研究，加强对繁殖、种子扩散、萌发机理研究。

（编写人：臧德奎、马　燕）

唇形科 Lamiaceae

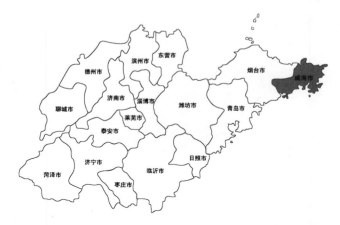

◆ 威海鼠尾草

Salvia weihaiensis C. Y. Wu & H. W. Li, 中国植物志, 66: 585 1977; X. W. Li, Flora of China 17: 223. 1994; D. K. Zang in Bull. Bot. Res., Harbin 14（1）: 52. 1994; 陈汉斌, 山东植物志（下卷）, 1054. 1997; 李法曾, 山东植物精要, 465. 2004; 臧德奎, 山东特有植物, 25. 2016.

【类别】山东特有植物

【现状】极危（CR）

【形态】草本；根长柱形，粗约 4 mm。茎直立，连花序在内高 25 cm，钝四棱形，密被疏柔毛。基生叶具柄，柄长 2 ~ 2.5 cm，扁平，密被疏柔毛；叶片长圆形，长 6.5 ~ 7 cm，宽 3.2 ~ 3.7 cm，先端钝或近圆形，基部近截平，边缘具不整齐波状圆齿，两面沿脉疏被柔毛。茎生叶近无柄，宽卵圆形，长 3 cm，宽 2.7 cm，其余同基出叶。轮伞花序 2 ~ 8 花，组成顶生总状或总状圆锥花序；

模式标本　　　　　模式标本

苞片宽卵圆形或近圆形，长 5 mm，宽 4 mm，先端具长 1.5 mm 的尾状刺尖头，全缘，上面无毛，下面被疏柔毛，具缘毛；花梗长 1 ~ 1.5 mm，与花序轴密被疏柔毛。花萼管状钟形，长 5.5 ~ 6 mm，外面被疏柔毛，内面在上部被微硬伏毛，二唇形，上唇半圆形，长 2 mm，宽 3 mm，先端具靠合的 3 突尖，下唇比上唇稍长，长 3 mm，深裂成 2 齿，齿长三角形，先端具刺尖。花冠不伸出或稍伸出花萼，外面仅在冠檐极疏被微柔毛及稀疏腺点，内面无毛，冠筒自基部向上渐增大，至喉部宽约 2 mm，冠檐二唇形，上唇卵圆形，长约 2 mm，先端微凹，下唇 3 裂，中裂片近圆形，径 2 mm，侧裂片卵圆形，宽 1 mm。能育雄蕊 2，伸至上唇，花丝扁平，长 1 mm，药隔长约 3.2 mm，无毛，上臂长 2 mm，下臂长 1.2 mm，先端棒状增大。退化雄蕊短小，棒状。花柱超出雄蕊，先端近相等 2 浅裂。花盘近等大。花期 6 月。

【生境分布】分布于威海，生于海滨。模式标本采自山东威海。

【保护价值】本种为山东特有植物，具有重要的科研价值，资源较少。本种与鼠尾草（Salvia japonica）近缘，但具单叶，花萼和花冠无毛环。也具药用价值。

【致危分析】本种为狭域分布物种，目前对其资源状况不清楚。

【保护措施】建议列为山东省重点保护野生植物。对本种了解甚少，应加强调查，掌握其分布现状并严格保护已有资源及环境。

（编写人：韩晓弟、臧德奎）

◆ **大叶黄芩**

Scutellaria megaphylla C. Y. Wu & H. W. Li, 中国植物志 , 65（2）: 580 1977; X. W. Li, Flora of China 17: 89. 1994; 陈汉斌 , 山东植物志（下卷）, 1028. 1997; 李法曾 , 山东植物精要 , 459. 2004; 臧德奎 , 山东特有植物 , 26. 2016.

【类别】山东特有植物

【现状】极危（CR）

【形态】粗壮一年生草本。茎直立，四棱形，上部粗约 3 mm，具槽，疏被上曲小柔毛。叶膜质，卵圆形，长 5～10 cm，宽 3～7 cm，先端急尖，基部浅心形，边缘具粗大远离的牙齿，上面绿色下面较淡，两面疏被但幼时较密集贴伏小柔毛,侧脉 3～4 对，斜上升，与中脉两面微突出；叶柄长 1～3 cm，背腹扁平，具狭翅，密被上曲小柔毛。花对生，排列成长 7.5 cm 的顶生总状花序；花梗长约 2 mm，与序轴密被平展具腺白色小柔毛；苞片线状披针形，长 4～7 mm，宽 1～1.5 mm，全缘，急尖，近无柄，两面密被白色小柔毛。花萼开花时长 2.5 mm，外面密被具腺小柔毛，盾片高 1 mm。花冠紫色，长 1.9 cm，外面被具腺微柔毛，内面无毛；冠筒前方基部微囊状增大，向上直伸，细长，中部宽约 1 mm，中部以上骤然增大，至喉部宽达 4.5 mm；冠檐二唇形，上唇近直伸，先端微缺，下唇中裂片三角状扁圆形，宽达 6 mm，先端微缺，两侧裂片卵圆形，宽 1.5 mm。雄蕊 4，二强;花丝扁平，中部以下被小纤毛。花盘肥厚，前方隆起;子房柄短。花柱细长。子房光滑，无毛。成熟小坚果未见。

【生境分布】分布于青岛（崂山）等地，生于近滨海低丘上。模式标本采自山东崂山华严寺一带。

【保护价值】本种为山东特有植物，具有重要的科研价值，资源较少。药用。

【致危分析】本种为狭域分布物种，目前对其资源状况不清楚。

【保护措施】建议列为山东省重点保护野生植物。对本种了解甚少，应加强调查，掌握其分布现状并严格保护已有资源及环境。

（编写人：韩晓弟）

木通科 Lardizabalaceae

◆ **木通（五叶木通）**

Akebia quinata（Houtt.）Decne. in Arch. Mus. Hist. Nat. Paris 1: 195, t. 13a. 1839; 陈汉斌，山东植物志（下卷），49 . f. 38. 1997; 中国植物志，29: 5. 2001; 李法曾，山东植物精要，233. f. 820. 2004; 臧德奎，山东木本植物精要，62. f. 127. 2015.

【类别】山东珍稀植物

【现状】易危（VU）

【形态】落叶木质藤本。茎缠绕，茎皮灰褐色，有圆形凸起皮孔。掌状复叶互生或在短枝上的簇生，通常有小叶 5 片，偶 3 ~ 7 片；叶柄纤细，长 4.5 ~ 10 cm；小叶倒卵形或倒卵状椭圆形，长 2 ~ 5 cm，宽 1.5 ~ 2.5 cm，先端圆或凹入，基部圆阔；侧脉每边 5 ~ 7 条，与网脉均在两面凸起；小叶柄纤细，长 8 ~ 10 mm，中间 1 枚长可达 18 mm。伞房花序式的总状花序腋生，长 6 ~ 12 cm，疏花，基部有雌花 1 ~ 2 朵，以上 4 ~ 10 朵为雄花；总花梗长 2 ~ 5 cm；着生于缩短的侧枝上，基部为芽鳞片所包托；花略芳香。雄花：花梗纤细，长 7 ~ 10 mm；萼片通常 3，有时 4 片或 5 片，淡紫色，偶有淡绿色或白色，兜状阔卵形，顶端圆形，长 6 ~ 8 mm，宽 4 ~ 6 mm；雄蕊 6（7），离生，初时直立，后内弯，花丝极短，花药长圆形，钝头；退化心皮 3 ~ 6 枚，小。雌花：花梗细长，长 2 ~ 4（5）cm；萼片暗紫色，偶有绿色或白色，阔椭圆形至近圆形，长 1 ~ 2 cm，宽 8 ~ 15 mm；心皮 3 ~ 6（9）枚，离生，圆柱形，柱头盾状，顶生；退化雄蕊 6 ~ 9 枚。果孪生或单生，长圆形或椭圆形，长 5 ~ 8 cm，直径 3 ~ 4 cm，成熟时紫色，腹缝开裂；种子多数，卵状长圆形，略扁平，不规则的多行排列，着生于白色、多汁的果肉中，种皮褐色或黑色，有光泽。花期 4 ~ 5 月；果期 6 ~ 8 月。

【生境分布】分布于鲁中南及胶东山区，见于枣庄（抱犊崮）、青岛（崂山）、烟台（昆嵛山）、威海（伟德山、正棋山、槎山）、日照。生于海拔 300 ~ 800 m 的山地灌木丛、林缘和沟谷中。国内分布于长江流域各地。日本和朝鲜有分布。

【保护价值】木通主要分布于亚热带地区，山东是自然分布的北界，具有重要的科研价值。木通也是我国的传统中草药，其藤茎、根、果实、果皮、种子含有多种齐墩果酸及常春藤皂苷类三萜皂苷，全株入药；果味甜可食，种子榨油，可制肥皂。此外，木通也具有较高观赏价值。

【致危分析】木通分布区片段化，种群被分割。随着药用植物资源的需求量越来越大，不合理采收、掠夺式利用的现象严重，造成资源大量减少。

【保护措施】就地保护。为保证野生资源的可持续利用，应控制过度采收，加强人工繁育研究。

（编写人：韩晓弟、臧德奎）

特征图

花期植株

雄花

雌花及雄花

雌花及雄花

开裂的果实

果实

花枝

幼果枝

果枝

枝叶

樟科 Lauraceae

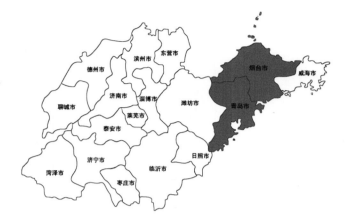

◆ 狭叶山胡椒

Lindera angustifolia W. C. Cheng in Contr. Biol. Lab. Sci. China 18（3）：294.f. 21. 1933; 中国植物志，31: 395. 1982; 陈汉斌，山东植物志（下卷），88．f. 67. 1997; 李法曾，山东植物精要，241. f. 849. 2004; 臧德奎，山东木本植物精要，52. f. 100. 2015.

【类别】山东珍稀植物

【现状】极危（CR）

【形态】落叶灌木或小乔木，高 2 ~ 8 m，幼枝条黄绿色，无毛。冬芽卵形，紫褐色，芽鳞具脊；外面芽鳞无毛，内面芽鳞背面被绢质柔毛，内面无毛。叶互生，椭圆状披针形，长 6 ~ 14 cm，宽 1.5 ~ 3.5 cm，先端渐尖，基部楔形，近革质，上面绿色无毛，下面苍白色，沿脉上被疏柔毛，羽状脉，侧脉每边 8 ~ 10 条。伞形花序 2 ~ 3 生于冬芽基部。雄花序有花 3 ~ 4 朵，花梗长 3 ~ 5 mm，花被片6，能育雄蕊9。雌花序有花 2 ~ 7 朵；花梗长 3 ~ 6 mm；花被片6；退化雄蕊9；子房卵形，无毛，花柱长 1 mm，柱头头状。果球形，直径约 8 mm，成熟时黑色，果托直径约 2 mm；果梗长 0.5 ~ 1.5 cm，被微柔毛或无毛。花期 3 ~ 4 月；果期 9 ~ 10 月。

【生境分布】分布于烟台（昆嵛山）、青岛（崂山），生于低海拔山坡灌丛或疏林中。国内分布于浙江、福建、安徽、江苏、江西、河南、陕西、湖北、广东、广西等地。朝鲜也有分布。

【保护价值】本种在山东为稀有植物，分布很少。种子油可制肥皂及润滑油。叶可提取芳香油，用于

特征图

果枝

果实

花枝

果枝

枝叶

配制化妆品及皂用香精。山东是本种自然分布的北界，具有重要的科研价值。本种与山胡椒（*Lindera glauca*）接近，但叶较长，冬芽为叶芽而非混合芽，芽鳞具脊，幼枝黄绿色而非灰白或灰黄色。

【致危分析】分布区片段化，个体数量过少，种群繁衍困难。

【保护措施】就地保护，加强对其生境的保护，严禁采挖，开展繁育生物学研究，探求濒危机理。加强对其繁殖、种子扩散、萌发等机理研究。

（编写人：臧德奎）

植株

◆ **红果山胡椒（红果钓樟）**

Lindera erythrocarpa Makino in Bot. Mag. Tokyo 11: 219. 1897; 中国植物志，31: 388. 1982; 陈汉斌，山东植物志（下卷），89．f. 68. 1997; 李法曾，山东植物精要，241. f. 850. 2004; 臧德奎，山东木本植物精要，52. f. 101. 2015.

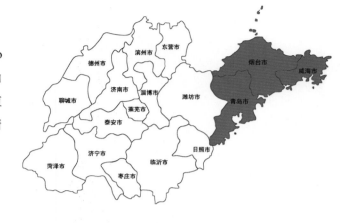

【类别】山东珍稀植物

【现状】濒危（EN）

【形态】落叶灌木或小乔木，高达 10 m；树皮灰褐色，幼枝常灰白或灰黄色，多皮孔，粗糙。冬芽角锥形，长约 1 cm。叶全缘，纸质，互生，常为倒披针形或倒卵形，长 9 ~ 12 cm，宽 4 ~ 5（6）cm，先端渐尖，基部狭楔形，常下延，上面绿色，下面带绿苍白色，被贴伏柔毛，在脉上较密，羽状脉，侧脉每边 4 ~ 5 条；叶柄短，长约 1 cm，红色。花单性，雌雄异株；伞形花序着生于腋芽两侧各一，总梗长约 0.5 cm；总苞片 4，具缘毛，内有花 15 ~ 17 朵。雄花花梗长约 3.5 mm。花被片 6，黄绿色，椭圆形，外被疏柔毛；雄蕊 9，长约 1.8 mm，第 3 轮的近基部具 2 个具短柄宽肾形腺体，退化雌蕊成小凸尖。雌花较小，花梗约 1 mm，花被片 6，椭圆形，先端圆，无毛；退化雄蕊 9，条形，近等长，长约 0.8 mm，第 3 轮下部外侧有 2 个椭圆形无柄腺体；雌蕊长约 1 mm，子房狭椭圆形，花柱粗，柱头盘状。果球形，直径 7 ~ 8 mm，熟时红色；果梗长 1.5 ~ 1.8 cm，向先端渐增粗至果托，但果托不明显扩大，直径 3 ~ 4 mm。花期 4 月；果期 9 ~ 10 月。

【生境分布】分布于青岛（崂山）、烟台（昆嵛山）、威海（伟德山），以昆嵛山数量最多，常为小乔木。生于海拔 400 m 以下山谷疏林中。国内分布于陕西、河南、江苏、安徽、浙江、江西、湖北、湖南、福建、台

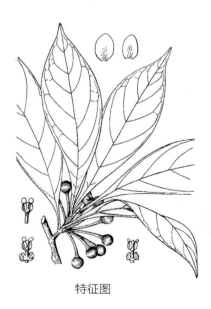

特征图

植株（昆嵛山）

果枝　　　　　　　　　　　果实　　　　　　　　　　　花序

花枝　　　　　　　　　　　种子　　　　　　　　　　　花枝

二年生种子苗　　　　　　　　小枝　　　　　　　　　　树干

湾、广东、广西、四川等地。朝鲜、日本也有分布。

【保护价值】红果山胡椒主要分布在热带和亚热带地区，山东是自然分布的最北界，对研究樟科植物区系及该树种的遗传育种有重要的价值。本种材质优良，树形美观，观赏价值较高。

【致危分析】在山东是稀有种，分布区域狭窄，亟需保护。在烟台和威海分布点未见人为破坏现象，但较少见到幼树或幼苗，可能是其种子扩散范围小。另外，红果山胡椒是制作"崂山棍"真正意义上的材料，需要将生长数十年的红果山胡椒连根挖出才具有较高的经济价值和收藏价值，人为滥挖严重威胁该物种在崂山的分布及种群数量。

【保护措施】建议列为山东省重点保护野生植物。红果山胡椒野生资源数量很少，仅昆嵛山和伟德山较多，需要进行必要保护。就地保护，将位于昆嵛山等保护区的野生红果山胡椒进行重点保护，禁止人为砍伐及其它人为干扰。对其生殖生物学、环境对其生存的影响进行研究，为保护和发展该野生资源提供科学依据；进行迁地保护，进行引种驯化和人工繁殖技术的研究，以便集中管理和扩大其分布区。

（编写人：周春玲、张　萍）

◆ 三桠乌药（山姜、假崂山棍）

Lindera obtusiloba Blume Mus. Bot. Lugd. Bat. 1（21）：325. 1851; 中国植物志, 31: 413. 1982; 陈汉斌, 山东植物志（下卷）, 90 . f. 69. 1997; 李法曾, 山东植物精要, 241. f. 851. 2004; 臧德奎, 山东木本植物精要, 53. f. 103. 2015.

【类别】山东珍稀植物

【现状】近危（NT）

【形态】落叶乔木或灌木, 高 3 ~ 10 m; 树皮黑棕色。小枝黄绿色, 较平滑, 具皮孔。芽卵形, 先端渐尖; 外鳞片 3、革质, 黄褐色, 无毛; 内鳞片 3, 有淡棕黄色厚绢毛。叶互生, 近圆形至扁圆形, 长 5.5 ~ 10 cm, 宽 4.8 ~ 10.8 cm, 先端急尖, 全缘或上部 3 裂, 基部近圆形、心形或宽楔形, 上面深绿, 有

特征图   生境（徂徕山）

花序   花枝   秋叶

自然更新的幼苗

穴盘育苗

种子

未成熟果实

成熟果实

光泽，背面灰绿色，被棕黄色柔毛；基生三出脉，网脉明显；叶柄长 1.5 ~ 2.8 cm，被黄白色柔毛。花雌雄异株，先叶开放；伞形花序无梗，腋生，总苞片 4，长椭圆形，膜质，外面被长柔毛，内有花 5 朵。花黄色，花被 6 片，长椭圆形，外被长柔毛，内面无毛；雄花具能育雄蕊 9，花丝无毛，第 3 轮基部有具柄宽肾形腺体 2，雌蕊退化成小凸尖；雌花具多个退化雄蕊的痕迹，子房椭圆形，长 2.2 mm，无毛，花柱短。核果阔椭圆形，长 0.8 cm，直径 0.5 ~ 0.6 cm，成熟时红色，后变紫黑色，干时黑褐色。花期 3 ~ 4 月；果期 8 ~ 9 月。

【生境分布】三桠乌药是山东樟科植物中常见的种类，分布于青岛（崂山、大珠山、小珠山、大泽山）、临沂（蒙山、塔山）、济南（长清）、泰安（徂徕山）、潍坊（沂山）、日照（五莲山）、烟台、威海等山区，多生于海拔 200 ~ 1000 m 山坡、山沟中阴湿处。在山坡下部或山沟的棕壤中长势良好，山坡上部的砂石中生长缓慢。国内分布于辽宁千山以南。朝鲜、日本也有。

【保护价值】本种为樟科分布最北界植物，对研究樟科植物的演化和育种具有重要的意义。三桠乌药也是野生油料、芳香油及药用树种。树皮入药，种子含油量达 60%，叶、枝和果皮可提取芳香油。

【致危分析】三桠乌药在山东尤其是东部沿海地区生长繁育正常，种群较大，自然更新良好，幼苗以及幼树较多，群落结构稳定、健康。但近年来的干旱对部分地区的种群更新和植物生长造成影响；同时，本种为"崂山棍"的替代品，崂山等旅游区采其根茎作拐杖等，一般带根挖出，使资源遭到破坏。

【保护措施】应加强宣传，普及三桠乌药的价值及其对其保护的重要性，增强游人的保护意识；加强对其生境的保护。

（编写人：周春玲、张　萍、臧德奎）

◆ **红楠（红润楠）**

Machilus thunbergii Sieb. & Zucc. in Muench. Abh. II Cl., Bayr. Akad. Wiss. IV, 3e Abth. 302（1846）1847; 中国植物志, 31: 19. 1982; 陈汉斌, 山东植物志（下卷）, 96 . f. 73. 1997; 李法曾, 山东植物精要, 243. f. 855. 2004.

【类别】山东珍稀植物

【现状】极危（CR）

【形态】常绿乔木, 高 10 ~ 15 m, 山东分布的常呈灌木状; 树皮黄褐色; 树冠平顶或扁圆。嫩枝紫红色, 2 ~ 3 年生枝上有少数纵裂和唇状皮孔。顶芽卵形或长圆状卵形, 鳞片棕色革质, 宽圆形, 背面无毛, 边缘有小睫毛。叶倒卵形, 长 4.5 ~ 9 cm, 宽 1.7 ~ 4.2 cm, 先端短突尖或短渐尖, 尖头钝, 基部楔形, 革质, 上面黑绿色, 有光泽, 下面粉绿色, 中脉上面稍凹下, 下面明显突起, 侧脉每边 7 ~ 12 条, 多少呈波浪状; 叶柄长 1 ~ 3.5 cm, 上面有浅槽, 和中脉一样带红色。花序顶生或在新枝上腋生, 长 5 ~ 11.8 cm, 在上端分枝; 多花, 总梗占全长的 2/3, 带紫红色, 下部的分枝常有花 3 朵, 上部的分枝花较少; 苞片卵形, 有棕红色贴伏茸毛; 花被裂片长圆形, 长约 5 mm, 外轮的较狭, 略短, 先端急尖, 外面无毛, 内面上端有小柔毛; 花丝无毛, 第 3 轮腺体有柄, 退化雄蕊基部有硬毛; 子房球形, 无毛; 花柱细长, 柱头头状; 花梗长 8 ~ 15 mm。果扁球形, 直径 8 ~ 10 mm, 初时绿色, 后变黑紫色; 果梗鲜红色。花期 4 月; 果期 7 ~ 8 月。

【生境分布】分布于青岛（崂山、长门岩岛）, 生于海拔 100 m 以下的海边灌丛和山谷林中、溪边。在长门岩, 常与山茶（*Camellia japonica*）、大叶胡颓子（*Elaeagnus macrophylla*）伴生。国内分布于江苏、浙江、安

特征图

生境（崂山）

果枝

生境（长门岩）

二年生播种苗

幼树树干

植株（崂山）

徽、台湾、福建、江西、湖南、广东、广西。日本、朝鲜也有分布。

【保护价值】红楠是第三纪古热带植物区系的孑遗种，也是我国东部温带地区仅有的常绿阔叶乔木，在山东达到润楠属植物我国自然分布的北界，对研究樟科区系地理有重要价值。红楠也是重要的用材树种，可用于沿海地区低山营造用材林和防风林，也可作为庭园树种。叶可提取芳香油，种子油可制肥皂和润滑油；树皮入药。

【致危分析】红楠在温带地区仅残存于山东沿海局部地区，生境片段化明显，数量已很少，种群繁衍困难；生境遭受一定程度的破坏，对种群更新也具有较大影响。在崂山，红楠多分布于岩石较多处，种子较难萌发，少

青岛植物园栽培的红楠　　　　　　　　　　花枝

崂山群落中自然更新的幼苗　　　　枝叶　　　　花枝（花未开放）

数萌发的幼苗也常因水土流失等自然灾害而死亡。加之海岸线人为干扰程度较大，其分布区域以及数量不断减少。

　　【保护措施】建议列为山东省重点保护野生植物。立即进行就地保护，在崂山太清宫和长门岩设立保护点，加大管理力度，对周边群众加大宣传教育工作。迁地保护，目前青岛地区已经有大量人工繁育的红楠，并且在太清宫、八水河一带进行栽植；青岛市植物园、八大关绿地以及李村公园有栽植，生长良好。

（编写人：臧德奎、马　燕、周春玲）

桑寄生科 Loranthaceae

◆ **北桑寄生**

Loranthus tanakae Franch. & Sav. Enum. Pl. Jap. 482. 1876; 中国植物志, 24: 102. 1988; 陈汉斌, 山东植物志（上卷）, 997. f. 659. 1990; 李法曾, 山东植物精要, 192. f. 666. 2004; 臧德奎, 山东木本植物精要, 196. f. 520. 2015.

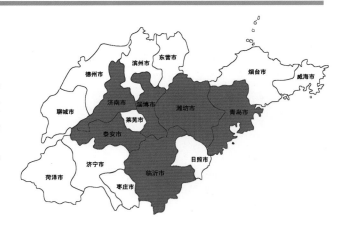

【类别】山东珍稀植物

【现状】濒危（EN）

【形态】落叶寄生灌木；高约 1 m，全株无毛。茎常呈二歧分枝，1 年生枝条暗紫色，2 年生枝条黑色，

特征图

花枝

果枝

果序

生境（鲁山）

果期植株（泰安谷山）

生境（淄博）

被白色蜡被，有稀疏皮孔。单叶，对生；叶片倒卵形或椭圆形，长 2.5 ~ 4 cm，宽 1 ~ 2 cm，先端圆钝或微凹，基部楔形，稍下延，羽状脉，侧脉 3 ~ 4 对，稍明显；叶柄长 3 ~ 8 mm。穗状花序，顶生，长 2.5 ~ 4 cm，有花 10 ~ 20 朵；花两性，近对生，淡青色；苞片勺状，长约 1 mm；花萼卵球形，萼檐环状，宿存；花瓣 5 ~ 6，披针形，长 1.5 ~ 2 mm；雄蕊与花瓣同数且对生，着生于花瓣中部，花药 4 室；雌蕊 1，子房下位，花柱 1，柱状，柱头稍增粗。浆果球形，长约 8 mm，橙黄色，果皮平滑。花期 5 ~ 6 月；果期 9 ~ 10 月。

【生境分布】零星分布于济南（章丘）、泰安（谷山）、淄博（鲁山）、潍坊（仰天山）、临沂（郯城）、青岛（平度）等地，多寄生于板栗、杏树、梨树、山楂等树上。国内分布于内蒙古、河北、山西、陕西、甘肃、四川等地。日本、朝鲜也有分布。

【保护价值】北桑寄生是著名的药用植物，茎枝入药，有强筋骨、驱风湿、降血压、补肝肾、安胎的功效。本种在山东为稀有的寄生灌木。

【致危分析】北桑寄生分布范围狭窄，数量少，且因其主要寄生在各类果树上，因此容易受到农民清除。另外，全株可以药用，也常被采集。

【保护措施】建议列为山东省重点保护野生植物。就地保护，对发现的北桑寄生植株采取严格保护措施，结合同其它物种的关系，适当帮助其扩大寄主种类和数量，建立良好的种间和种内生态关系，利于其生长和天然更新；加强宣传教育，防止人为破坏。

（编写人：张学杰、马　燕）

列当科 Orobanchaceae

◆ **中华列当**

Orobanche mongolica G. Beck, Monogr. Orob. 117, tab, 2, fig. 23. 1890; 中国植物志, 69: 103. 1990; 陈汉斌, 山东植物志（下卷）, 1162 . 1997; 李法曾, 山东植物精要, 491. f. 1767. 2004.

【类别】山东珍稀植物

【现状】濒危（EN）

【形态】寄生草本, 高 15 ~ 30 cm。茎细弱, 被黄褐色短腺毛。叶多数, 下部的卵形, 长 3 ~ 6 mm, 宽 3 ~ 4 mm, 上部的渐变长, 披针形, 长 1 ~ 1.5 cm, 宽 2 ~ 3 mm, 外面被短腺毛。花序近穗状, 短圆柱状, 长 7 ~ 13 cm, 宽 3 ~ 3.5 cm, 顶端圆, 具多数花; 苞片披针形, 比花萼稍短, 长 1 ~ 1.2 cm, 宽 2 ~ 3 mm, 连同小苞片和花萼外面及边缘密被黄褐色短腺毛;

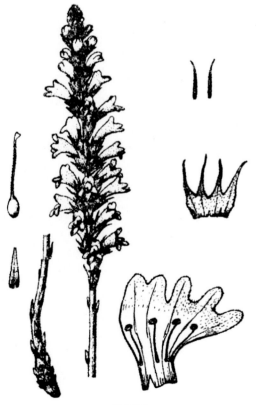

特征图

花序

生境（海阳）

植株

小苞片 2 枚，狭线形，长 0.7 ～ 0.9 cm，具 1 脉，顶端钻状；近无梗。花萼斜钟状，长 1.2 ～ 1.6 cm，外面混生柔毛，4 深裂，裂片狭披针形，近等长，长 6 ～ 9 mm，顶端长渐尖或钻状。花冠淡紫色或黄白色，长 1.8 ～ 2.5 cm，在花丝着生处稍缢缩，向上渐漏斗状膨大，筒部外面密被黄褐色短腺毛；上唇 2 浅裂，裂片近三角形，长 2 ～ 2.5 mm，宽 3.5 ～ 4.5 mm，下唇前伸，明显长于上唇，3 裂，裂片长圆形，中间 1 枚稍大，长 3.5 ～ 5.5 mm，宽 3 ～ 4 mm，边缘浅波状或具小圆齿，全部裂片外面、内面及边缘密被白色长柔毛。花丝着生于距筒基部 4 ～ 6 mm 处，长约 1 cm，近无毛或仅在基部被短柔毛，花药长卵形，长 1.5 ～ 1.8 mm，沿缝线密被明显的白色绵毛状长柔毛。子房椭圆球状，上部连同花柱被短腺毛，花柱长 1.2 ～ 4.5 cm，柱头 2 浅裂。果实长椭圆球形，长约 1 cm，直径 4 ～ 5 mm。种子近长圆球形，长约 0.4 mm，直径 0.3 mm，种皮表面具网状纹饰，网眼底部又具网状纹饰。花期 4 ～ 6 月；果期 6 ～ 8 月。

【生境分布】分布于烟台（海阳）等地，生于草丛，寄生于蒿属（*Artemisia*）植物根上，伴生植物主要有中华结缕草（*Zoysia sinica*）等。国内分布于辽宁、陕西。日本、朝鲜也有分布。

【保护价值】该属植物为中国传统药用植物，山东目前仅知分布于烟台海阳，资源稀少。

【致危分析】分布范围狭窄，数量少，生境易因开发建设及荒坡造林而破坏。另外，全株可以药用，也常被采集。

【保护措施】建议列为山东省重点保护野生植物。对分布点就地保护，严格保护其生境；加强宣传教育，防止人为破坏。

（编写人：臧德奎、辛晓伟、高德民）

罂粟科 Papaveraceae

◆ **异果黄堇**

Corydalis heterocarpa Sieb. & Zucc. in Abh. Akad. Wiss. Muench. 4: 173. 1843; 中国植物志, 32: 444. 1999.

【类别】山东珍稀植物

【现状】易危（VU）

【形态】多年生草本，高 40 ~ 60 cm，具主根。茎粗壮，直径 6 ~ 8 mm，具叶，分枝，枝条常腋生。茎生叶具长柄，叶片卵圆状三角形，长 10 ~ 20 cm，宽 7 ~ 8 cm，2 回羽状全裂，1 回羽片约 5 对，具短柄，2 回羽片 3 ~ 5 枚，近无柄，长 1.5 ~ 2 cm，宽 1 ~ 1.5 cm，3 深裂至羽状分裂。总状花序生茎和枝顶端，长 5 ~ 10 cm，疏具多花和较长的花序轴。苞片披针形，长约 7 mm。花梗长约 4 mm，果期长约 6 mm，下弯。花黄色，背部带淡棕色。萼片卵圆形，长约 1 mm，具短尖，近全缘。外花瓣顶端圆钝，具短尖，无鸡冠状突起。上花瓣长约 2 cm；距约占花瓣全长的 1/3，末端圆钝，稍下弯；蜜腺体约占距长的 2/3，末端钩状弯曲。下花瓣长约 1.2 cm。内花瓣长约 1.1 cm，瓣片基部明显具耳状突起；爪约与瓣片等长。柱头 2 叉状分裂，各枝顶端具 3 乳突。蒴果长圆形，长 2 ~ 2.5 cm，宽约 4 mm，多少不规则弯曲，果瓣较厚，具 2 列种子，有时伴生较狭的具 1 列种子的果实，种子间的果瓣常呈不规则蜂腰状变细。种子小，表面具刺状突起，具帽状的

特征图

崂山标本，引自 CVH

昆嵛山标本，引自 CVH

花枝

花枝

植株（崂山）

种阜。

【生境分布】分布于东部沿海地区,已知烟台（昆嵛山）、青岛（崂山）等地有分布，喜生海岸附近沙石地。国内分布于浙江普陀。日本也有分布。

【保护价值】本种为我国稀有植物，分布于山东和浙江沿海，对于研究海边和海岛植物区系具有较大的学术价值。也是药用植物。

【致危分析】异果黄堇资源较少，近年来沿海地区的开发建设对其生境造成破坏，影响了种群的自然更新和繁衍。

【保护措施】建议列为山东省重点保护野生植物。就地保护，加强对其生境的保护，还应保护其潜在分布区。加大宣传教育和管理力度，严禁采挖，开展繁育生物学研究。

（编写人：臧德奎、高德民）

◆ **全叶延胡索**

Corydalis repens Mandl & Muehldorf in Bot. Kozl. 19: 90. 1921; 陈汉斌, 山东植物志（下卷）, 109 . f. 84. 1997; 中国植物志, 32: 462. 1999; 李法曾, 山东植物精要, 246. f. 864. 2004.

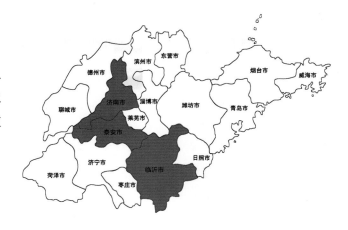

【类别】山东珍稀植物

【现状】濒危（EN）

【形态】多年生草本。块茎近球形或卵球形，直径 1 ~ 1.5 cm，单生或 2 至数个蒜瓣状簇生，内质淡黄白色，微苦。茎细长，高 8 ~ 14 cm，基部以上具 1 鳞片，枝条发自鳞片腋内。2 ~ 3 回三出羽状复叶互生，小叶卵形至倒卵形，上面常具浅白色条纹或斑点，光滑或边缘具粗糙小乳突，顶端圆钝，或 2 ~ 3 裂，常有小叶柄。总状花序具 6 ~ 14 花；苞片披针形至卵圆形，全缘或顶端稍分裂；花梗纤细；花浅蓝色、蓝紫色或紫红色。上花瓣的瓣片常上弯；距圆筒形，直或末端稍下弯；蜜腺约贯穿距长的 1/2，渐尖。下花瓣略向前伸。柱头小，扁圆形，具不明显的 6 ~ 8 乳突。蒴果扁椭球形或卵球形，具 4 ~ 6 枚种子，2 列。种子扁球形，黑色，光滑，种阜鳞片状，白色。花果期 4 ~ 5 月。

【生境分布】分布于济南、泰安（新泰、泰山）、临沂（蒙阴）等山区，生于山坡林下、林缘及山谷间。国内分布于产黑龙江、吉林、辽宁。俄罗斯和朝鲜有分布。

【保护价值】全叶延胡索主要分布于我国东北地区，山东为其自然分布的南界，对研究紫堇属植物的地理分布、系统进化具有一定意义。全叶延胡索块茎是著名的中药，能活血、散瘀、理气、止痛。

【致危分析】全叶延胡索在山东零星分布于中部山区，数量少，山区旅游业开发对生境造成严重破坏，当地山民及游客因其全株入药也常采挖。

特征图

泰山标本，引自 CVH

植株

【保护措施】建议列为山东省重点保护野生植物。就地保护，并可在生长地附近按其分布规律进行人工辅助繁殖，增加个体数量，利于生长和天然更新。

（编写人：侯元同、高德民）

蓝雪科 Plumbaginaceae

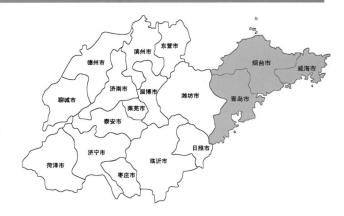

◆ 烟台补血草（紫花补血草）

Limonium franchetii（Debx.）Kuntze, Rev. Gen. Pl. 2: 395. 1891; 中国植物志 , 60 (1): 32. 1987; 陈汉斌 , 山东植物志（下卷）, 881 . f. 755. 1997; 李法曾 , 山东植物精要 , 425. f. 1531. 2004.

【类别】山东珍稀植物

【现状】易危（VU）

【形态】多年生草本，高 25 ~ 60 cm。直根粗大，红棕色或黑棕色，其顶端膨大，有残存的叶柄。叶基生，有时花序轴下部有叶，倒卵状长圆形至长圆状披针形，长 3 ~ 6 cm，宽 1 ~ 2 cm，先端圆或钝，下部渐狭成扁平的柄。花序伞房状或圆锥状，花序轴圆柱状而有细条棱，粗壮，常单生，自中部或中部以下数回分枝，末级小枝圆柱状或略有棱角；不育枝少，有时无；穗状花序由（3）5 ~ 7 个小穗紧密排列而成；小穗含 2 ~ 3 花；外苞片绿褐色，边缘膜质；内苞长于外苞；花萼漏斗状，长 7 ~ 8 mm，萼筒下部脉上密被长毛，萼檐淡紫红色变白色，占花萼长度的一半，开张幅径与萼的长度相等，裂片宽短，先端圆，有一易落的软尖，间生裂片；花冠淡紫色，浅 5 裂，雄蕊 5，与花冠裂片对生；子房倒卵形，花柱 5。蒴果 5 棱，包于宿存的萼内。花期 5 ~ 7 月；果期 6 ~ 8 月。

特征图

植株（青岛）

生境及群落（威海）

花序

花朵

花序

基生叶

【生境分布】分布于烟台（芝罘岛、牟平、北长岛、蓬莱、栖霞）、青岛（即墨、胶南）、威海等地，生于海滨沙滩至近海地区的山坡或沙地上，多见于海拔200 m以下，一般成片生长。中国特有植物，国内分布于辽宁南部（大连）和江苏北部（赣榆）。模式标本采自山东烟台。

【保护价值】烟台补血草是中国特有植物，也是易危种，分布局限，生境特殊，山东为分布中心，对于该属的植物区系地理和系统演化研究具有重要价值。同时，其花序大，花萼红色、宿存，具有很高的观赏价值，也供药用。

【致危分析】烟台补血草在原生环境成片生长，自然更新良好，但滨海地区的开发等人类活动影响使其分布区萎缩严重，尤其海滨发展海产养殖、建旅游设施和地产业使其栖息地快速减少或改变，野生资源减少。此外，在开花期，旅游者折花枝作为插花。

【保护措施】建议列为山东省重点保护野生植物。该物种自我更新能力良好，应采取就地保护。选取不同生境的分布点进行严格保护，禁止人为改变环境和采摘。

（编写人：张　萍、辛　华）

报春花科 Primulaceae

◆ **肾叶报春**

Primula loeseneri Kitag. in Bot. Mag. Tokyo 50: 137, 196. 1936; 中国植物志 , 59 (2): 39. 1990; 陈汉斌 , 山东植物志（下卷）, 865 . f. 739. 1997; 李法曾 , 山东植物精要 , 424. f. 1528. 2004.

【类别】山东珍稀植物

【现状】濒危（EN）

【形态】多年生草本，具粗短根茎。叶 2 ~ 3 枚丛生，叶片肾圆形至近圆形，长 5 ~ 10（15）cm，宽 5.5 ~ 13（20）cm，基部心形，边缘 7 ~ 9 浅裂，裂片三角形，具三角形锐尖牙齿，两面被疏毛或无毛，或仅沿叶脉被稀疏短柔毛；叶脉掌状，基出或近于基出；叶柄长 8 ~ 25（30）cm，疏被柔毛。花葶高 25 ~ 50（70）cm，毛被同叶柄，稀疏或有时甚密；伞形花序通常 2 轮，稀为 1 轮或多达 4 轮，每轮 2 ~ 8 花；苞片线状披针形，长 4 ~ 9 mm；花梗长 3 ~ 12 mm，果时长可达 20 mm，被短柔毛；花萼钟状，长 6 ~ 10 mm，被短柔毛，分裂达全长的 1/2 ~ 3/4，裂片披针形；花冠红紫色，冠筒口周围绿黄色，冠筒长 1.2 ~ 1.3 cm，冠檐直径 1 ~ 1.5 mm，裂片倒卵形，先端具深凹缺；长花柱花：雄蕊着生于冠筒中部，花柱接近筒口；短花柱花：雄蕊接近冠筒口，花柱长约 4 mm。蒴果椭圆体状，短于宿存花萼。花期 5 ~ 6 月。

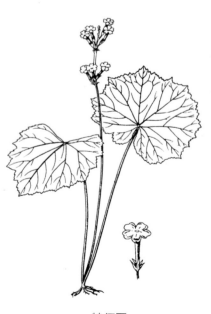

特征图

花序

花序

花序

植株

植株

【生境分布】分布于青岛（崂山），生于海拔 800 ~ 1000 m 左右的林下阴湿处。国内分布于辽宁。朝鲜亦有分布。模式标本采自山东崂山。

【保护价值】本种为稀有植物，我国仅分布于辽宁、山东，对于研究东北亚的植物区系地理具有重要价值。也是优良的观赏植物。

【致危分析】肾叶报春在山东数量稀少，对生境要求特殊，易因森林破坏等环境改变而失去适生环境。分布地处于崂山旅游热点地区，花期容易遭受游人采折。

【保护措施】建议列为山东省重点保护野生植物。就地保护，加强对其生境的保护，还应保护其潜在分布区。加大宣传教育和管理力度，严禁采挖。开展繁育生物学研究。

（编写人：臧德奎）

鹿蹄草科 Pyrolaceae

◆ **鹿蹄草**

Pyrola calliantha H. Andr. in Act. Hort. Gothob. 1:
173. fig. 1: 9. 1924; 中国植物志 , 56: 164. 1990; 陈汉
斌 , 山东植物志（下卷）, 855 . f. 731. 1997; 李法曾 ,
山东植物精要 , 419. f. 1507. 2004.

【类别】山东珍稀植物

【现状】濒危（EN）

【形态】常绿草本状半灌木，高 15 ~ 30 cm; 根状茎细长。叶 4 ~ 7，基生; 革质，椭圆形或圆卵形，稀
近圆形，长 3 ~ 5 cm，宽 2 ~ 4 cm, 先端钝圆，基部阔楔形或近圆形，边缘近全缘或有疏齿，边缘常反卷，叶
脉明显，上面绿色，下面常有白霜，有时带紫色; 叶柄长 2 ~ 5 cm，有时带紫色。花葶有 1 ~ 2 枚鳞片
状叶，卵状披针形或披针形，先端渐尖，基部稍抱花葶。总状花序长 12 ~ 16 cm，有 9 ~ 13 花，密生，花
倾斜，稍下垂; 花冠广开，直径 1.5 ~ 2 cm，白色，有时略带淡红色; 花梗长 5 ~ 8 mm; 苞片舌形，长
6 ~ 7.5 mm，宽 1.6 ~ 2 mm，先端急尖; 萼片舌形，长 5 ~ 7.5 mm，宽 2 ~ 3 mm，近全缘; 花瓣倒卵
状椭圆形或倒卵形，长 6 ~ 10 mm，宽 5 ~ 8 mm; 雄蕊 10，花丝无毛，花药长圆柱形，有小角，黄色;

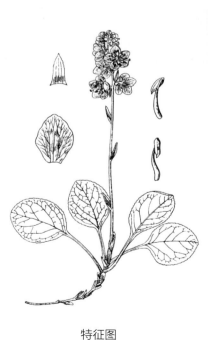

特征图

幼果　　　　　　　　　　　成熟果实

花解剖   花

花柱长 6～8 mm，常带淡红色，弯曲，伸出花冠之外，顶端增粗，有不明显的环状突起，柱头 5 圆裂。蒴果扁球形。花期 6～8 月；果期 8～9 月。

【生境分布】分布于烟台（昆嵛山）、威海（荣成）等地。生于海拔 300 m 左右的山谷落叶阔叶林下或灌丛中。中国特有植物，国内分布于河北、河南、山西、陕西、甘肃、青海、湖北、湖南、江西、安徽、江苏、浙江、福建、贵州、云南、四川、西藏等地。

【保护价值】鹿蹄草是山东稀有植物，数量较少。全草药用，作收敛剂，并有补虚益肾、强筋健骨的功效。该种也是山东少见的常绿植物，花美丽，可以作为地被植物引种。

【致危分析】鹿蹄草分布范围狭窄，数量少，分布区在历史上经常受到人为干扰，如樵采、旅游等。据野外观察，鹿蹄草种子很小，且成熟度差，繁殖能力差。

【保护措施】建议列为山东省重点保护野生植物。就地保护，重点应保护好其生境，利于其生长和天然更新。对鹿蹄草开展全面深入的研究，为保护资源提供科学依据。

（编写人：张学杰、赵　宏）

植株

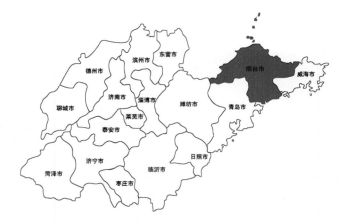

◆ 喜冬草（梅笠草）

Chimaphila japonica Miquel in Ann. Mus. Bot. Lugd.-Bat. 2: 165. 1866; 中国植物志 , 56: 201. 1990; 陈汉斌 , 山东植物志（下卷）, 854 . f. 730. 1997; 李法曾 , 山东植物精要 , 418. f. 1506. 2004.

【类别】山东珍稀植物

【现状】极危（CR）

【形态】常绿草本状小半灌木,高（6）10 ~ 15 20）cm;根茎长而较粗,斜升。叶对生或 3 ~ 4 枚轮生,革质,阔披针形,长 1.6 ~ 3 cm,宽 0.6 ~ 1.2 cm,先端急尖,基部圆楔形或近圆形,边缘有锯齿,上面绿色,下面苍白色;叶柄长 2 ~ 4（8）mm;鳞片状叶互生,褐色,卵状长圆形或卵状披针形,长 7 ~ 9 mm,先端急尖。花葶有细小疣,有 1 ~ 2 枚长圆状卵形苞片,长 6.5 ~ 7 mm,宽 3 ~ 4 mm,先端急尖或短渐尖,边缘有不规则齿。花单一,有时 2,顶生或叶腋生,半下垂,白色,直径 13 ~ 18 mm;萼片膜质,卵状长圆形或长圆状卵形,长 5.5 ~ 7 mm,宽 2.5 ~ 4 mm,先端急尖,边缘有不整齐的锯齿;花瓣倒卵圆形,长 7 ~ 8 mm,宽 5.5 ~ 6 mm,先端圆形;雄蕊 10,花丝短,下半部膨大并有缘毛,花药长约 2 mm,宽约 1 mm,有小角,顶孔开裂,黄色;花柱极短,倒圆锥形,柱头大,圆盾形,5 圆浅裂。蒴果扁球形,直径 5 ~ 5.5 mm。花期 6 ~ 7 月;果期 7 ~ 8（10）月。

【生境分布】分布于烟台（昆嵛山、栖霞）,生于林下或灌丛中。国内分布于吉林、辽宁、山西、陕西、安徽、台湾、湖北、贵州、四川、云南、西藏。朝鲜、俄罗斯远东地区、日本也有分布。

【保护价值】
喜冬草是山东稀有植物,数量较少,也是山东少见的常绿植物,可作为地被植物引种。

【致危分析】
喜冬草分布区在历史上经常受到人为干扰,种群数量少。

【保护措施】
建议列为山东省重点保护野生植物。就地保护,重点应保护好其生境,利于其生长和天然更新。

特征图

植株

植株

（编写人：臧德奎、马　燕）

毛茛科 Ranunculaceae

◆ **高帽乌头**

Aconitum longecassidatum Nakai in Journ. Coll. Sci. Tokyo 26: 27, t. 1. 1909；中国植物志，27: 166. 1979; L. Q. Li in Flora of China, 6: 167. 2001.

【类别】山东珍稀植物

【现状】极危（CR）

【形态】多年生草本。茎高约 65 cm，被反曲的淡黄色短毛，等距地生约 6 枚叶，中部以上有短分枝。茎下部叶具长柄，中部以上叶具短柄；叶片似两色乌头，长约 7 cm，宽约 12 cm，3 裂至中部或稍超过中部，中央深裂片倒梯状菱形，在中部之上不明显三浅裂，侧深裂片轮廓斜扇形，不等二裂近中部，两面被稍密的淡黄色短毛。总状花序具 6 ~ 7 朵花；轴及花梗密被反曲而紧贴的黄色短毛；苞片卵形或狭卵形，长 0.9 ~ 1.4 cm；花梗长 7 ~ 10 mm；小苞片生花梗中部附近，匙状线形，长 6 ~ 7.5 mm；萼片紫色，外面密被淡黄色短毛，上萼片圆筒形，高约 2.2 cm，中部粗约 4.5 mm，顶端圆，喙短，下缘长约 1.2 cm；花瓣无毛，距比唇长约 2.5 倍，向后弯曲；雄蕊无毛，花丝全缘或具 2 枚小牙齿；心皮 3，无毛。花期 8 ~ 9 月。

【生境分布】分布于青岛（崂山），生于海拔 900 m 左右山坡灌丛和草丛。国内分布于辽宁南部。朝鲜也有分布。

【保护价值】高帽乌头是中国稀有植物，数量稀少，仅分布于山东青岛和辽宁南部，在研究植物地理方面具有重要的科研价值。也是重要的药用植物。

【致危分析】高帽乌头分布范围狭窄，种群过小，可能是其濒危的主要原因。

标本，引自 CVH

花枝

花序

【保护措施】建议列为山东省重点保护野生植物。就地保护。对高帽乌头开展全面深入的研究，开展其生物学特性、遗传结构、生态学特性等方面的研究。

（编写人：张学杰）

◆ **山东银莲花**

Anemone shikokiana（Makino）Makino, Bot. Mag.（Tokyo）27:116. 1913; Flora of China, 6: 321. 2001.

——*Anemone chosenicola* Ohwi var. *schantungensis*（Hand.-Mazz.）Tamura in Act. Phytotax. Geobot. 16（4）: 110. 1956; 中国植物志 , 28: 55. 1980; 李法曾 , 山东植物精要 , 231. f. 811. 2004.

——*Anemone schantungensis* Hand.-Mazz. in Act. Hort. Gothob. 13: 181. 1939.

【类别】山东珍稀植物

【现状】易危（VU）

【形态】多年生草本，高 15～55 cm。根状茎短，密生须根。基生叶 5～8，叶柄长 5.5～30 cm，有稀疏的长柔毛，毛在叶鞘处较密；叶片圆肾形，长 3.5～9.5 cm，宽 5～14 cm，三全裂，中裂片常无柄，宽菱形或菱状倒卵形，3 深裂，末回裂片卵形或狭卵形；侧裂片斜扇状倒卵形，不等 3 裂，两面沿脉散生长柔毛。花葶 1 条，疏生长柔毛；苞片 2～3，无柄，扇形或菱状倒卵形，三裂，边缘有睫毛或近无毛；复伞形花序长 3.5～12 cm；小伞形花序约有 4 花，长 3～4 cm；萼片 5，偶 4，白色，狭倒卵形或倒卵形，长 0.6～1 cm，宽 3～6 mm，顶端圆形，无毛；雄蕊多数，长约 4 mm，花药黄色，狭椭圆形，花粉具 3 沟；心皮 4～5（常有败育的），无毛，无纵肋。瘦果 2～5 枚，扁平，宽椭圆形，无毛。花期 6～7 月；果期 7～8 月。

【生境分布】分布于青岛（崂山）、烟台（昆嵛山、艾山）等东部沿海山区。生于海拔 500 m 以上岩石缝隙、阴湿的林下和近山顶的灌草丛中。常与华北绣线菊（*Spiraea fritschiana*）、地榆（*Sanguisorba officinalis*）、大丁草（*Leibnitzia anandria*）等伴生。日本也有分布。模式标本采自山东烟台。

【保护价值】山东银莲花是我国稀有种，仅产于山东东部。其间断分布格局对于研究我国东部和日本的植物区系的起源与演化，以及本属植物的系统演化具有重要的科学价值。此外，山东银莲花花朵较大、白色，是

特征图

花序及幼果　　　　　　　　果枝

植株

花序

生境（昆嵛山）

生境（崂山）

花序

花朵

夏季较好的观赏花卉。

　　【致危分析】目前发现山东银莲花的山区，均已开发为旅游区，随着旅游业发展，山东银莲花的生境遭到不同程度的破坏，有些区域的居群已消失，野生资源不断减少。

　　【保护措施】建议列为山东省重点保护野生植物。就地保护，分别在崂山和昆嵛山划定保护区域，禁止人为活动，恢复种群。在旅游区加大宣传力度，禁止游人折花、踩踏，减少破坏。

（编写人：张　萍、臧德奎）

◆ **褐紫铁线莲（褐毛铁线莲）**

Clematis fusca Turcz. in Bull. Soc. Nat. Mosc. 14:
60. 1840; 中国植物志，28: 89. 1980; 陈汉斌，山东植
物志（下卷），23 . f. 17. 1997; 李法曾，山东植物精要，
228. f. 800. 2004; 臧德奎，山东木本植物精要，56. f.
108. 2015.

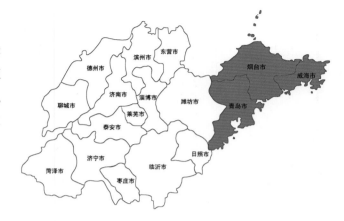

【类别】山东珍稀植物

【现状】濒危（EN）

【形态】多年直立草本或藤本，长 0.6 ~ 2 m。根棕黄色，有膨大的节，节上有密集的侧根。茎表
面暗棕色或紫红色，有纵的棱状凸起及沟纹，节上及幼枝被曲柔毛，其余近于无毛。羽状复叶，连叶
柄长 10 ~ 15 cm，有 7（5 ~ 9）枚小叶，顶端小叶有时变成卷须；小叶片卵圆形、宽卵圆形至卵状
披针形，长 4 ~ 9 cm，宽 2 ~ 5 cm，顶端钝尖，基部圆形或心形，边缘全缘或 2 ~ 3 分裂，两面近
于无毛或仅背面叶脉上有疏柔毛；小叶柄长 1 ~ 2 cm；叶柄长 2.5 ~ 4.5 cm。聚伞花序腋生，1 ~ 3
花；花梗短或长达 3 cm，被黄褐色柔毛，中部生 1 对叶状苞片；花钟状，下垂，直径 1.5 ~ 2 cm；
萼片 4 枚，卵圆形或长方椭圆形，长 2 ~ 3 cm，宽 0.7 ~ 1.2 cm，外面被紧贴的褐色短柔毛，内面淡紫色，无
毛，边缘被白色毡绒毛；雄蕊较萼片为短，花丝线形，外面及两侧被长柔毛，基部无毛，花药线形，内向着
生，长 4 ~ 5 mm，药隔外面被毛，顶端有尖头状突起；子房被短柔毛，花柱被绢状毛。瘦果扁平，棕色，宽
倒卵形，长达 7 mm，宽 5 mm，边缘增厚，被稀疏短柔毛，宿存花柱长达 3 cm，被开展的黄色柔毛。花期 6 ~ 7
月；果期 8 月 ~ 9 月。

特征图

植株

花　　　　　　　　幼果　　　　　　　　花

未开放的花　　　　　　小瘦果　　　　群落中的幼苗（崂山）

植株

【生境分布】分布于青岛（崂山）、烟台（昆嵛山、牙山）、威海（荣成），生于海拔 600 ~ 1000 m 的山坡、林边及杂木林中或草坡上。国内分布于辽宁东部、吉林东部及黑龙江东北部。朝鲜、俄罗斯远东、日本也有分布。

【保护价值】本种在山东为自然分布的南界，且在山东为稀有植物，在科研上也具有重要价值。花朵美丽，可栽培观赏。

【致危分析】分布地点为旅游热点地区，生境遭受一定程度破坏，对种群更新具有较大影响。花期也容易遭受游客采折。

【保护措施】建议列为山东省重点保护野生植物。就地保护，加强对其生境的保护；加大宣传教育和管理力度。开展繁育生物学研究。

（编写人：臧德奎）

◆ **长冬草（烟台山蓼）**

Clematis hexapetala Pallas var. tchefouensis（Debeaux）S. Y. Hu in Journ. Arn. Arb. 35（2）: 193. 1954; 中国植物志, 28: 158. 1980; 陈汉斌, 山东植物志（下卷）, 24 . f. 18. 1997; 李法曾, 山东植物精要, 229. f. 801. 2004.

【类别】山东珍稀植物

【现状】无危（LC）

【形态】多年生直立草本, 高 30 ～ 100 cm。老枝圆柱形, 有纵沟。叶近革质, 单叶至复叶, 1 ～ 2 回羽状深裂, 裂片线状披针形、长椭圆状披针形至椭圆形或线形, 长 1.5 ～ 10 cm, 宽 0.1 ～ 2 cm, 顶端锐尖或凸尖, 有时钝, 全缘, 两面无毛或下面疏生长柔毛, 网脉突出; 干后常变黑色。花序顶生, 聚伞花序或为总状、圆锥状聚伞花序, 有时花单生; 花直径 2.5 ～ 5 cm, 萼片 4 ～ 8, 通常 6, 白色, 长椭圆形或狭倒卵形, 长 1 ～ 2.5 cm, 宽 0.3 ～ 1.5 cm, 外面边缘有茸毛, 内面无毛; 雄蕊无毛。瘦果倒卵形, 扁平, 密生柔毛, 宿存花柱长 1.5 ～ 3 cm, 有灰白色长柔毛。花期 6 ～ 8 月; 果期 8 ～ 9 月。

【生境分布】在山东分布较广, 已知临沂（蒙山）、泰安（泰山、新泰）、济南（梯子山）、莱芜、淄博（鲁

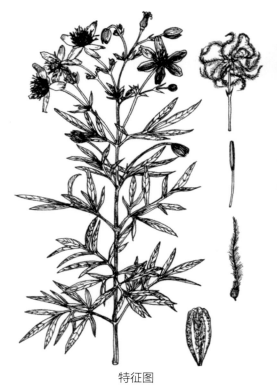

特征图

果期植株

花序 　　　　　　　　　　　　　果枝

花期植株 　　　　　　　　　　　果实

山）、济宁、枣庄、日照、青岛、烟台、威海等山区均产，以胶东地区多见。生于海拔 100 ~ 400 m 的干旱山坡或山坡草地、路边等。中国特有植物，国内还见于江苏徐州。模式标本采自山东烟台。

【保护价值】长冬草为我国特有物种，山东为模式产地和主要分布区，对研究山东植物区系和铁线莲植物的演化具有重要价值。另外，花白色，较大，数量较多，是夏季较好的观赏花卉；根可入药。

【致危分析】长冬草在山东分布范围广，分布地点较多，目前自然繁衍正常。但本种主要分布于低海拔地区，因人类活动影响，尤其是低山区的采石、开矿、垦荒等导致其分布区消失或缩小。

【保护措施】采取就地保护和迁地保护相结合的方式，选择分布较为集中的区域设为保护区，禁止人为开发，通过人工引种、栽培进行迁地保护。

（编写人：张　萍）

◆ 大花铁线莲（转子莲）

Clematis patens C. Morren & Decaisne in Bull. Acad. Brux. 3: 173 1836; 中国植物志, 28: 200. 1980; 陈汉斌, 山东植物志（下卷）, 25 . f. 21. 1997; 李法曾, 山东植物精要, 229. f. 804. 2004; 臧德奎, 山东木本植物精要, 57. f. 112. 2015.

【类别】山东珍稀植物

【现状】易危（VU）

【形态】多年生草质藤本。须根密集，红褐色。茎圆柱形，攀援，长约 4 m，表面棕黑色或暗红色，具明显的 6 条纵纹，幼时被稀疏柔毛，后毛渐脱落，仅节处宿存。羽状复叶；小叶常 3，稀 5，纸质，卵圆形或卵状披针形，长 4 ~ 7.5 cm，宽 3 ~ 5 cm，顶端渐尖或锐尖，基部常圆形，稀宽楔形或亚心形，全缘，具淡黄色开展睫毛，基出主脉 3 ~ 5，在背面微凸起，沿叶脉被疏柔毛，余部无毛，小叶柄常扭曲，长 1.5 ~ 3 cm，顶生小叶柄常较长，侧生者稍短；叶柄长 4 ~ 6 cm。单花顶生；花梗直而粗壮，长 4 ~ 9 cm，被淡黄色柔毛，无苞片；花大，直径 8 ~ 14 cm；萼片 8，白色或淡黄色，倒卵圆形或匙形，长 4 ~ 6 cm，宽 2 ~ 4 cm，先端圆形，具尖头，基部渐狭，内面无毛，3 中脉及侧脉明显，外面沿 3 主脉形成一披针形的带，被长柔毛，外侧疏被短柔毛和绒毛，边缘无毛；雄蕊长达 1.7 cm，花丝线形，短于花药，无毛，花药黄色；子房狭卵形，长约 1.3 cm，被绢状淡黄色长柔毛，花柱上部被短柔毛。瘦果卵形，宿存花柱长 3 ~ 3.5 cm，被金黄色长柔毛。

特征图

生境（崂山）

花期植株　　　　　　　　　　　花枝　　　　　　　　　　　花朵

果实　　　　　　　　　　　枝叶　　　　　　　　　　　果枝

花期5～6月；果期6～7月。

【生境分布】分布于青岛（崂山）、烟台（昆嵛山），海拔范围100～700 m，多生于山坡灌丛和草地，偶见于疏林中。国内分布于辽宁。日本、朝鲜也有分布。

【保护价值】大花铁线莲中国稀有物种，崂山是主要分布区。花大而美丽，花色纯白，果实奇特，是优良的观赏植物，也是培育铁线莲新品种的重要种质资源。根入药。

【致危分析】大花铁线莲在山东分布区内自然状态下开花结实正常，群落中亦常见幼苗。但该物种主要分布于崂山，属于旅游热点地区，花期常易遭受游客量采摘破坏。

【保护措施】建议列为山东省重点保护野生植物。就地保护。开展繁育生物学研究，加强对其繁殖、种子扩散、萌发等机理研究，已有研究表明其种子须经过两次自然低温才能萌发。

（编写人：周春玲、辛　华）

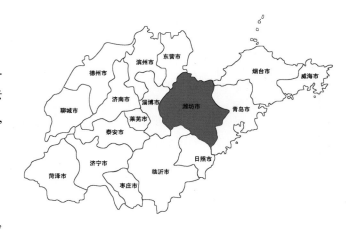

◆ 白花白头翁

Pulsatilla chinensis（Bunge）Regel. f. alba D. K. Zang, Bull. Bot. Res., Harbin 13（4）：340. 1993; 李法曾, 山东植物精要, 231. 2004; 臧德奎, 山东特有植物, 27. 2016.

【类别】山东特有植物

【现状】濒危（EN）

【形态】多年生草本，高 15 ~ 30 cm。基生叶宽卵形，3 全裂，中全裂片有柄，宽卵形，3 深裂，侧全裂片无柄或近无柄，不等 3 深裂，表面变无毛，背面有长柔毛；叶柄有密长柔毛。花葶 1，偶 2，有柔毛；苞片 3，基部近离生，背面密被长柔毛；花直立。与原变型白头翁（*Pulsatilla chinensis* f. *chinensis*）主要区别在于，花为纯白色，直径 5 ~ 6 cm，萼片矩圆状披针形，与花柱均为白色，花药鲜黄色；茎、叶及苞片绿色，不带紫色。花期 4 月；果熟期 6 ~ 7 月。

【生境分布】分布于潍坊市（安丘县），生于石灰岩山地。模式标本采自山东潍坊安丘县温泉乡。

【保护价值】本类型是山东特有植物，可供药用；花色特殊，也具有较高的观赏价值。

【致危分析】仅分布于安丘温泉乡，数量稀少，极易因山区开发、垦荒等生境破坏而灭绝。

【保护措施】建议列为山东省重点保护野生植物。就地保护，对分布点生境进行严格保护。开展繁育生物学研究，加强对其繁殖、种子萌发等机理研究。

（编写人：臧德奎）

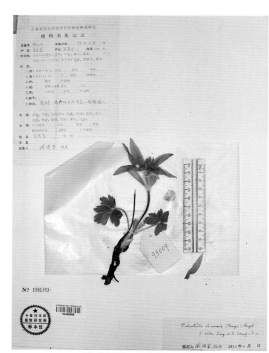

模式标本，引自 CVH

◆ 多萼白头翁

Pulsatilla chinensis（Bunge）Regel. f. plurisepala D. K. Zang, Bull. Bot. Res., Harbin 13（4）: 340. 1993; 李法曾, 山东植物精要, 231. 2004; 臧德奎, 山东特有植物, 27. 2016.

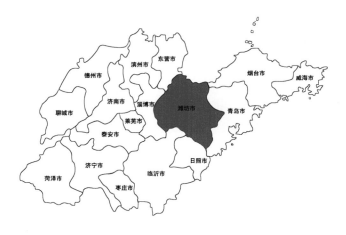

【类别】山东特有植物

【现状】濒危（EN）

【形态】多年生草本, 高 15 ～ 30 cm。基生叶宽卵形, 3 全裂, 中全裂片有柄, 宽卵形, 3 深裂, 侧全裂片无柄或近无柄, 不等 3 深裂, 表面变无毛, 背面有长柔毛; 叶柄有密长柔毛。花葶 1, 偶 2, 有柔毛; 苞片 3, 基部近离生, 背面密被长柔毛; 花直立。多年生草本。与白头翁（*Pulsatilla chinensis* f. *chinensis*）区别在于, 花为重瓣, 萼片多达（9）12 ～ 15 片, 线状披针形或狭披针形, 长 4.0 ～ 5.0 cm, 宽 0.5 ～ 1.2 cm。花期 4 月; 果熟期 6 ～ 7 月。

【生境分布】分布于潍坊市（安丘县）, 生于海拔 200 m 左右的石灰岩山地。模式标本采自山东潍坊安丘县温泉乡。

【保护价值】本类型是山东特有植物, 可供药用; 花紫色, 花形颇似菊花, 也具有较高的观赏价值。模式标本采自山东潍坊安丘县温泉乡。

【致危分析】仅分布于安丘温泉乡, 数量稀少, 极易因山区开发、垦荒等生境破坏而灭绝。

【保护措施】建议列为山东省重点保护野生植物。就地保护, 对分布点生境进行严格保护。开展繁育生物学研究, 加强对其繁殖、种子萌发等机理研究。

（编写人: 臧德奎）

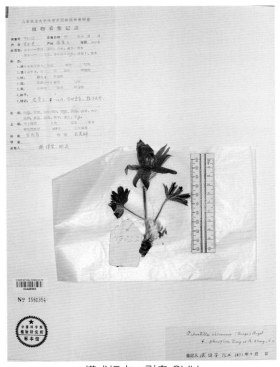

模式标本, 引自 CVH

鼠李科 Rhamnaceae

◆ **拐枣（北枳椇）**

Hovenia dulcis Thunb. Fl. Jap. 101. 1784; 中国植物志，48（1）：89. 1982; 陈汉斌，山东植物志（下卷），630 . f. 540. 1997; 李法曾，山东植物精要，369. f. 1326. 2004; 臧德奎，山东木本植物精要，207. f. 552. 2015.

【类别】山东珍稀植物

【现状】近危（NT）

【形态】落叶乔木，高达 20 m；小枝无毛，有不明显的皮孔。叶纸质或厚膜质，卵圆形、宽矩圆形或椭圆状卵形，长 7 ～ 17 cm，宽 4 ～ 11 cm，顶端短渐尖或渐尖，基部截形，少有心形或近圆形，边缘有不整齐的锯齿或粗锯齿，稀具浅锯齿，无毛或仅下面沿脉被疏短柔毛；叶柄长 2 ～ 4.5 cm，无毛。花黄绿色，直径 6 ～ 8 mm，排成不对称的顶生，稀兼腋生的聚伞圆锥花序；花序轴和花梗均无毛；萼片卵状三角形，具纵条纹或网状脉，无毛，长 2.2 ～ 2.5 mm，宽 1.6 ～ 2 mm；花瓣倒卵状匙形，长 2.4 ～ 2.6 mm，宽 1.8 ～ 2.1 mm，向下渐狭成爪部，长 0.7 ～ 1 mm；花盘边缘被柔毛或上面被疏短柔毛；子房球形，花柱 3 浅裂，长 2 ～ 2.2 mm，无毛。浆果状核果近球形，直径 6.5 ～ 7.5 mm，无毛，成熟时黑色；花序轴结果时稍膨大；种子深栗色或黑紫色，直径 5 ～ 5.5 mm。花期 5 ～ 7 月；果期 8 ～ 10 月。

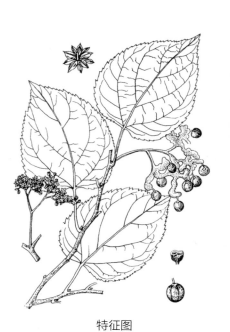

特征图

果枝

群落中的幼苗

群落中的幼树

群落

花朵

果实

模式标本，引自 CVH

果枝

花序

枝叶

植株

树干

花枝

【生境分布】分布于青岛（崂山）、泰安（泰山、徂徕山）、济南、潍坊（仰天山）、淄博（鲁山）、临沂（蒙山）、日照（九仙山）、烟台（昆嵛山）、威海（伟德山、正棋山、岠嵎山）等地。生于海拔 200 ~ 800 m 的次生林中。国内分布于河北、山西、河南、陕西、甘肃、四川北部、湖北西部、安徽、江苏、江西。日本、朝鲜也有分布。

【保护价值】拐枣为优良的用材树种和园林绿化树种，且其肥大的果序轴含丰富的糖，可生食、酿酒、制醋和熬糖。

【致危分析】本种在山东分布范围虽较广阔，但各分布地个体数量较少，仅崂山资源较为丰富，目前生长状况尚好，但森林抚育和人工造林使其自然更新受到影响，有时幼树易遭樵采。

【保护措施】就地保护。加强对其繁殖、种子扩散、萌发等机理研究。

（编写人：臧德奎）

◆ **崂山鼠李**

Rhamnus laoshanensis D. K. Zang, Bull. Bot. Res., Harbin 19: 371. 1999; 李法曾, 山东植物精要, 368, 2004; 臧德奎, 山东木本植物精要, 210. 2015; 臧德奎, 山东特有植物, 27. 2016.

【类别】山东特有植物

【现状】极危（CR）

【形态】落叶灌木, 高约 2.5 m; 小枝紫褐色至灰褐色, 互生或近对生, 枝端具刺; 当年生枝密生黄色柔毛, 1 年生枝无毛。叶纸质, 互生或在短枝簇生, 偶近对生, 狭椭圆形至椭圆形, 长 1.5 ~ 2.5 cm, 稀达 3.5 ~ 5 cm, 宽 0.7 ~ 1.2 cm, 稀达 1.5 ~ 2 cm, 先端渐尖或圆钝, 基部楔形至狭楔形, 边缘具浅细锯齿, 上面密生短柔毛, 下面干后变黄并密生短柔毛; 侧脉 4 ~ 6 对, 上面凹下, 下面隆起, 网脉明显; 叶柄长 0.6 ~ 1.4 cm, 密被短柔毛。花单性, 数朵簇生于短枝顶端; 花梗长 2 ~ 3 mm, 密被短柔毛; 花萼浅钟形, 4 裂, 裂片三角形; 花瓣 4; 雄蕊 4; 子房上位, 花柱 2 深裂, 柱头膨大, 子房及花柱密生短柔毛。核果卵球形或近球形, 径约 5 ~ 7 mm, 具 2 分核, 幼时被短毛后变无毛; 果梗长 5 ~ 6 mm, 萼筒及果梗密被短柔毛。种子倒卵形, 长 4 ~ 4.5 mm, 背侧种沟开口, 长度为种子全长的 3/4 左右。花期 4 ~ 5 月; 果期 6 ~ 9 月。

【生境分布】分布于青岛（崂山、田横岛）。模式标本采自山东崂山明霞洞海拔 480 m 附近向阳山坡或灌丛中。

【保护价值】崂山鼠李是山东特有种, 与皱叶鼠李（Rhamnus rugulosa）相近, 但叶片狭椭圆形, 较小, 花梗短, 雌花大多无退化雄蕊。对于研究鼠李属的地理分布和系统演化具有一定价值。也是优良的水土保持灌木。

【致危分析】崂山鼠李为稀有植物, 数量少, 影响了其种群繁育, 也常因樵采等人为活动而被破坏。

【保护措施】建议列为山东省重点保护野生植物。就地保护, 加强对其生境的保护, 还应保护其潜在分布区; 开展繁育生物学研究。

（编写人：臧德奎）

特征图

叶背面

果枝

蔷薇科 Rosaceae

◆ **崂山樱花**

Cerasus laoshanensis D. K. Zang, 青岛树木志, 23 et 303. 2015; 臧德奎, 山东木本植物精要, 165. 2015; 臧德奎, 山东特有植物, 28. 2016.

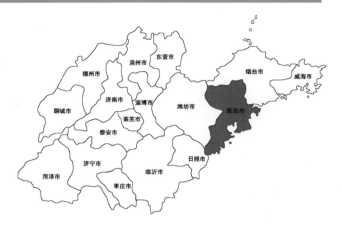

【类别】山东特有植物

【现状】极危（CR）

【形态】落叶乔木, 高达 10 m, 树皮灰褐色。一年生小枝灰白色, 2 ~ 3 年生小枝褐色至淡紫褐色, 无毛。冬芽卵圆形, 无毛。叶片倒卵形或阔椭圆形, 长 5 ~ 7 cm, 宽 4 ~ 6 cm, 先端平截或凹入, 基部圆形, 偶阔楔形或平截, 叶缘直至叶片顶端有尖锐单锯齿及重锯齿, 齿尖有小腺体; 上面深绿色, 无毛; 下面淡绿色, 沿叶脉疏生柔毛; 侧脉 4 ~ 7 对; 叶柄长 1.5 ~ 2.5 cm, 疏生柔毛, 中上部有 2 ~ 4 枚红色圆形腺体; 托叶线形, 长 5 ~ 8 mm, 边有腺齿, 早落。花序伞房总状, 有花（1）2 ~ 3 朵; 总苞片褐红色, 倒卵长圆形, 长 5 ~ 8 mm, 宽 3 ~ 4 mm, 外面无毛, 内面被长柔毛; 总梗长 8 ~ 12 mm, 疏生柔毛; 苞片褐色或淡绿褐色, 倒卵形, 长 5 ~ 8 mm, 宽 2.5 ~ 4 mm, 边有腺齿; 花梗长 2 ~ 2.5 cm, 密生柔毛; 萼筒管状, 长 5 ~ 6 mm, 宽 2 ~ 3 mm, 先端扩大, 萼片三角披针形, 长约 5 mm, 先端渐尖或钝, 有疏齿或近全缘; 花瓣白色, 椭圆形或倒卵状椭圆形, 先端下凹; 雄蕊 25 ~ 30 枚; 花柱无毛。核果球形或卵

植株　　　　　　花枝　　　　　　花枝　　　　　　花序

果枝　　　　　　花正面观　　　　　　枝叶

叶柄及托叶

幼树

枝叶

球形，红色，直径 6 ~ 8 mm；果梗密生柔毛。花期 3 ~ 4 月；果期 6 ~ 7 月。

【生境分布】分布于青岛（崂山），生于海拔 400 ~ 600 m 山坡沟边。模式标本采自山东崂山棋盘石。

【保护价值】崂山樱花是山东特有种，与山樱花近缘，但叶片倒卵形或阔椭圆形，先端平截或凹入，花瓣椭圆形，稀倒卵状椭圆形，雄蕊 25 ~ 30 枚，核果红色，果梗密生柔毛，对于研究樱属的地理分布和系统演化具有一定价值。花朵繁密，果实红色，也是优良的观赏植物。

【致危分析】崂山樱花植株数量少，仅残存于崂山局部地区沟谷，自然更新不良，幼树较少，有时受到樵采和林业生产的干扰。

【保护措施】建议列为山东省重点保护野生植物。就地保护，严格保护现有植物，加强对其生境的保护，还应保护其潜在分布区；开展繁育生物学研究，扩大繁殖。

（编写人：臧德奎）

◆ 山东栒子

Cotoneaster schantungensis G. Klotz, Wiss. Z. Friedrich-Schiller-Univ. Jena, Math. -Naturwiss. Reihe 21（5–6）：1018. 1972; 中国植物志 , 36: 149. 1974; D. K. Zang in Bull. Bot. Res., Harbin 14（1）：51. 1994; 陈汉斌 , 山东植物志（下卷）, 317. 1997, pro. syn.; L. T. Lu, Flora of China 9: 99, 2003; 山东植物精要 , 296, 2004; 韩子奎 , 济南树木志 , 203. f. 163. 2009; 臧德奎 , 山东木本植物精要 , 145. 2015; 臧德奎 , 山东特有植物 , 28. 2016.

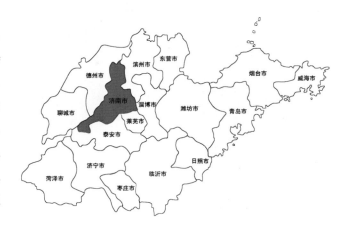

【类别】山东特有植物

【现状】极危（CR）

【形态】落叶灌木 , 高达 2 m; 小枝圆柱形 , 细瘦 , 幼时密被灰色柔毛 , 以后脱落无毛 , 红褐色或灰褐色。叶片纸质 , 宽椭圆形或宽卵形 , 有时倒卵形稀近圆形 , 长 2 ~ 3.5 cm, 宽 1.5 ~ 2.4 cm, 先端多圆钝或微凹 , 稀有短尖 , 基部宽楔形至圆形 , 上面初有柔毛 , 以后脱落 , 下面初时密被柔毛 , 以后减少 , 侧脉 3 ~ 5 对稍突起 ; 叶柄长 2 ~ 4.5 mm, 微有柔毛 ; 托叶披针形 , 长 1 ~ 2 mm, 有柔毛 , 部分宿存。花序有花 3 ~ 6 朵 , 总花梗和花梗有柔毛 , 以后脱落近于无毛 ; 萼筒具稀疏柔毛 ; 萼片宽三角形。果实倒卵形 , 长 6 ~ 8 mm, 深红色 , 有稀疏柔毛或几无毛 , 2 小核。花期 5 月 ; 果期 8 ~ 9 月。

【生境分布】分布于济南南部石灰岩山地 , 见于济南林场佛峪龙洞、红叶谷和莲台山等地 , 分布地海拔 400 ~ 500 m, 生于黄栌、鹅耳枥林间。成年个体约有 700 株 , 群落中未见种子更新的幼苗 , 但有萌蘖更新

群落中的幼株

枝叶

果枝　　　　　　　　　二年生播种苗　　　　　　　　花枝

花枝　　　　　　　　　　　花枝　　　　　　　　　扦插生根情况

一年生扦插苗　　　　　　生境　　　　　　　种子　　　　　　穴盘育苗

的幼树。模式标本采自山东济南龙洞。

【保护价值】本种分布范围极其有限。与西北枸子（*Cotoneaster zabelii*）近缘，但叶片、总花梗、花梗和萼筒被毛较少，在枸子属系统分类研究中具有重要学术价值。果实红艳，可栽培观赏。

【致危分析】本种仅产于济南，个体数量少，生境狭窄，受森林抚育等林业生产活动和旅游影响严重，应属于极小种群物种。

【保护措施】建议列为山东省重点保护野生植物。立即进行就地保护，对有分布的地方设立保护点，加大管理力度；对林业工人和周边群众加大宣传教育工作，防止人为破坏；开展繁育生物学研究，探求濒危机理，扩大种群数量。

（编写人：臧德奎、马　燕）

◆ 山东山楂

Crataegus shandongensis F. Z. Li & W. D. Peng, Bull. Bot. Res., Harbin 6（4）：149. 1986; D. K. Zang in Bull. Bot. Res., Harbin 14（1）：51. 1994; 陈汉斌, 山东植物志（下卷），322．f. 274. 1997; T. C. Ku, Flora of China 9: 115. 2003; 山东植物精要, 298, f. 1056. 2004; 臧德奎, 山东木本植物精要, 147. 2015; 臧德奎, 山东特有植物, 30. 2016.

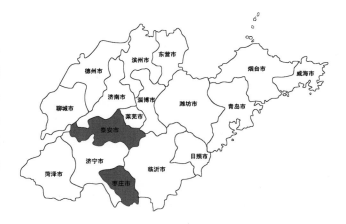

【类别】山东特有植物

【现状】极危（CR）

【形态】落叶灌木, 高 1 ~ 2 m; 有枝刺。叶片倒卵形或长椭圆形, 长 4 ~ 8 cm, 宽 2 ~ 4 cm, 顶端渐尖, 基部楔形, 边缘上部 3 裂, 稀 5 裂或不裂, 中部以上具不规则重锯齿, 上面除中脉被稀疏白色柔毛外, 其余部分光滑无毛, 下面被疏柔毛, 沿脉较密; 叶柄长 1.5 ~ 4 cm, 具狭翅; 托叶革质, 镰状, 边缘具腺齿, 脱落。复伞房花序, 长达 4 cm, 直径约 8 cm, 有花 7 ~ 18 朵; 花梗和花序梗被白色柔毛或无毛。花直径约 2 cm, 苞片线状披针形, 边缘具腺齿, 早落, 长 2 ~ 3 mm; 萼片 5, 三角形, 顶端尾状渐尖, 与萼筒近等长, 外面被白色柔毛或无毛, 内面顶端被白色柔毛, 在果期反折, 宿存; 花瓣 5, 白色, 近圆形或倒卵状圆形, 长约 6 mm, 具极短的爪; 花柱 5, 基部被白色柔毛。果实球形, 直径 1 ~ 1.5 cm, 红色, 具有 5 个核, 核两侧平坦, 背部具一浅沟槽。

【生境分布】分布于泰安（泰山）、枣庄（抱犊崮），生于海拔 200 ~ 700 m 山坡灌丛。模式标本采自山

特征图

植株

模式标本，引自 CVH　　　　　叶片　　　　　果枝

99.12 果实　　　　　99.11 果枝

枝叶　　　　　花枝　　　　　花朵正面观

东泰山经石峪附近。

【保护价值】本种为山东特有植物，资源较少，具有重要的科研价值。也是栽培山楂育种的重要野生种质资源，还可栽培观赏。本种近于野山楂（*Crataegus cuneata*），但为复伞房花序，花多，7～18 朵花，苞片早落，叶柄较长。

【致危分析】山东山楂种群规模过小，分布区片段化，生境恶劣，种群繁衍困难；由于主要分布于低海拔地区，也易遭受放牧、农林生产、旅游等干扰。

【保护措施】建议列为山东省重点保护野生植物。对发现的种群进行就地保护，以其为中心设立较大面积的重点保护区域，加强对其潜在分布区的保护。开展繁育生物学研究，探求濒危机理。

（编写人：臧德奎、马　燕）

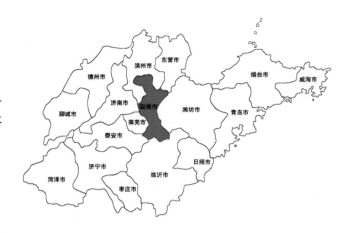

◆ 辽宁山楂

Crataegus sanguinea Pallas Fl. Ross. 1（1）: 25. 1784; 中国植物志, 36: 199. 1974; 臧德奎, 山东木本植物精要, 147. f. 379. 2015.

【类别】山东珍稀植物

【现状】极危（CR）

【形态】落叶灌木, 高 2 ~ 4 m; 刺短粗, 锥形, 长约 1 cm, 亦常无刺; 小枝圆柱形, 微曲屈, 幼嫩时散生柔毛, 不久即脱落, 当年枝条无毛, 紫红色或紫褐色, 多年生枝灰褐色, 有光泽; 冬芽三角卵形, 先端急尖, 无毛, 紫褐色。叶片宽卵形或菱状卵形, 长 5 ~ 6 cm, 宽 3.5 ~ 4.5 cm, 先端急尖, 基部楔形, 边缘通常有 3 ~ 5 对浅裂片和重锯齿, 裂片宽卵形, 先端急尖, 两面散生短柔毛, 上面毛较密, 下面柔毛多生在叶脉上; 叶柄粗短, 长 1.5 ~ 2 cm, 近于无毛; 托叶草质, 镰刀形或不规则心形, 边缘有粗锯齿, 无毛。伞房花序, 直径 2 ~ 3 cm, 多花, 密集, 总花梗和花梗均无毛, 或近于无毛, 花梗长 5 ~ 6 mm; 苞片膜质, 线形, 长 5 ~ 6 mm, 边缘有腺齿, 无毛, 早落; 花直径约 8 mm; 萼筒钟状, 外面无毛; 萼片三角卵形, 长约 4 mm, 先端急尖, 全缘, 稀有 1 ~ 2 对锯齿, 内外两面均无毛或在内面先端微具柔毛; 花瓣长圆形, 白色; 雄蕊 20, 花药淡红色或紫色, 约与花瓣等长; 花柱 3, 偶 5, 柱头半球形, 子房顶端被柔毛。果实近球形, 直径约 1 cm, 血红色, 萼片宿存, 反折; 小核 3, 稀 5, 两侧有凹痕。花期 5 ~ 6 月; 果期 7 ~ 8 月。

特征图

枝叶

植株

枝叶

花枝

果枝

果实

【生境分布】分布于淄博（鲁山）。生于海拔200 m左右的山谷灌丛或杂木林。国内分布于黑龙江、吉林、辽宁、河北、内蒙古、新疆等地。蒙古、俄罗斯、朝鲜也有分布。

【保护价值】果可生吃，干制后入药，有健脾开胃、消食化滞、活血化痰之效。也可以作为山楂的砧木，还可栽培供观赏。

【致危分析】辽宁山楂是山东稀有植物，数量稀少，主要分布于低海拔地区，经常受到樵采及农业生产等人为干扰。

【保护措施】就地保护。开展繁育生物学研究，扩大繁殖。

（编写人：张学杰）

◆ 三叶海棠（裂叶海棠）

Malus sieboldii（Regel）Rehd. in Sarg. Pl. Wils. 2:
293. 1915; 中国植物志，36: 388. 1974; 陈汉斌，山东
植物志（下卷），308．f. 260. 1997; 李法曾，山东植
物精要，294. f. 1042. 2004; 臧德奎，山东木本植物精
要，151. f. 391. 2015.

【类别】山东珍稀植物

【现状】易危（VU）

【形态】落叶灌木，高 2 ~ 6 m，枝条开展；小枝圆柱形，稍有棱角，嫩时被短柔毛，老时脱落，暗紫色或紫褐色；冬芽卵形，先端较钝，无毛或仅在先端鳞片边缘微有短柔毛，紫褐色。叶片卵形、椭圆形或长椭圆形，长 3 ~ 7.5 cm，宽 2 ~ 4 cm，先端急尖，基部圆形或宽楔形，边缘有尖锐锯齿，在新枝上的叶片锯齿粗锐，常 3，稀 5 浅裂，幼叶上下两面均被短柔毛，老叶上面近于无毛，下面沿中肋及侧脉有短柔毛；叶柄长 1 ~ 2.5 cm，有短柔毛；托叶草质，窄披针形，先端渐尖，全缘，微被短柔毛。花 4 ~ 8 朵，集生于小枝顶端，花梗长 2 ~ 2.5 cm，有柔毛或近于无毛；苞片膜质，线状披针形，先端渐尖，全缘，内面被柔毛，早落；花直径 2 ~ 3 cm；萼筒外面近无毛或有柔毛；萼片三角卵形，先端尾状渐尖，全缘，长 5 ~ 6 mm，外面无毛，内面密被茸毛，约与萼筒等长或稍长；花瓣长椭倒卵形，长 1.5 ~ 1.8 cm，基部有短爪，淡粉红色，在花蕾时颜色较深；雄蕊 20，花丝长短不齐，约等于花瓣之半；花柱 3 ~ 5，基部有长柔毛，较雄蕊稍长。果实近球形，直径 6 ~ 8 mm，红色或褐黄色，萼片脱落，果梗长 2 ~ 3 cm。花期 4 ~ 5 月；果期 8 ~ 9 月。

【生境分布】分布于胶东山区，主产青岛（崂山）、烟台（昆嵛山）、威海（正棋山、槎山），生于海拔150 ~ 800 m 山坡杂木林或灌木丛中。国内分布于辽宁、陕西、甘肃、江西、浙江、湖北、湖南、四川、贵

特征图

群落中的幼苗

叶形变化　　　　　　　生境　　　　　　　果枝

枝叶

五年生播种苗　　　　　　花枝

州、福建、广东、广西。日本、朝鲜也有分布。

　　【保护价值】三叶海棠是嫁接苹果的优良砧木，也是海棠属育种的优良种质材料。春季着花甚美丽，可供观赏。

　　【致危分析】三叶海棠在山东为稀有植物，分布区片段化，生境遭受一定程度的破坏，对种群更新具有较大影响。也易遭受放牧、旅游开发等人为干扰。

　　【保护措施】就地保护，加强对其生境的保护，加大宣传教育和管理力度，严禁采挖。

（编写人：臧德奎）

◆ 毛叶石楠

Photinia villosa（Thunb.）Candolle Prodr. 2: 631.
1825; 中国植物志, 36: 255. 1974; 陈汉斌, 山东植物
志（下卷）, 281. f. 237. 1997; 李法曾, 山东植物精要,
288. f. 1019. 2004; 臧德奎, 山东木本植物精要, 152. f.
397. 2015.

【类别】山东珍稀植物

【现状】易危（VU）

【形态】落叶灌木, 高 2 ~ 5 m; 小枝幼时有白色长柔毛, 后脱落, 灰褐色, 有散生皮孔; 冬芽卵形, 鳞片褐色, 无毛。叶片互生, 纸质, 倒卵形或长圆倒卵形, 长 3 ~ 8 cm, 宽 2 ~ 4 cm, 先端尾尖, 基部楔形, 边缘上半部密生尖锐锯齿, 两面初有白色长柔毛, 后脱落, 仅下面叶脉有柔毛, 羽状脉, 侧脉 5 ~ 7 对; 叶柄长 1 ~ 5 mm, 有长柔毛。伞房花序顶生, 花 10 ~ 20 朵; 总花梗和花梗有长柔毛, 果期常有疣点, 花梗长 1.5 ~ 2.5 cm; 苞片钻形, 早落; 花直径 7 ~ 12 mm; 花萼 5 裂, 外被白色长柔毛, 萼筒杯状, 萼裂片三角卵形, 先端钝; 花冠白色, 花瓣近圆形, 外面无毛, 内面基部具柔毛; 雄蕊 20, 较花瓣短; 花柱 3, 离生, 无毛。果实椭圆形或卵形, 长 8 ~ 10 mm, 直径 6 ~ 8 mm, 熟时红色或黄红色, 顶端有直立宿存萼片。花期 5 月初; 果期 8 ~ 9 月。

特征图

生境

植株

枝叶

花枝

花序

果枝

【生境分布】分布于青岛（崂山）、烟台（昆嵛山、牙山、鹊山、艾山）等沿海山区。生于海拔 500 ~ 800 m 的山坡林下或山顶的杂木林中。国内分布于江苏、安徽、湖北、浙江。日本、朝鲜也有分布。

【保护价值】毛叶石楠是药用植物，其根、果药用，有清热去湿、治劳伤疲乏的作用。果实红色，冬季不落，有较好的观赏价值。种子油可制肥皂、作机械润滑油、制油漆；木材可做农具。

【致危分析】该物种是山东稀有种，结实率低，树下极少见到幼树幼苗，自然更新不良。另外，旅游开发和森林抚育也对其生境和生长造成不良影响。

【保护措施】对现存的植株进行就地保护，禁止人为破坏；对其繁育系统进行研究，找出其生殖受阻原因，可采取人工辅助授粉等，提高其结实率和幼苗的数量。

（编写人：张　萍）

◆ 河北梨

Pyrus hopeiensis T. T. Yu, T. T. Yu, Acta Phytotax. Sin., 8: 232. 1963; 中国植物志, 36: 359. 1974; 陈汉斌, 山东植物志（下卷）, 305. f. 258. 1997; 李法曾, 山东植物精要, 292. f. 1040. 2004; 臧德奎, 山东木本植物精要, 155. f. 405. 2015.

【类别】国家重点保护野生植物

【现状】极危（CR）

【形态】落叶乔木，高达 12 m；小枝圆柱形，无毛，暗紫色或紫褐色，具稀疏白色皮孔，先端常变为硬刺；冬芽长圆卵形或三角卵形，先端急尖，无毛，或在鳞片边缘及先端微具茸毛。叶片卵形、宽卵形至近圆形，长 4 ~ 7 cm，宽 4 ~ 5 cm，先端具有长或短渐尖头，基部圆形或近心形，边缘具细密尖锐锯齿，有短芒，上下两面无毛，侧脉 8 ~ 10 对；叶柄长 2 ~ 4.5 cm，有稀疏柔毛或无毛。伞形总状花序，具花 6 ~ 8 朵，花梗长 12 ~ 15 mm，总花梗和花梗有稀疏柔毛或近于无毛；萼片三角卵形，边缘有齿，外面有稀疏柔毛，内面密被柔毛；花瓣椭圆倒卵形，基部有短爪，长 8 mm，宽 6 mm，白色；雄蕊 20，长不及花瓣之半；花柱 4，和雄蕊近等长。果实球形或卵形，直径 1.5 ~ 2.5 cm，果褐色，顶端萼片宿存，外面具多数斑点，4 室，稀 5 室，果心大，果肉石细胞多；果梗长 1.5 ~ 3 cm；种子倒卵形，长 6 mm，宽 4 mm。花期 4 月；果期 8 ~ 9 月。

【生境分布】分布于青岛（崂山），生于海拔 950 m 左右的山顶落叶松林内，伴生树种有水榆花楸、天目琼花、白檀、迎红杜鹃、小米空木、卫矛、郁李等。中国特有植物，国内分布于河北。

特征图

植株　　　　　　　　二年生苗

植株　　　枝叶

花序　　　种子苗　　　花枝　　　种子

果枝　　　果实　　　果实　　　树皮

　　【保护价值】河北梨是重要的野生果树资源，对于栽培梨的品种培育和改良具有一定价值，由于资源稀少，已被列为国家极小种群植物，也是国家级珍稀濒危保护野生植物。

　　【致危分析】河北梨已处于极度濒危状态，仅分布于河北和山东，在河北已经多年未有发现，山东省仅在崂山发现2株大树，但树下因旅游开发已经修筑为游步道，因此树下未见更新的幼苗和幼树，影响了该物种的繁衍。

　　【保护措施】建议列为山东省重点保护野生植物。立即进行就地保护，严格保护现有植株，在该树种周围设立保护点。加大管理力度，对周边群众加大宣传教育工作。加强对其繁殖、种子扩散、萌发等机理研究，提高种群数量。

（编写人：臧德奎、马　燕）

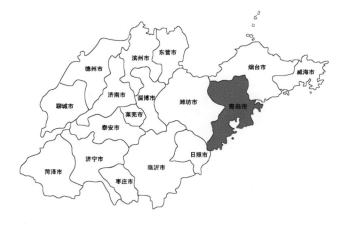

◆ 崂山梨

Pyrus trilocularis D. K. Zang & P. C.Huang, Bull. Bot. Res., Harbin 12（4）: 321, pl. 1 1992; D. K. Zang in Bull. Bot. Res., Harbin 14（1）: 51. 1994; T. C. Ku, Flora of China 9: 177. 2003; 李法曾，山东植物精要，294. 2004；臧德奎，山东木本植物精要，155. 2015；臧德奎，山东特有植物，30. 2016.

【类别】山东特有植物

【现状】极危（CR）

【形态】落叶小乔木，高 4 ~ 10 m。小枝光滑无毛，灰褐色至紫褐色。叶片卵状披针形至长卵形，长 10 ~ 15 cm，宽 3 ~ 5 cm，边缘有波状钝锯齿，上面光滑无毛，下面微被长柔毛；叶柄纤细，长 4 ~ 5 cm，微被长柔毛。伞房花序，有花 8 ~ 10 朵；花白色，子房 3 室，偶 4 室。梨果近球形，径约（1）1.5 ~ 2.5 cm，子房 3（4）室，花萼在果期宿存，萼裂片向外反曲，外面光滑，内面密被绒毛。花期 4 月；果期 9 ~ 10 月。

【生境分布】分布于青岛（崂山），生于海拔 300 ~ 600 m 赤松林下和沟边灌丛中，伴生树种主要有刺楸、水榆花楸、山樱花、白檀、胡枝子等。模式标本采自山东崂山上清宫。

【保护价值】本种为山东特有植物，形态上介于宿萼类群和脱萼类群之间，在梨属的系统演化研究中具有重要价值，也是培育梨品种的重要野生资源。

【致危分析】崂山梨已处于极度濒危状态，分布区片段化，生境恶劣，种群繁衍困难，属于极小种群

特征图

果枝

果实

枝叶

植株

二年生播种苗

花枝

种子

物种。现仅知 2 个地点，发现 3 株大树，生于赤松林中，其生境和植株本身均受到森林抚育和旅游等干扰。

【保护措施】建议列为山东省重点保护野生植物。立即进行就地保护，在该树种周围设立保护点。加大管理力度，对周边群众加大宣传教育工作。加强对其繁殖、萌发等机理研究，提高种群数量。

（编写人：臧德奎、马　燕）

◆ **鸡麻**

Rhodotypos scandens（Thunb.）Makino in Bot. Mag. Tokyo 27: 126. 1913; 中国植物志, 37: 4. 1985; 陈汉斌, 山东植物志（下卷）, 247 . f. 204. 1997; 李法曾, 山东植物精要, 280. f. 987. 2004; 臧德奎, 山东木本植物精要, 134. f. 344. 2015.

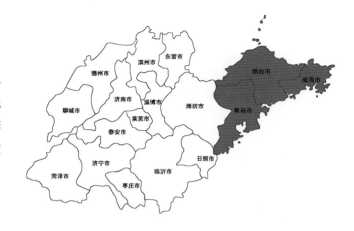

【类别】山东珍稀植物

【现状】濒危（EN）

【形态】落叶灌木, 高 0.5 ~ 2 m。小枝紫褐色, 嫩枝绿色, 光滑。单叶对生, 卵形, 长 4 ~ 11 cm, 宽 3 ~ 6 cm, 顶端渐尖, 基部圆形至微心形, 边缘有尖锐重锯齿, 叶柄长 2 ~ 5 mm, 被疏柔毛。托叶膜质狭带形, 被疏柔毛, 不久脱落。花两性, 单生新枝顶, 直径 3 ~ 5 cm；萼片 4, 大而叶状, 卵状椭圆形, 顶端急尖, 边缘有锐锯齿, 外面被稀疏绢状柔毛, 副萼片细小, 狭带形, 长约为萼片的 1/4 ~ 1/5；花瓣 4, 白色, 倒卵形, 比萼片长 1/4 ~ 1/3 倍。雄蕊多数, 生于花盘周围；雌蕊 4, 柱头头状, 每心皮有 2 个胚珠；核果 1 ~ 4, 黑色或褐色, 斜椭圆形, 长约 8 mm, 光滑。花期 4 ~ 5 月；果期 6 ~ 9 月。

【生境分布】分布于青岛（崂山）、烟台（昆嵛山、鹊山）、威海（伟德山、正棋山、槎山）等山区, 生于海拔 200 ~ 400 m 的山坡疏林中和山沟林下、路边阴湿处。国内分布于辽宁、陕西、甘肃、河南、江苏、安徽、浙江、湖北。日本和朝鲜也有分布。

【保护价值】鸡麻是单种属植物, 在蔷薇科系统演化研究中具有重要价值。花白色, 叶清美秀丽, 有较

特征图

植株（伟德山）

果枝　　　　　　　　　　生境　　　　　　　　　　枝叶

花枝　　　　　　　　　　花朵　　　　　　　　　　花枝

高的观赏价值。也是药用植物，根和果实入药。

【致危分析】本种在山东为一稀有植物，野生分布很少，对生境要求较为特殊，多见于林缘溪边，种子扩散能力有限。另外，降雨减少，气候干旱，小生境消失也使其栖息地萎缩，导致种群数量减少。

【保护措施】建议列为山东省重点保护野生植物。就地保护，选取其生长较好的分布地加以保护，禁止开荒、修路等人为活动和采挖。利用成熟的人工繁殖技术，加强野生资源的人工繁育，种植到生长点附近的适宜环境，增加种群数量。

（编写人：张　萍、胡德昌）

◆ **玫瑰**

Rosa rugosa Thunb. Fl. Jap. 213. 1784; 中国植物志, 37: 401. 1985; 陈汉斌, 山东植物志(下卷), 270. f. 228. 1997; 李法曾, 山东植物精要, 285. f. 1013. 2004; 臧德奎, 山东木本植物精要, 138. f. 354. 2015.

【类别】国家重点保护野生植物、中国珍稀濒危植物

【现状】濒危（EN）

【形态】落叶灌木，高达 2 m；小枝密被茸毛，并有针刺和腺毛。小叶 5 ~ 9，连叶柄长 5 ~ 13 cm；小叶片椭圆形或椭圆状倒卵形，长 1.5 ~ 4.5 cm，宽 1 ~ 2.5 cm，先端急尖或圆钝，基部圆形或宽楔形，边缘有尖锐锯齿，上面深绿色，无毛，叶脉下陷，有褶皱，下面灰绿色，中脉突起，网脉明显，密被茸毛和腺毛，有时腺毛不明显；叶柄和叶轴密被茸毛和腺毛；托叶大部贴生于叶柄，离生部分卵形，边缘有带腺锯齿，下面被茸毛。花单生于叶腋，或数朵簇生，苞片卵形，边缘有腺毛，外被茸毛；花梗长 5 ~ 22 mm，密被茸毛和腺毛；花直径 4 ~ 5.5 cm；萼片卵状披针形，先端尾状渐尖，常有羽状裂片而扩展成叶状，上面有稀疏柔毛，下面密被柔毛和腺毛；花瓣倒卵形，重瓣至半重瓣，芳香，紫红色至白色；花柱离生，被毛，稍伸出萼筒口外，比雄蕊短很多。果扁球形，直径 2 ~ 2.5 cm，砖红色，萼片宿存。花期 5 ~ 6 月；果期 8 ~ 9 月。

【生境分布】分布于烟台（牟平）及威海（荣成）等地的沿海海岸沙滩上。牟平野生玫瑰呈斑块状分布在海边高潮线以上的海岸灌草丛与人工黑松林林缘，荣成野生玫瑰散生或呈灌丛状分布于沙质海岸及黑松林林间

特征图

生境（威海）

群落中根蘖繁殖苗 | 花 | 枝叶

生境（牟平） | 果枝 | 种子

空地和林下，也见于岩石海岸的岩缝中。国内分布于辽宁（庄河）、吉林（珲春）。日本、朝鲜、俄罗斯也有分布。

【保护价值】野生玫瑰是观赏和食用玫瑰育种的重要种质资源，对黑斑病的抗性基因及与其特殊香味相关的基因已成为国际蔷薇属植物基因组研究的热点领域。该物种目前处于濒危状态，仅分布于我国北部沿海沙滩及海岛，对研究植物区系具有重要价值；抗风固沙能力强，对维持滨海生态环境具有重要意义；鲜花可以蒸制芳香油，供食用及化妆品用；果实含维生素 C，用于食品和医药；花大而艳丽、香气浓，具极高观赏价值和经济价值。

【致危分析】由于过度的人为活动和干扰，滨海地区大规模水产养殖、旅游度假、工业开发等，以及当地居民随意采摘和挖掘，限制了玫瑰的自然更新，生境片断化明显，分布范围逐渐缩小。民间有用根茎泡酒饮用的习惯，当地居民保护意识不强，野玫瑰的保护体系仍不够完善。据资料记载，除牟平、荣成以外，文登、乳山在 20 世纪 90 年代前都曾记录到野生玫瑰的分布，但现存野生群落仅见于牟平和荣成，分布面积逐渐减少。

【保护措施】建议列为山东省重点保护野生植物。实施就地保护，建立海岸带植被保护区。从烟台至威海成山头的海岸段，不仅野生玫瑰的分布区持续缩小，珊瑚菜（Glehnia littoralis）等沙生植物的数量也持续减少，这主要是由于人为破坏海岸带生境及原生植被所致，因此，建立海岸带植被保护区，抚育海岸带天然植物群落和生物多样性是从根本上保护野生玫瑰最好的途径。建议在烟台市至威海成山头的海岸段的适宜地段建立暖温带海岸植被保护区，同时在野生玫瑰种群集中分布的区域建立野生玫瑰保护地，为种群的自然恢复提供基础。

（编写人：臧德奎、韩晓弟）

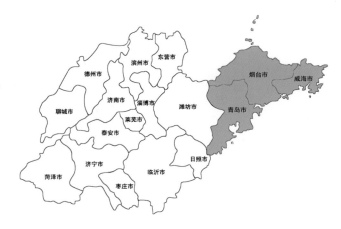

◆ **宽蕊地榆**

Sanguisorba applanata T. T. Yu & C. L. Li, Acta Phytotax. Sin, 17（1）: 11. 1979; 中国植物志, 37: 469. 1985; 陈汉斌, 山东植物志（下卷）, 279 . f. 236. 1997; 李法曾, 山东植物精要, 288. f. 1018. 2004.

【类别】山东珍稀植物

【现状】近危（NT）

【形态】多年生草本。根粗壮, 圆柱形。茎高 75 ~ 120 cm, 几无毛。茎下部叶为羽状复叶, 有小叶 3 ~ 5 对, 叶柄疏被柔毛, 小叶柄长 0.5 ~ 2.5 cm, 小叶片卵形、椭圆形或长圆形, 长 1.5 ~ 5 cm, 宽 1 ~ 4 cm, 顶端圆钝, 稀截形, 基部心形, 边缘有粗大圆钝锯齿, 上面绿色, 无毛, 下面颜色较浅, 无毛; 茎上部叶小, 叶片较狭窄, 长圆形, 基部截形到宽楔形; 托叶半圆形, 边缘有缺刻状锯齿。穗状花序窄长圆柱形, 自顶端开始向下开放, 开花时长 4 ~ 7.5 cm, 横径 0.6 ~ 1 cm; 苞片椭圆卵形, 外被短柔毛; 萼片淡粉色或白色, 椭圆形; 雄蕊 4 枚, 扁平, 向上逐渐扩大, 与花药等宽, 比萼片长 2 倍以上; 花柱丝状, 柱头扩大呈盘状, 表面乳头状突起。花果期 7 ~ 10 月。

【生境分布】分布于青岛、烟台、威海等胶东丘陵山地, 生于山沟溪边、山坡疏林下及山沟阴湿处, 海拔 100 ~ 500 m。中国特有植物, 国内也分布于河北、江苏。模式标本采自山东昆嵛山。

【保护价值】宽蕊地榆是我国稀有植物, 也是地榆的药源植物之一, 叶、茎、根均可入药, 为凉血止血、清热解毒的常用中药。

特征图

生境（昆嵛山）

模式标本，引自 CVH

花序

花序

叶片

花期

植株

群落（崂山）

　　【致危分析】宽蕊地榆在胶东地区分布较广，自然繁衍正常，但近年来野生资源不断减少，原因主要在于人为采挖入药，旅游导致踩踏、折花等，部分栖息地消失或栖息地面积减小，野生个体数量下降。

　　【保护措施】就地保护，加强宣传，禁止采挖。开展引种栽培试验，加强繁殖技术研究。

（编写人：臧德奎、辛晓伟）

◆ **柔毛宽蕊地榆**

Sanguisorba applanata T. T. Yu & C. L. Li var. villosa T. T. Yu & C. L. Li, Acta Phytotax. Sin. 17（1）: 11. 1979; 中国植物志, 37: 469. 1985; D. K. Zang in Bull. Bot. Res., Harbin 14（1）: 51. 1994; 陈汉斌, 山东植物志（下卷）, 280. 1997; C. L. Li, Flora of China 9: 387. 2003; 李法曾, 山东植物精要, 288. 2004; 臧德奎, 山东特有植物, 31. 2016.

【类别】山东特有植物

【现状】近危（NT）

【形态】本变种与原变种宽蕊地榆（*Sanguisorba applanata* var. *applanata*）区别在于，小叶、托叶下面密被长柔毛；萼片淡粉色。花期 8 月。

生境

植株

花序　　　　　　　　　　　　　　花序

植株一部分　　　　　　　　　　　叶片

小叶片

【生境分布】分布于青岛、烟台、威海等胶东丘陵山地，生于山沟溪边、山坡疏林下及山沟阴湿处。模式标本采自山东崂山。

【保护价值】柔毛宽蕊地榆是山东特有植物，也是地榆的药源植物之一，叶、茎、根均可入药。

【致危分析】柔毛宽蕊地榆在胶东地区零星分布，常与原变种伴生，但数量较少。

【保护措施】就地保护，加强宣传，禁止采挖。开展引种栽培试验，加强繁殖技术研究。

（编写人：臧德奎、张　萍）

◆ **裂叶水榆花楸**

Sorbus alnifolia（Sieb. & Zucc.）K. Koch var. lobulata Rehd. in Sarg. Pl. Wils. 2: 275, 1915; 中国植物志, 36: 298. 1974; 陈汉斌, 山东植物志（下卷）, 287. 1997; 李法曾, 山东植物精要, 290. 2004; 臧德奎, 山东木本植物精要, 157. 2015.

【类别】山东珍稀植物

【现状】易危（VU）

【形态】落叶乔木, 高达 10 m; 小枝圆柱形, 具灰白色皮孔, 幼时微具柔毛, 2 年生枝暗红褐色; 冬芽卵形, 先端急尖。叶片卵圆形、椭圆卵形至菱形, 长 5 ~ 10 cm, 宽 3 ~ 6 cm, 边缘羽状浅裂, 裂片有重锯齿; 先端渐尖, 基部宽楔形至圆形, 幼时两面被毛, 后渐脱落, 侧脉 6 ~ 10 对, 直达叶边齿尖; 叶柄长 1.5 ~ 3 cm, 幼时有柔毛。复伞房花序较疏松, 具花 6 ~ 25 朵, 总花梗和花梗具稀疏柔毛; 花梗长 6 ~ 12 mm; 花直径 10 ~ 15 mm; 萼筒钟状, 外面无毛或有疏柔毛, 内面近无毛; 萼片三角形, 先端急尖, 内面密被白色茸毛; 花瓣近圆形, 长 5 ~ 7 mm, 先端圆钝, 白色; 花柱 2, 基部或中部以下合生, 光滑无毛, 短于雄蕊。果实椭圆形或卵形, 直径 7 ~ 10 mm, 长 10 ~ 13 mm, 成熟时红色, 2 室, 萼片脱落后果实先端残留圆斑。花期 5 月; 果期 9 ~ 10 月。

【生境分布】零星分布于青岛（崂山）、烟台（昆嵛山）、临沂（蒙山）、泰安（泰山）、淄博（鲁山）, 一般生于海拔 700 ~ 900 m 山坡、山沟或山顶混交林中。主产崂山, 在崂山分布海拔可低至 200 m。国内分布于辽宁。朝鲜也有分布。

【保护价值】本种为中国稀有植物, 在山东也呈零星分布。树冠圆锥形, 秋叶红艳, 为美丽观赏树。木

果枝

花枝

枝叶　　　　　　　　　　　　　　叶片

幼苗　　　　　　　　　　　　　　幼苗

花枝　　　　　　　　　　　　　　花枝

材供作器具、车辆及模型用，树皮可作染料，纤维供造纸原料。

【致危分析】本种常与水榆花楸混生，目前繁衍正常，未见人为干扰现象，但该物种为狭域分布，易受到气候环境改变和自然灾害影响。

【保护措施】建议列为山东省重点保护野生植物。就地保护，加强对其生境的保护。加强对其繁殖、种子扩散、萌发机理研究。

（编写人：臧德奎）

◆ **棱果花楸**

Sorbus alnifolia（Sieb. & Zucc.）K. Koch var. angulata S. B. Liang, Bull. Bot. Res., Harbin 10（3）: 69. 1990; D. K. Zang in Bull. Bot. Res., Harbin 14（1）: 51. 1994; L. T. Lu, Flora of China 9: 166. 2003; 李法曾, 山东植物精要, 290. 2004; 臧德奎, 山东木本植物精要, 157. 2015; 臧德奎, 山东特有植物, 31. 2016.

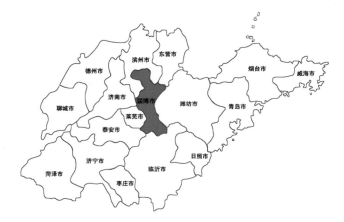

【类别】山东特有植物

【现状】极危（CR）

【形态】落叶乔木，高达 8 m。本变种与裂叶水榆花楸（*Sorbus alnifolia* var. *lobulata*）相近似，但叶片近圆形，边缘具较规则的浅裂，有重锯齿；果实近球形，具 5 条纵沟，两端凹陷。花期 5 月；果期 10 月。

【生境分布】分布于淄博（鲁山），生于海拔 900 m 左右山坡。模式标本采自山东鲁山。

【保护价值】本种为山东特有树种，花朵繁密，果色鲜艳，是优良的观赏树种。

【致危分析】仅分布于鲁山，种群过小影响了自然繁衍。

【保护措施】应就地保护，严格保护现有植株及生境，加强对其种子萌发机理研究。

（编写人：臧德奎）

模式标本

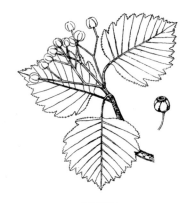

特征图

老叶片下面

果实

果实

◆ **少叶花楸**

Sorbus hupehensis C. K. Schneid. var. paucijuga（D. K. Zang & P. C. Huang）L. T. Lu, Acta Phytotax. Sin. 38: 279. 2000; L. T. Lu, Flora of China 9: 153. 2003; 臧德奎, 山东木本植物精要, 158. 2015; 臧德奎, 山东特有植物, 32. 2016.

——*Sorbus discolor*（Maxim.）Maxim. var. *paucijuga* D. K. Zang & P. C. Huang, Bull. Bot. Res., Harbin 12（4）: 322. 1992; D. K. Zang in Bull. Bot. Res., Harbin 14（1）: 51. 1994; 李法曾, 山东植物精要, 290. 2004.

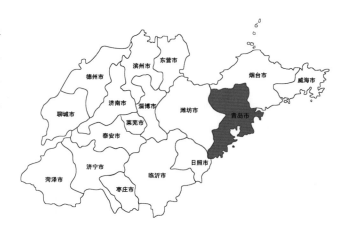

【类别】山东特有植物

【现状】濒危（EN）

【形态】落叶乔木，高 5 ~ 10 m，小枝灰白色或灰褐色，嫩枝光滑无毛；冬芽长卵形，先端被白色柔毛。奇数羽状复叶，小叶仅 3 ~ 4 对，叶片宽，长圆形，长 4 ~ 5 cm，宽 2 ~ 3 cm，先端渐尖，基部圆形，侧生小叶基部两侧极不对称，边缘自基部以上有锐锯齿，上面绿色，无毛，下面苍白色，沿脉有柔毛或变无毛；侧脉 9 ~ 14 对，上面微凹陷，下面隆起；托叶草质，半圆形，有粗锯齿，通常脱落。复伞房花序顶生，直径 15 ~ 20 cm，花梗长 0.5 ~ 0.8 cm；总花梗、花梗、花萼外面无毛或幼时被疏毛。花直径 10 ~ 15 mm；萼筒钟状，萼齿三角形，花瓣 5，白色，近圆形，勺状，基部有爪，无毛或内面基部疏被柔毛；雄蕊等长或

特征图

花枝

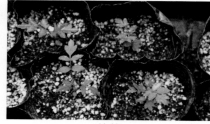

幼苗

模式标本，引自 CVH

花序　　　　　　　　　　花序局部　　　　　　　　　　花萼及花梗

枝叶

植株　　　　　　　　　　果枝

略短于花瓣，花柱 3，短于雄蕊，中部以下合生，基部被白色柔毛。果实卵圆形或椭圆形，长 7 ~ 8 mm，宽 4 ~ 6 mm，红色，花萼宿存。花期 5 月；果期 9 ~ 10 月。

【生境分布】分布于青岛（崂山），生于海拔 300 ~ 1000 m 山坡沟边、林缘。模式标本采自山东崂山北九水海拔 300 m 附近。

【保护价值】少叶花楸是山东特有植物，仅分布于崂山，花色洁白，果实红艳，是优良的观赏树木，可栽培观赏。本种发表时作为北京花楸（*Sorbus discolor*）的变种，2000 年陆玲娣将其转移至湖北花楸种下，但该变种果实成熟时红色，似应置于百花山花楸（*Sorbus pohuashanensis*）种下更为适宜。

【致危分析】本种多分布于水边溪畔，对水分要求较高，限制了其种群扩散；森林抚育中常被作为杂木清除。

【保护措施】在分布于集中的区域建立保护点，就地保护。

（编写人：臧德奎）

◆ **泰山花楸**

Sorbus taishanensis F. Z. Li & X. D. Chen, Bull. Bot. Res., Harbin 4（2）：159. 1984; D. K. Zang in Bull. Bot. Res., Harbin 14（1）：51. 1994; 陈汉斌，山东植物志（下卷），289. f. 244. 1997; 李法曾，山东植物精要，290. f. 1026. 2004; 臧德奎，山东木本植物精要，158. 2015; 臧德奎，山东特有植物，32. 2016.

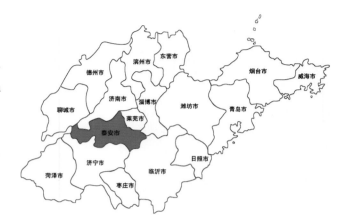

【类别】山东特有植物

【现状】极危（CR）

【形态】落叶小乔木，高 5 ~ 6 m，小枝灰褐色，具稀疏皮孔，嫩枝红褐色，光滑无毛；冬芽长卵形，先端渐尖，外被数枚暗红色鳞片，先端被白色柔毛。奇数羽状复叶，连同叶柄长 15 ~ 25 cm，叶柄长 3 ~ 6 cm，小叶片 5 ~ 6 对，基部 1 对和顶端 1 对稍小；小叶长圆形，长 4 ~ 6 cm，宽 2 ~ 2.5 cm，先端渐尖，基部圆形，两侧不对称，边缘自基部 1/3 以上有锐锯齿，上面绿色，无毛，下面沿主脉被白色柔毛，后脱落；侧脉 9 ~ 12 对，上面微凹陷，下面隆起，在小叶片的基部生有 1 ~ 2 片小叶；叶轴幼时疏被柔毛，后脱落近无毛；托叶草质，半圆形，有粗锯齿，通常脱落。复伞房花序顶生，长 10 ~ 12 cm，宽 15 ~ 20 cm，花梗长 1 ~ 3 cm；总花梗和花梗幼时疏被白色柔毛，后近无毛。花直径约 10 mm；萼筒钟状，萼齿 5 个，三角形，外面无毛，内面微被柔毛，花瓣 5 片，白色，卵圆形，长宽近相等，先端圆钝，内面中部被白色长柔毛；雄蕊 25 条，等长或略短于花瓣，花柱 5 条，短于雄蕊，基部被白色柔毛。果实长圆球形，长 7 ~ 9 mm，宽 5 ~ 6 mm，

特征图

花期植株

花枝

花序

植株

果序

红色，先端具宿存闭合的萼片，向下凹陷。花期5月中旬；果期9～10月。

【生境分布】分布于泰安（泰山）海拔1200 m的山坡沟边。模式标本采自山东泰山。

【保护价值】本种是山东特有树种，花序硕大，果实秋季变红，极为优美，是优良的观赏植物。

【致危分析】泰山花楸仅存2株，生于沟边，极易因人工干扰、自然灾害等影响而灭绝，亟需保护。

【保护措施】就地保护仅有植株，加强人工繁育研究，采种育苗，扩大种群数量。

（编写人：臧德奎）

叶片

◆ 长毛华北绣线菊

Spiraea fritschiana Schneid. var. villosa Y. Q. Zhu & D. K. Zang , Bull. Bot. Res., Harbin 18（1）：69. 1990; L. T. Lu, Flora of China 9: 54. 2003, pro syn. ；李法曽，山东植物精要，276. 2004; 臧德奎，山东木本植物精要，131. 2015; 臧德奎，山东特有植物，31. 2016.

【类别】山东特有植物

【现状】濒危（EN）

【形态】本变种与原变种华北绣线菊（*Spiraea fritschiana* var. *fritschiana*）主要区别在于当年生枝、芽、叶柄、叶两面尤其是下面密被黄褐色至灰褐色长柔毛，叶上面网脉显著下陷，叶面皱。落叶灌木，高 1 ~ 1.5 m；小枝具明显棱角；冬芽长卵形。叶片长卵形至卵状披针形，基部宽楔形至近圆形，边缘有不整齐重锯齿或单锯齿。复伞房花序顶生于当年生直立新枝上，多花，花直径 5 ~ 8 mm，花瓣扁圆形，白色；雄蕊与花瓣近等长，花柱短于雄蕊。蓇葖果几直立，花柱顶生。花期 5 月；果期 9 ~ 10 月。

【生境分布】分布于淄博（鲁山）、临沂（蒙山）、日照（莒县）等丘陵山地，多生于海拔 600 ~ 1000 m 山顶灌丛、灌草丛中。模式标本采自山东鲁山。

【保护价值】本种是山东特有树种，数量较少，花序大，是优良的观赏植物，也可作水土保持灌木。

【致危分析】本种零星分布于鲁中南山地，数量较少，易遭受放牧、旅游开发等人为干扰。

【保护措施】对已知野生资源进行就地保护，同时通过人工繁育迁地保存。山东中医药大学有栽培。

（编写人：辛晓伟、臧德奎）

群落（鲁山）	植株（蒙山）	生境（莒县）
老叶下面	花枝	果实

◆ 小米空木（野珠兰）

Stephanandra incisa（Thunb.）Zabel in Gart.-Zeit.
（Wittmack）4: 510. f. 1885; 中国植物志 , 36: 96. 1974;
陈汉斌 , 山东植物志（下卷）, 244 . f. 201. 1997; 李
法曾 , 山东植物精要 , 279. f. 984. 2004; 臧德奎 , 山东
木本植物精要 , 133. f. 341. 2015.

【类别】山东珍稀植物

【现状】近危（NT）

【形态】落叶灌木，高达 2.5 m；小枝细弱，微被柔毛，幼时红褐色；冬芽卵形，先端圆钝。叶片卵形
至三角卵形，长 2 ~ 4 cm，宽 1.5 ~ 2.5 cm，先端渐尖或尾尖，基部心形或截形，边缘常深裂，有 4 ~ 5
对裂片及重锯齿，上面具稀疏柔毛，下面微被柔毛，沿叶脉较密，侧脉 5 ~ 7 对，下面显著；叶柄长
3 ~ 8 mm，被柔毛；托叶卵状披针形至长椭圆形，先端急尖，微有锯齿及睫毛，长约 5 mm。顶生疏松的圆
锥花序，长 2 ~ 6 cm，具花多朵，花梗长 5 ~ 8 mm，总花梗与花梗均被柔毛；苞片小，披针形；花直径约
5 mm；萼筒浅杯状，内外两面微被柔毛；萼片三角形至长圆形，先端钝，边缘有细锯齿，长约 2 mm；花瓣
倒卵形，先端钝，白色；雄蕊 10，短于花瓣，着生在萼筒边缘；心皮 1，花柱顶生，直立，子房被柔毛。蓇
葖果近球形，直径 2 ~ 3 mm，外被柔毛，具宿存直立或开展的萼片。花期 6 ~ 7 月；果期 8 ~ 9 月。

特征图

群落

生境（蒙山）　　　　　　　　植株　　　　　　　　花期植株

花序　　　　　　　　花序局部　　　　　　　　果枝

枝叶　　　　　　　　果枝　　　　　　　　生境（崂山）

【生境分布】分布于青岛（崂山）、烟台（昆嵛山）、威海、临沂（蒙山）、日照（九仙山）、潍坊（沂山）等地，生于海拔 200 ～ 1000 m 山坡或沟边。国内分布于辽宁、台湾。朝鲜、日本也有分布。

【保护价值】本种间断分布于辽宁、山东和台湾，为间断分布的典型种，对于研究植物区系具有重要价值。也可栽培观赏，还是优良的蜜源植物。

【致危分析】小米空木在山东各分布区内繁衍正常，分布较多。但易遭受放牧、旅游开发等人为干扰，近年来生境遭受一定程度的破坏，对种群更新具有较大影响。

【保护措施】就地保护，加强天然林分中不同环境下小米空木生物学、生态学等方面的研究。

（编写人：韩晓弟）

茜草科 Rubiaceae

◆ **山东茜草**

Rubia truppeliana Loesener Beih. Bot. Centralbl.
37（2）：183 1919; 陈汉斌，山东植物志（下卷），
1186．f. 1011. 1997; 中国植物志，71（2）：298. 1999;
李法曾，山东植物精要，496. f. 1789. 2004; T.Chen,
Flora of China 19: 318. 2011; 臧德奎，山东特有植物，
33. 2016.

【**类别**】山东特有植物

【**现状**】无危（LC）

【**形态**】多年生蔓生草本，长达 2 m；茎四棱，具分枝，沿棱具倒刺，有时具槽纹。叶 6 或 8 枚轮生；叶柄 6～35 mm，具小皮刺；叶片干燥时暗绿色，近革质，披针形、狭卵状披针形至线状披针形，长 2～3.5 cm，宽 4～6 mm，近基部最宽，边缘和叶下面或两面脉上微糙至具倒刺，基部楔形。聚伞圆锥花序，具有顶生和腋生成簇到近头状的聚伞花序；花序轴具倒刺；苞片披针形或线状披针形；花序梗长 10～40 mm；花梗长 0.5～4 mm。子房直径约 0.8 mm，平滑。花冠辐射状，无毛，淡黄色；基部愈合部分约 0.4 mm；裂片卵状三角形，长约 2 mm，渐尖。浆果不见。花期 7～8 月。

【**生境分布**】全省各地普遍分布，主要产于胶东和鲁中南地区，已知泰安（新泰、泰山、宁阳）、济宁（邹

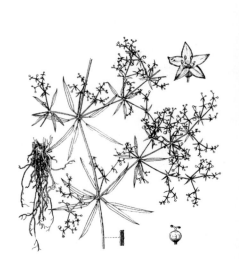

特征图

花期

黑果类型	花果枝	红果类型
植株局部		茎叶

城、泗水、曲阜）、枣庄（滕州）、临沂、济南（长清）、莱芜、淄博（鲁山）、潍坊、日照、青岛、威海、烟台等地均有分布，生于海拔 300 m 以下的路边、荒地或灌草丛中。

【保护价值】山东茜草为山东特有植物，对研究茜草属植物的系统分类和地理分布具有一定意义。

【致危分析】山东茜草在山东各分布区内正常繁衍。但随着随着各地的旅游开发，山东茜草的生境遭到一定程度的影响和破坏。

【保护措施】就地保护，在分布集中的区域建立原生境保护点，保证其原生境不受人为干扰。

（编写人：侯元同）

芸香科 Rutaceae

◆ 白鲜（千斤拔）

Dictamnus dasycarpus Turcz. in Bull. Soc. Nat. Mosc. 15: 637. 1842; 中国植物志，43（2）：91. 1997；陈汉斌，山东植物志（下卷），507 . f. 440. 1997；李法曾，山东植物精要，341. f. 1223. 2004.

【类别】山东珍稀植物

【现状】易危（VU）

【形态】多年生宿根草本，茎基部木质化，高 40 ~ 100 cm。根斜生，肉质粗长，淡黄白色。茎直立，幼嫩部分密被长毛及水泡状凸起的油点。叶有小叶 9 ~ 13 片，小叶对生，无柄，位于顶端的 1 片则具长柄，椭圆至长圆形，长 3 ~ 12 cm，宽 1 ~ 5 cm，生于叶轴上部的较大，叶缘有细锯齿，叶脉不甚明显，中脉被毛，成长叶的毛逐渐脱落；叶轴有甚狭窄的翼叶。总状花序长可达 30 cm；花梗长 1 ~ 1.5 cm；苞片狭披针形；萼片长 6 ~ 8 mm，宽 2 ~ 3 mm；花瓣白带淡紫红色或粉红带深紫红色脉纹，倒披针形，长 2 ~ 2.5 cm，宽 5 ~ 8 mm；雄蕊伸出于花瓣外；萼片及花瓣均密生透明油点。成熟的果（蓇葖）沿腹缝线开裂为 5 个分果瓣，每分果瓣又深裂为 2 小瓣，瓣的顶角短尖，内果皮蜡黄色，有光泽，每分果瓣有种子 2 ~ 3 粒；种子阔卵形或近圆球形，长 3 ~ 4 mm，厚约 3 mm，光滑。花期 5 月；果期 8 ~ 9 月。

【生境分布】分布于青岛（崂山、豹山）、威海（正棋山）、烟台（昆嵛山、艾山）等胶东丘陵。生于低海拔草坡、灌丛中或疏林下。国内分布于黑龙江、吉林、辽宁、内蒙古、河北、河南、山西、宁夏、甘肃、陕

特征图

花序

花枝

花序　　　　　　　　　花朵　　　　　　　　　植株

幼果　　　　　　　　　　　　　　　植株下部

西、新疆、安徽、江苏、江西、四川等地。朝鲜、蒙古、俄罗斯也有。

　　【保护价值】本种在山东为一稀有植物，分布很少。花朵极芳香，也是药用植物，根皮入药，叶和种子提取芳香油。

　　【致危分析】山东稀有物种，分布区受到农林生产、放牧、旅游等干扰，个体数量少。

　　【保护措施】建议列为山东省重点保护野生植物。就地保护，加强对其生境的保护。加强对其繁殖、种子扩散、萌发等机理研究，提高种群数量。

（编写人：臧德奎）

◆ 竹叶椒

Zanthoxylum armatum Candolle Prodr. 1: 727. 1824; 中国植物志, 43（2）: 43. 1997; 陈汉斌, 山东植物志（下卷）, 500 . f. 435. 1997; 李法曾, 山东植物精要, 340. f. 1218. 2004; 臧德奎, 山东木本植物精要, 235. f. 634. 2015.

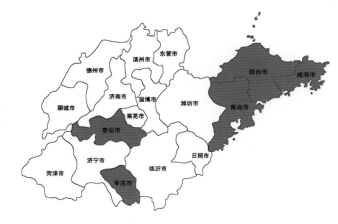

【类别】山东珍稀植物

【现状】濒危（EN）

【形态】半常绿或落叶灌木或小乔木, 高 2 ～ 5 m; 茎枝多锐刺, 刺基部宽而扁, 小枝上的刺劲直, 嫩枝无毛。羽状复叶, 小叶 3 ～ 9, 稀 11 片, 叶轴有绿色叶状的翼; 小叶对生, 通常披针形, 长 3 ～ 12 cm, 宽 1 ～ 3 cm, 两端尖, 或为椭圆形, 有时卵形, 中脉上常有小刺, 背面基部中脉两侧有丛状柔毛, 叶缘有疏齿或近于全缘, 齿缝处或沿小叶边缘有油点; 小叶柄甚短或无柄。花序近腋生或同时生于侧枝之顶, 长 2 ～ 5 cm, 有花 30 朵以内, 花序轴无毛; 花被片 6 ～ 8 片, 形状与大小几相同, 长约 1.5 mm; 雄花的雄蕊 5 ～ 6 枚, 不育雌蕊垫状凸起, 顶端 2 ～ 3 浅裂; 雌花有心皮 2 ～ 3 个, 花柱斜向背弯, 不育雄蕊短线状。果紫红色, 有微凸起少数油点, 单个分果瓣径 4 ～ 5 mm; 种子径 3 ～ 4 mm, 褐黑色。花期 4 ～ 5 月; 果期 8 ～ 10 月。

【生境分布】分布于枣庄（抱犊崮）、泰安（泰山）、青岛（崂山）、烟台、威海（伟德山）等地。生于低海拔路旁、林间灌丛, 多见于阳坡。国内产山东以南, 南至海南, 东南至台湾, 西南至西藏东南部。日本、朝鲜、越南、老挝、缅甸、印度、尼泊尔也有。

特征图

植株（抱犊崮）

群落中的幼树（泰山）　　　　枝叶　　　　叶片背面

花枝　　　　果枝　　　　果实

【保护价值】本种主要分布于长江流域以南地区，在山东稀有，为自然分布的北界，对研究植物区系有一定意义。叶和果皮含挥发油，果用作食物的调味料及防腐剂，根、茎、叶、果及种子均用作草药，祛风散寒，行气止痛，治风湿性关节炎、牙痛、跌打肿痛。又用作驱虫及醉鱼剂。

【致危分析】竹叶椒在山东零星分布，数量较少，主要分布于林缘，灌丛中，易在森林抚育过程中被清理，也因樵采被破坏。

【保护措施】建议列为山东省重点保护野生植物。对现有植株就地保护。

（编写人：臧德奎）

◆ 野花椒

Zanthoxylum simulans Hance in Ann. Sci. Nat. Bot. ser. 5, 5: 208. 1866; 中国植物志, 43（2）: 52. 1997; 陈汉斌, 山东植物志（下卷）, 499. f. 434. 1997; 李法曾, 山东植物精要, 340. f. 1217. 2004; 臧德奎, 山东木本植物精要, 235. f. 637. 2015.

【类别】山东珍稀植物

【现状】易危（VU）

【形态】落叶灌木；枝干散生基部宽而扁的锐刺，嫩枝及小叶背面沿中脉或仅中脉基部两侧或有时及侧脉均被短柔毛，或各部均无毛。叶有小叶 5 ~ 15 片；叶轴有狭窄的叶质边缘，腹面呈沟状凹陷；小叶对生，无柄或位于叶轴基部的有甚短的小叶柄、卵形、卵状椭圆形或披针形，长 2.5 ~ 7 cm，宽 1.5 ~ 4 cm，两侧略不对称，顶部急尖或短尖，常有凹口，油点多，干后半透明且常微凸起，间有窝状凹陷，叶面常有刚毛状细刺，中脉凹陷，叶缘有疏离而浅的钝裂齿。花序顶生，长 1 ~ 5 cm；花被片 5 ~ 8 片，狭披针形、宽卵形或近于三角形，大小及形状有时不相同，长约 2 mm，淡黄绿色；雄花的雄蕊 5 ~ 8（10）枚，花丝及半圆形凸起的退化雌蕊均淡绿色，药隔顶端有 1 干后暗褐黑色的油点；雌花的花被片为狭长披针形；心皮 2 ~ 3 个，花柱斜向背弯。果红褐色，分果瓣基部变狭窄且略延长 1 ~ 2 mm 呈柄状，油点多，微凸起，单个分果瓣径约 5 mm；种子长 4 ~ 4.5 mm。花期 3 ~ 5 月；果期 7 ~ 9 月。

【生境分布】分布于枣庄（抱犊崮）、临沂、日照、青岛（崂山）、烟台（昆嵛山、长岛）、威海等地。生于低海拔路旁、林间灌丛。中国特有植物，国内产青海、甘肃、河南、安徽、江苏、浙江、湖北、江西、台

特征图

生境（长岛）

雄花序

群落中的幼株

生境（抱犊崮）

雄花枝

成熟果实

雌花枝

果枝

果枝

湾、福建、湖南及贵州东北部。

【保护价值】本种在山东为稀有植物,果作草药,味辛辣,麻舌,温中除湿,祛风逐寒,民间有用其根治胃病。

【致危分析】野花椒在山东东部零星分布，数量较少，常在森林抚育过程中被清理，也因樵采被破坏。

【保护措施】对已知分布点的植株进行就地保护。

（编写人：臧德奎）

清风藤科 Sabiaceae

◆ **多花泡花树（山东泡花树）**

Meliosma myriantha Sieb. & Zucc. in Abh. Bayer Akad. Wiss. Math. Phys. 4（2）：153. 1845; 中国植物志，47（1）：105. 1985; 陈汉斌，山东植物志（下卷），612 . f. 526. 1997; 李法曾，山东植物精要，364. f. 1310. 2004; 臧德奎，山东木本植物精要，64. f. 131. 2015.

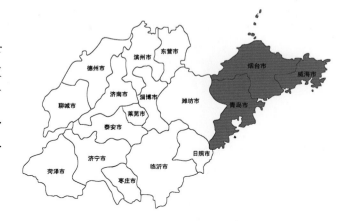

【类别】山东珍稀植物

【现状】濒危（EN）

【形态】落叶乔木，高可达 20 m；树皮灰褐色，小块状脱落；幼枝及叶柄被褐色平伏柔毛。单叶互生，膜质或薄纸质，倒卵状椭圆形、倒卵状长圆形，长 8 ~ 30 cm，宽 4 ~ 12 cm，先端锐渐尖，基部圆钝，叶缘具刺状锯齿，幼叶上面被毛，后无毛，下面被疏柔毛；侧脉 20 ~ 27 条，直达齿端，脉腋有髯毛；叶柄长 1 ~ 2 cm。圆锥花序顶生，直立，被柔毛，分枝细长；花黄色，两侧对称，直径约 3 mm，具短梗；萼片 5 或 4 片，卵形或宽卵形，长约 1 mm，顶端圆，有缘毛；花瓣 5 枚，等长，外面 3 片花瓣近圆形，宽约 1.5 mm，内面 2 枚披针形；雄蕊 5 枚，2 枚发育，3 枚退化；雌蕊长约 2 mm，子房无毛，花柱长约 1 mm。核果倒卵形或球形，直径 4 ~ 5 mm，核中肋稍钝隆起，从腹孔一边不延至另一边，两侧具细网纹，腹面平坦。花期 5 ~ 6 月；果期 8 ~ 9 月。

【生境分布】分布在青岛（崂山）、烟台（昆嵛山、招虎山）、威海（铁槎山）等胶东沿海地区的部分山地，生于海拔 100 ~ 600 m 山沟阴湿处。国内分布于江苏、河南。日本、朝鲜也有分布。

特征图

扦插生根情况

一年生扦插苗

植株（招虎山）　　　　生境（崂山）　　　　花期

果枝　　　　群落中的幼树

花枝（花未开放）　　　　枝叶

植株（崂山）　　　　群落中的幼苗　　　　花序

【保护价值】多花泡花树在我国为稀有树种，分布范围狭窄，野生资源稀少，在山东已处于濒危状态。树冠开展，圆锥花序较大，花橘黄色，果红色美观，是很好的观赏树种。

【致危分析】多花泡花树分布地点多位于旅游区，受到旅游资源开发和游人活动的影响。在崂山太清宫一带，自然更新良好，幼树较多。

【保护措施】建议列为山东省重点保护野生植物。就地保护，对现有的几个分布点加强保护，禁止人为破坏，防止数量进一步减少。迁地保护，进行人工繁殖技术研究，通过人工栽培，增加个体数量，用于补充和恢复野生种群。

（编写人：臧德奎）

◆ **羽叶泡花树（红枝柴）**

Meliosma oldhamii Maxim., Diagn. Pl. Nov. Jap. Mandsh. 4 et 5: 263. 26-VI-1867; 中国植物志, 47（1）: 127. 1985; 陈汉斌, 山东植物志（下卷）, 613. f. 527. 1997; 李法曾, 山东植物精要, 364. f. 1311. 2004; 臧德奎, 山东木本植物精要, 64. f. 132. 2015.

【类别】山东珍稀植物

【现状】易危（VU）

【形态】落叶乔木, 高达 20 m; 腋芽球形或扁球形, 密被淡褐色柔毛。羽状复叶连柄长 15 ～ 30 cm; 有小叶 7 ～ 15 片, 叶总轴、小叶柄及叶两面均被褐色柔毛, 小叶薄纸质, 下部的卵形, 长 3 ～ 5 cm, 中部的长圆状卵形、狭卵形, 顶端 1 片倒卵形或长圆状倒卵形, 长 5.5 ～ 8（10）cm; 宽 2 ～ 3.5 cm, 先端急尖或锐渐尖, 具中脉伸出尖头, 基部圆、阔楔形或狭楔形, 边缘具疏离的锐尖锯齿; 侧脉每边 7 ～ 8 条, 弯拱至近叶缘开叉网结, 脉腋有髯毛。圆锥花序顶生, 直立, 具 3 次分枝, 长和宽 15 ～ 30 cm, 被褐色短柔毛; 花白色, 花梗长 1 ～ 1.5 mm; 萼片 5, 椭圆状卵形, 长约 1 mm, 外 1 片较狭小, 具缘毛; 外面 3 片花瓣近圆形, 直径约 2 mm, 内面 2 片花瓣稍短于花丝, 2 裂达中部, 有时 3 裂而中间裂片微小, 侧裂片狭倒卵形, 先端有缘毛; 发育雄蕊长约 1.5 mm, 子房被黄色柔毛, 花柱约与子房等长。核果球形, 直径 4 ～ 5 mm, 核具明显凸起网纹, 中肋明显隆起, 从腹孔一边延至另一边, 腹部稍突出。花期 5 ～ 6 月; 果期 8 ～ 9 月。

【生境分布】分布于青岛（崂山）、烟台（昆嵛山）、威海（荣成槎山、伟德山）, 主产崂山, 生于海拔海拔 100 ～ 800 m 的湿润山坡、山谷林间。国内分布于贵州、广西、广东、江西、浙江、江苏、安徽、湖北、河南、陕西。也分布于朝鲜和日本。

特征图

果枝

群落中的幼树　　　　　　　植株　　　　　　　裸芽

幼枝叶　　　　　　　　　　枝叶

花枝　　　　　　　　　　　果实

【保护价值】木材坚硬，可作车辆用材；种子油可制润滑油。

【致危分析】本种在山东为稀有植物，分布较少，影响其自然更新和繁衍。当地采摘幼叶供食用。

【保护措施】实施就地保护，加强宣传教育和管理，严禁采摘。开展繁育生物学研究，加强对其繁殖、种子扩散、萌发等机理研究，提高种群数量。

（编写人：臧德奎）

杨柳科 Salicaceae

◆ **五莲杨**（昆嵛杨）

Populus wulianensis S. B. Liang & X. W. Li, Bull. Bot. Res., Harbin 6（2）: 135. 1986; 陈汉斌，山东植物志（上卷），873. f. 572. 1990; D. K. Zang in Bull. Bot. Res., Harbin 14（1）: 50. 1994; C. F. Fang, Flora of China 4: 145. 1999; 山东植物精要，170, f. 578. 2004; 臧德奎，山东木本植物精要，107. 2015; 臧德奎，山东特有植物，34. 2016.

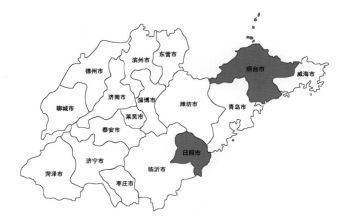

【类别】山东特有植物

【现状】极危（CR）

【形态】落叶乔木，高达 12 m；树干通直，树冠长卵形或卵形。枝条斜上展开；树皮灰绿色或灰白色，老时树干基部浅纵裂，灰黑色，皮孔菱形。1 年生枝赤褐色，圆柱形，初被短柔毛，后变光滑。芽圆锥形或卵状圆锥形，赤褐色，微具黏质。短枝叶卵圆形或三角状卵形，长 4 ~ 7 cm，宽 4 ~ 7 cm，先端短尖，基部心形、浅心形，边缘具细锯齿，齿端有腺，上面绿色，下面淡绿色，两面无毛。萌枝及长枝叶矩圆状卵形，长 9 ~ 13 cm，宽 7 ~ 11 cm，先端突尖，基部浅心形或近截形，边缘具细锯齿，齿端有腺。幼叶淡红褐色，两面具柔毛，以后下面近光滑无毛。叶柄侧扁；先端具 2 个杯状腺体。雌花序长 4 ~ 8 cm；花序轴具柔毛；子房无毛，柱头 4 裂；苞片扇形，长 4 ~ 6 mm，条裂，边缘具白色长缘毛。果序长 5 ~ 8 cm。蒴果长卵形，二瓣裂，无毛。花期 4 月；果期 5 月。

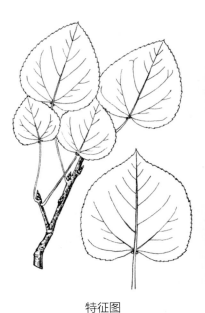

特征图

植株

枝叶

叶片

群落（昆嵛山）　　　　　幼果枝　　　　　群落（五莲山）

雄花　　　　　群落中萌蘖的幼苗　　　　　枝叶

果序　　　　　雄花序　　　　　雄花枝

【生境分布】分布于日照（五莲山）和烟台（昆嵛山）等地，生于海拔 300 ~ 500 m 山沟杂木林中，散生或形成片林，伴生树种有辽东栎木、麻栎等。模式标本采自山东五莲山。

【保护价值】五莲杨是山东特有种，形态上介于山杨（*Polulus davidiana*）与响叶杨（*Polulus adenopuda*）之间，对于研究杨属的分类和地理分布于具有较大意义。也是用材树种，木材可供家具、建筑和造纸之用。

【致危分析】昆嵛山属于国家级保护区，现有五莲杨种群保护良好，未见人为破坏。但观察发现，五莲杨雌雄比例严重失调，雄株数量远远多于雌株，仅在雌株附近发现有少量幼苗，扩散能力和自我更新能力不强。五莲山分布的五莲杨生长较差，自然更新不良，已出现植株衰老、死亡现象。由于个体数量少，生境狭窄，受人类干扰严重，种群繁衍困难，属于极小种群物种。

【保护措施】建议列为山东省重点保护野生植物。该物种分布范围极其狭窄，除做好就地保护工作，还需要开展以下工作：对其遗传结构、繁育系统及繁育过程及生态学特征进行研究，探明影响其繁殖和扩散的原因，为保护该资源提供科学依据；对其进行引种、人工繁殖方面的研究，选择合适的山区环境进行栽培，扩大其分布区，增加种群多样性，改善其遗传结构。

（编写人：张　萍）

◆ 山东柳

Salix koreensis Andersson var. shandongensis C.
F. Fang in C. Wang & al., Bull. Bot. Lab. N. E. Forest.
Inst., Harbin 9: 11. 1980; 中国植物志，20（2）:144.
1984; 陈汉斌，山东植物志（上卷），884. 1990; D. K.
Zang in Bull. Bot. Res., Harbin 14（1）: 50. 1994; C. F.
Fang, Flora of China 4: 191. 1999; 山东植物精要，173,
2004; 臧德奎，山东木本植物精要，110. 2015; 臧德奎，
山东特有植物，35. 2016.

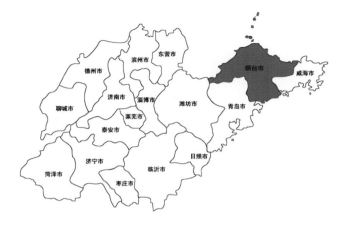

【类别】山东特有植物

【现状】极危（CR）

【形态】落叶乔木或灌木。树皮暗灰色，纵裂；树冠广卵形；小枝褐绿色，有毛或无毛。单叶，互生；
叶片披针形、卵状披针形或长圆状披针形，长 5 ~ 13 cm，宽 1 ~ 1.8 cm，先端渐尖，基部楔形，边缘锯齿
有腺体，上面绿色，近无毛，下面苍白色，有绢质柔毛，后无毛；叶柄长 0.5 ~ 1.5 cm，初有短柔毛；托叶
卵状披针形，先端长尾尖，缘有锯齿。花序先叶开放，近无梗；雄花序长 1 ~ 3 cm，粗 6 ~ 7 mm，基部有 3 ~ 5
小叶，花序轴有毛，雄蕊 2，花丝下部有长毛，有时基部合生，花药红色，苞片卵状长圆形，先端急尖，淡
黄绿色，两面有毛或上面近无毛，腺体 2，腹生和背生各 1；雌花序长 1 ~ 2 cm，基部有 3 ~ 5 小叶，雌蕊 1，子
房上位，卵圆形，有柔毛，无柄，花柱短，约等于子房长的 1/3 ~ 1/2，柱头 2 ~ 4 裂，红色，苞片宽卵形，先

雄花枝

模式标本，引自 CVH

模式标本，引自 CVH

枝叶

幼枝叶

端急尖或钝，外面有柔毛，上部近无毛，淡绿色，腺体2，腹生和背生各1，有时背腺缺。花期5月；果期6月。

　　【生境分布】分布于烟台（昆嵛山）。生于海拔100 m左右河边及山坡湿润处。青岛有栽培。模式标本采自山东昆嵛山。

　　【保护价值】山东柳是山东特有植物，数量稀少。

　　【致危分析】山东柳分布范围狭窄，且当地生境在历史上经常受到人为干扰，如樵采以及采条编筐等，近年来主要受到旅游等方面的影响。

　　【保护措施】建议列为山东省重点保护野生植物。就地保护；加强人工繁育研究，进行迁地保存。

（编写人：张学杰、臧德奎）

◆ **鲁中柳**

Salix luzhongensis X. W. Li & Y. Q. Zhu, Bull. Bot. Res., Harbin 13（1）：57. 1993; D. K. Zang in Bull. Bot. Res., Harbin 14（1）：50. 1994; 李法曾，山东植物精要，173. 2004; 臧德奎，山东木本植物精要，111. 2015; 臧德奎，山东特有植物，36. 2016.

【类别】山东特有植物

【现状】易危（VU）

【形态】落叶灌木，高 2 ～ 4 m。枝条灰绿色或灰褐色，皮孔圆形，橘黄色；2 年生枝灰褐色或黄褐色，密被灰色茸毛或部分脱落；当年生枝密被灰色茸毛。芽卵形，密被灰色茸毛。叶互生，倒披针形、条状倒披针形，长 6 ～ 13 cm，宽 1 ～ 2 cm，先端短渐尖、渐尖，基部楔形，边缘具腺齿，上面深绿色，背面苍白色；幼叶两面密被灰色茸毛；成熟叶背面密被灰色茸毛或部分脱落；叶柄长 0.5 ～ 1 cm，密被灰色茸毛；托叶披针形，被灰色茸毛，边缘具腺齿，短于叶柄或与叶柄近等长。柔荑花序与叶同放或先于叶开放，长 2 ～ 4 cm，径 0.5 ～ 1 cm，近无柄或具短柄，基部具 2 ～ 3 苞叶，披针形或长椭圆形，边缘全缘或有锯齿，两面具长柔毛及茸毛；苞片倒卵状椭圆形或倒卵状圆形，长 2 mm，淡褐色或上部近黑色、下部淡褐色，两面被长柔毛；腺体 1，腹生；

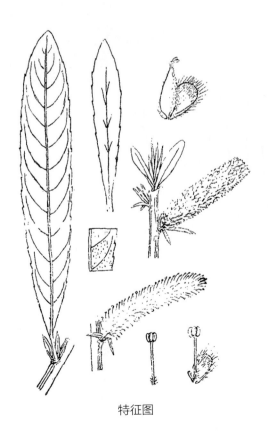

特征图

幼叶

雄花枝

雌花枝

雄花枝

叶片背面

植株

生境

雄蕊 2，花丝完全合生，长 4 mm，基部具短柔毛，花药 4 室，红色；子房卵状圆锥形，密被灰色茸毛，近无柄，花柱长 0.5 mm，约为子房的 1/3 ～ 1/4，柱头 2 ～ 4 裂，红色。花期 4 月；果期 5 月。

【生境分布】分布于淄博（鲁山）、临沂（蒙山）、潍坊（沂山）。分布在海拔 500 ～ 900 m 左右的落叶阔叶林下河谷潮湿地，散生于林内和灌木丛中。模式标本采自山东鲁山。

【保护价值】鲁中柳是山东特有植物，数量稀少。鲁中柳形态上介于黄龙柳与小叶山毛柳之间，与黄龙柳不同之处在于叶倒披针形至条状倒披形，较窄，与小叶山毛柳主要区别在于，芽密被灰色茸毛，成熟叶背面被灰色茸毛或部分脱落。

【致危分析】鲁中柳分布范围狭窄，分布区常受到樵采等人为干扰，且多生于沟谷，季节性的山洪等自然灾害常引起植株死亡。

【保护措施】建议列为山东省重点保护野生植物。就地保护；进行扦插繁殖，迁地保存。

（编写人：张学杰）

播种苗

当年生播种苗

一年生播种苗开花状

二年生播种苗开花状

花序局部示花萼

花序局部示花丝

幼果枝

果枝

花枝

生境

生境

生境

枝叶

叶背面

正值少花的初夏时节，观赏价值高，是优良的园林花灌木。

【致危分析】光萼溲疏主要分布区为旅游热点地区，其生境多为阴湿山沟、河谷，而风景区的游线，尤其近年登山爱好者自行开辟的道路一般多沿此类山沟、河谷，人为干扰的程度增大，生境遭受破坏；季节性的山洪对其生存有一定的威胁。自然状态下光萼溲疏结实率很高，种子极多，但群落中幼苗及幼株不多，可能与种子太小、幼苗细弱、土壤条件较差、自然环境恶劣等有关系。

【保护措施】建议列为山东省重点保护野生植物。就地保护，特别是对游线上的光萼溲疏加强人为监管，避免游人在花季采摘。进行引种驯化研究。目前的研究表明光萼溲疏具有丰富的遗传多样性，反映在形态上，如花朵的大小、叶片大小、形状等差异明显，这为开发利用崂山溲疏野生资源，选育优良类型提供了基础。

（编写人：辛　华、周春玲）

◆ **东北茶藨子**（山麻子）

Ribes mandshuricum（Maxim.）Kom. in Acta
Hort. Petrop. 22: 437（Fl. Mansh. 2: 437. 1904）
1903 "manshuricum"; 中国植物志，35（1）：315.
1995; 陈汉斌，山东植物志（下卷），215. f. 176.
1997; 李法曾，山东植物精要，271. f. 960. 2004; 臧
德奎，山东木本植物精要，124. f. 315. 2015.

【类别】国家重点保护野生植物

【现状】易危（VU）

【形态】落叶灌木，高 1 ~ 3 m; 小枝灰色或褐灰色，皮纵向或长条状剥落，嫩枝褐色，具短柔毛或近无毛，无刺；芽卵圆形或长圆形，长 4 ~ 7 mm，宽 1.5 ~ 3 mm。叶宽大，长 5 ~ 10 cm，宽几与长相等，基部心脏形，幼时两面被灰白色平贴短柔毛，下面甚密，成长时逐渐脱落，老时毛甚稀疏，常掌状 3 裂，稀 5 裂，裂片卵状三角形，先端急尖至短渐尖，顶生裂片比侧生裂片稍长，边缘具不整齐粗锐锯齿或重锯齿；叶柄长 4 ~ 7 cm，具短柔毛。花两性，开花时直径 3 ~ 5 mm; 总状花序长 7 ~ 16 cm，稀达 20 cm，初直立后下垂，具花多达 40 ~ 50 朵；花序轴和花梗密被短柔毛；花梗长 1 ~ 3 mm; 苞片小，卵圆形，几与花梗等长，无毛或微具短柔毛，早落；花萼浅绿色或带黄色，外面无毛或近无毛；萼筒盆形，长 1 ~ 1.5（2）mm，宽 2 ~ 4 mm; 萼片倒卵状舌形或近舌形，长 2 ~ 3 mm，宽 1 ~ 2 mm，先端圆钝，边缘无睫毛，反折；花瓣近匙形，长约 1 ~ 1.5 mm，宽稍短于长，先端圆钝或截形，浅黄绿色，下面有 5 个分离的突出体；雄蕊稍长于萼片，花药近圆形，红色；子房无毛；花柱稍短或几与雄蕊等长，先端 2 裂，有时分裂几达中部。果实球形，直径

特征图

群落

幼果枝　　　　　　　　　　花枝　　　　　　　　　　果枝

枝叶（昆嵛山）　　　　　　果实　　　　　　　　　枝叶（崂山）

植株　　　　　　　　　　　　　　　　群落

7 ~ 9 mm，红色，无毛，味酸可食；种子多数，较大，圆形。花期 4 ~ 6 月；果期 7 ~ 8 月。

　　变种光叶东北茶藨子（*Ribes mandshuricum* var. *subglabrum* Kom.），叶片幼时上面无毛，下面灰绿色，沿叶脉稍有柔毛，仅在脉腋间毛较密；花序较短，长 3 ~ 8 cm；萼片狭小，长 1 ~ 2 mm。

　　【生境分布】分布于烟台（昆嵛山）、青岛（崂山）、威海（伟德山）、淄博、济南（龙洞）等地，生于海拔 600 ~ 1000 m 山坡及沟谷灌丛中，伴生树种主要有锦带花、华北忍冬、白檀、华北绣线菊、钩齿溲疏等。国内分布于甘肃、河北、黑龙江、河南、吉林、辽宁、内蒙古、陕西、山西等地。朝鲜北部、俄罗斯也有分布。

　　【保护价值】东北茶藨子是重要的野生果树，其果实味酸可食，也可栽培观赏。

　　【致危分析】东北茶藨子在山东为稀有植物，仅有几个零星分布的地点，资源较少，有时遭受盗挖，也受到樵采干扰。

　　【保护措施】建议列为山东省重点保护野生植物。将已知分布地点划定为保护点，严格保护现有分布区及其环境。

（编写人：臧德奎）

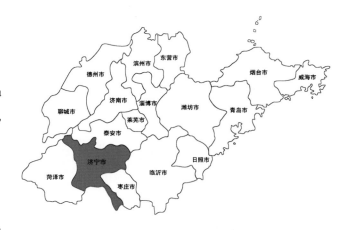

◆ **美丽茶藨子**（碟花茶藨子）

Ribes pulchellum Turcz. in Bull. Soc. Nat. Moscou 5: 191. 1832; 中国植物志 , 35（1）: 358. 1995; 臧德奎 , 山东木本植物精要 , 125. f. 318. 2015.

【类别】山东珍稀植物

【现状】极危（CR）

【形态】落叶灌木，高 1 ~ 2.5 m。小枝具脱落性短柔毛，每节具 2 刺，节间无刺或具稀疏细刺。单叶互生，叶柄长（0.5）1 ~ 2 cm，被短柔毛，有时具短柄腺，很少近无毛；叶片宽卵形，长 1.5 ~ 3 cm，被短柔毛，很少近无毛，基部宽楔形或近截形至浅心形；裂片 3（5）枚，边缘具粗钝或锐锯齿，有时具重锯齿。雌雄异株，雄总状花序疏松，长 5 ~ 7 cm，具 8 ~ 20 花，雌总状花序密集，长 2 ~ 3 cm，8 ~ 10 花或更多；花序轴和花梗被短柔毛或近无毛，疏生短腺毛；苞片披针形至狭椭圆形，长 3 ~ 4 mm，疏生短柔毛或短腺毛，具 1 脉。花梗长 2 ~ 4 mm。花萼黄绿色至浅褐色，无毛或近无毛；萼筒碟形，长 1.5 ~ 2 mm；裂片宽卵形，长 1.5 ~ 2 mm，长于花瓣。花瓣鳞片状，长 1 ~ 1.5 mm。雄蕊长于花瓣。子房近球形，无毛。花柱顶端 2 裂。果实红色，球形，直径 0.5 ~ 0.8 cm，无毛。花期 5 ~ 6 月；果期 8 ~ 9 月。

【生境分布】分布于济宁（邹城），生于山顶岩石缝隙中。国内分布于内蒙古、北京、河北、山西、陕西、宁夏、甘肃、青海。蒙古、俄罗斯西伯利亚也有分布。

【保护价值】美丽茶藨子为中生性灌木，为山地灌丛中的伴生植物，可栽培供观赏。果实可供食用，木材可制作手杖等。

特征图

枝叶

花期

生境（邹城）　　　　　　　　　　　　　　　　植株

果枝　　　　　　　　　　　　　　　　枝叶

果枝　　　　　　　　　　　　　　　　花枝

【致危分析】美丽茶藨子在山东分布区狭窄，仅产于邹城凤凰山，见于山顶贫瘠的岩石缝隙，资源量极少，现知成年植株不足 100 株，生长状况较差。旅游开发对美丽茶藨子的生存环境形成破坏。

【保护措施】在邹城凤凰山山顶建立保护点，对该种进行原地保护；进行引种栽培，扩大繁殖，迁地保护。

（编写人：侯元同）

五味子科 Schisandraceae

◆ **五味子（北五味子）**

Schisandra chinensis（Turcz.）Baill. Hist. Pl. 1:
148. 1868-1869; 中国植物志 , 30（1）: 252. 1996; 陈
汉斌 , 山东植物志（下卷）, 83 . f. 64. 1997; 李法曾 ,
山东植物精要 , 240. f. 846. 2004.

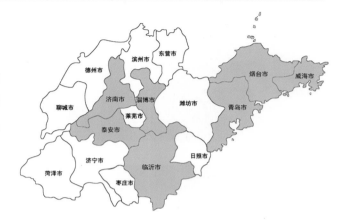

【类别】国家重点保护野生植物

【现状】易危（VU）

【形态】落叶木质藤本, 仅幼叶背面叶脉被柔毛。老枝灰褐色, 片状剥落, 幼枝红褐色。叶纸质, 宽椭圆形、
卵形或倒卵形, 长 5 ~ 10 cm, 宽 3 ~ 5 cm, 先端急尖, 基部楔形, 上部边缘疏生具胼胝质的细锯齿; 侧脉
每边 3 ~ 7 条; 叶柄长 1 ~ 4 cm, 叶基下延成极狭的翅。花单性, 雌雄异株; 花被片 6 ~ 9 片, 白色或粉
白色, 有香气, 长圆形或椭圆状长圆形; 雄花花梗长 5 ~ 25 mm, 下半部具狭卵形苞片, 雄蕊 5, 花丝无或
极短, 直立于长约 0.5 mm 的柱状花托顶端, 形成倒卵圆形的雄蕊群; 雌花花梗长 17 ~ 38 mm, 雌蕊群具
心皮 17 ~ 40, 在突起花托上排成卵圆形, 花后花托逐渐延长。聚合浆果呈穗状, 长 1.5 ~ 8.5 cm, 果柄较
长; 小浆果红色, 球形或倒卵圆形, 径 5 mm, 果皮具不明显腺点; 种子 1 ~ 2 粒, 肾形, 淡褐色, 种皮光滑,
种脐明显凹入成 U 形。花期 5 ~ 7 月; 果期 7 ~ 10 月。

【生境分布】分布于泰安（泰山）、临沂（蒙山）、淄博（鲁山）、济南（龙洞）、青岛（崂山）、烟台（昆
嵛山、牙山、鹊山）、威海等山区。生于海拔 500 ~ 1500 m 湿润土层肥厚的山坡林下和沟谷灌丛中。国内分

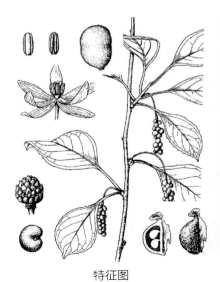

特征图

花枝

幼果枝　　　　　　　成熟果实　　　　　　三年生扦插苗开花状

枝叶　　　　　　　群落（蒙山）　　　　　　　　花枝

群落（崂山）　　　　　群落（泰山）　　　　　　　　花朵

布于黑龙江、吉林、辽宁、内蒙古、河北、山西、宁夏、甘肃。日本、朝鲜、俄罗斯远东也有分布。

【保护价值】五味子是著名中药材，果实药用，叶、果实可提取芳香油。种仁榨油可作为工业原料、润滑油。茎皮纤维柔韧，可供制作绳索。株型优美，也可作观赏植物栽培，是优良的垂直绿化材料。

【致危分析】五味子在是森林的层间植物，对森林环境有较强依附性。随着大规模人工造林和旅游开发，五味子常被清除；秋季也有不少山民或游人采收果实，大量掠夺式采集也加剧资源的消耗。但在烟台各分布区和蒙山等地生长良好，光照充足时，结果率高，可见到较多的幼苗。

【保护措施】采取就地保护，对其现有的分布区选择具有代表性的地点进行保护，禁止人为破坏。作为药用植物，北五味子人工繁殖已经成功，可利用其繁殖技术，选择适合其生长的山地环境，进行人工栽培、抚育，增加种群数量，扩大其分布区。

（编写人：侯元同、张　萍）

玄参科 Scrophulariaceae

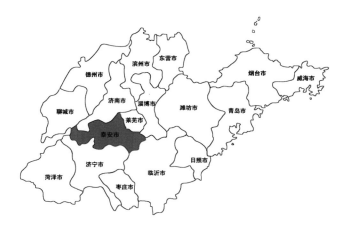

◆ 泰山母草

Lindernia taishanensis F. Z. Li, Bull. Bot. Res., Harbin 6（1）：169. 1986; D. K. Zang in Bull. Bot. Res., Harbin 14（1）：52. 1994; 陈汉斌，山东植物志（下卷），1147. 1997; D. Y. Hong, Flora of China 18: 34. 1998; 李法曾，山东植物精要，485. 2004; 臧德奎，山东特有植物，37. 2016.

【类别】山东特有植物

【现状】极危（CR）

【形态】一年生草本。茎直立，高 3～10 cm，四棱形，无毛，有 3～4 节，上部节间比下部节间长，有分枝。叶对生；叶片卵形至长卵形，长 3～7 mm，宽 2～4 mm，先端圆钝，基部阔楔形至圆形，全缘，边缘有硬伏毛，上面及下面近于无毛；叶柄长 1～5 mm。花单生叶腋或茎枝顶形成极短的总状花序；花梗极细，长 0.5～2 cm，有极稀疏的短硬伏毛或近无毛；花萼筒状，长 3～4 mm，外面有极稀疏的短硬伏毛，萼齿 5，三角状卵形，花冠紫色，二唇形，上唇顶端微凹，下唇 3 裂，雄蕊 4，2 强，前方 1 对颇长，花丝基部有棒状附属物。蒴果椭圆形，与萼近等长；种子球形，淡黄色，有皱纹。

【生境分布】分布于泰安（泰山），生于山坡湿草地。模式标本采自山东泰山。

【保护价值】泰山母草是山东特有植物，数量稀少。泰山母草近似于母草（*Lindernia crustacea*），但植株矮小，高仅 3～10 cm，茎直立，上部节间明显长于下部节间；叶片小，全缘。

【致危分析】泰山母草分布范围狭窄，数量少，且当地生境在历史上经常受到人为干扰，主要是旅游。

【保护措施】对本种所知甚少，该种自发表以来

标本

一直没有进行过研究。应对泰山母草开展全面深入研究，掌握其分布范围和生存现状，就地保护。

（编写人：张学杰）

◆ 北玄参（玄参）

Scrophularia buergeriana Miquel Ann. Bot. Lugd. Bat. 2: 116. 1865; 中国植物志，67（2）：72. 1979; 陈汉斌，山东植物志（下卷），1143 . f. 974. 1997; 李法曾，山东植物精要，485. f. 1751. 2004.

【类别】山东珍稀植物

【现状】易危（VU）

【形态】多年生高大草本。根状茎直立。根头肉质结节，支根纺锤形膨大。茎四棱，略有自叶柄下延之狭翅。叶片卵形至椭圆状卵形。花序穗状，长达 50 cm，宽不超过 2 cm，除顶生花序外，常由上部叶腋发出侧生花序，聚伞花序全部互生或下部的极接近而似对生，总花梗和花梗均不超过 5 mm，多少有腺毛；花萼长约 2 mm，裂片卵状椭圆形至宽卵形；花冠黄绿色，上唇长于下唇，两唇的裂片均圆钝，上唇 2 裂片边缘互相重叠，下唇中裂片略小；雄蕊几与下唇等长，退化雄蕊倒卵状圆形；花柱长约为子房的 2 倍。蒴果卵圆形，长 4 ~ 6 mm。花期 7 月；果期 8 ~ 9 月。

特征图

花序一部分

幼果

幼果

植株中部

【生境分布】分布于鲁中南山区和胶东丘陵，已知烟台（昆嵛山、牙山）、威海（伟德山、正棋山）、青岛、泰安（徂徕山、泰山）、淄博（鲁山）、济宁（邹城）、日照、临沂（蒙山）、潍坊等地均有分布，多生于海拔500 m以下低山荒坡或湿草地。国内分布于河北、河南、吉林、辽宁。朝鲜、日本也有。

【保护价值】北玄参是重要中药材，其根入药。对研究玄参属植物的地理分布、分类及系统进化具有一定意义。

【致危分析】北玄参分布区狭窄，零星分布，数量较少，是山东稀有植物。随着旅游开发，北玄参的生境遭到严重破坏；由于根可入药，人为采挖也比较严重。

【保护措施】开展北玄参资源普查、资源收集的基础性工作，建立北玄参原生境保护点，保证其原生境不受人为破坏，留给北玄参生长、繁育的空间，有效遏制植物资源衰竭的趋势。

（编写人：侯元同）

野茉莉科 Styracaceae

◆ **野茉莉（安息香）**

Styrax japonicus Sieb. & Zucc. Fl. Jap. 1: 53. t. 23. 1836; 中国植物志，60（2）：89. 1987; 陈汉斌，山东植物志（下卷），892. f. 764. 1997; 李法曾，山东植物精要，427. f. 1540. 2004; 臧德奎，山东木本植物精要，118. f. 296. 2015.

【类别】山东珍稀植物

【现状】近危（NT）

【形态】落叶灌木或小乔木，高 4 ~ 8 m，少数高达 10 m，树皮平滑；嫩枝稍扁，开始时被淡黄色星状柔毛，后脱落无毛，圆柱形。叶互生，椭圆形或长圆状椭圆形至卵状椭圆形，长 4 ~ 10 cm，宽 2 ~ 5（6）cm，顶端急尖或钝渐尖，常稍弯，基部楔形或宽楔形，近全缘或仅于上半部具疏离锯齿，上面除叶脉疏被星状毛外，

特征图

植株

枝叶　　　　　　　　花枝

树干　　　　　　　　果枝　　　　　　　　播种苗

群落中的幼树　　　　　　　　二年生扦插苗

其余无毛而稍粗糙，下面除主脉和侧脉汇合处有白色长髯毛外无毛，侧脉每边 5 ~ 7 条，第 3 级小脉网状，两面明显隆起；叶柄长 5 ~ 10 mm，疏被星状短柔毛。总状花序顶生，有花 5 ~ 8 朵，长 5 ~ 8 cm；有时下部的花生于叶腋；花白色，长 2 ~ 2.8（3）cm，花梗纤细，开花时下垂，长 2.5 ~ 3.5 cm，无毛；花萼漏斗状，高 4 ~ 5 mm，宽 3 ~ 5 mm，无毛；花冠裂片卵形、倒卵形或椭圆形，长 1.6 ~ 2.5 mm，宽 5 ~ 7（9）mm，两面均被星状细柔毛，花蕾时覆瓦状排列，花冠管长 3 ~ 5 mm；花丝扁平，下部联合成管，上部分离，分离部分的下部被白色长柔毛，上部无毛，花药长圆形，边缘被星状毛，长约 5 mm。果实卵形，长 8 ~ 14 mm，直径 8 ~ 10 mm，顶端具短尖头，外面密被灰色星状茸毛，有不规则皱纹；种子褐色，有深皱纹。花期 4 ~ 7 月；果期 9 ~ 11 月。

【生境分布】分布于青岛（崂山、大珠山）、临沂（蒙山）、烟台（昆嵛山）、威海（伟德山）等地，主产崂山。

扦插生根情况

叶背面

裂开的果实

花序

生于海拔200～800 m山坡灌丛和林中，多见于阳坡，喜生于酸性、疏松肥沃、土层较深厚的土壤中。国内分布于秦岭和黄河以南各地。朝鲜和日本也有。

【保护价值】本种在山东为天然分布的北界，在研究植物区系地理方面具有重要价值。树形优美，花朵芳香，是优良的观赏树种，也为蜜源植物。木材为散孔材，纹理致密，材质稍坚硬，可作器具、雕刻等细工用材。

【致危分析】野茉莉在崂山繁衍正常，分布较多，目前生境保护也较好，但在其他分布区植株数量较少，也常遭受采挖。

【保护措施】建议列为山东省重点保护野生植物。就地保护，在崂山分布集中区域建立保护点。加强对其繁殖、种子扩散、萌发等机理研究，提高种群数量。

（编写人：臧德奎）

◆ **毛萼野茉莉**

Styrax japonicus Sieb. & Zucc. var. calycothrix
Gilg in Engler, Bot. Jahrb. 34. Beibl. 75: 58. 1904; 中国
植物志 , 60(2): 92. 1987; 陈汉斌 , 山东植物志 (下卷),
893. 1997; 李法曾 , 山东植物精要 , 427. 2004; 臧德奎 ,
山东木本植物精要 , 118. 2015.

【类别】山东珍稀植物

【现状】近危（NT）

【形态】落叶灌木或小乔木。与原变种野茉莉
(*Styrax japonicus* var. *japonicus*) 主要区别在于花萼和花梗疏被星状柔毛。花期 4 ~ 5 月；果期 9 ~ 12 月。

【生境分布】分布于青岛（崂山）、烟台（昆嵛山）、威海（伟德山）,生于阳坡低海拔林中,常与原变种混生。也分布于贵州（清镇）。模式标本采自山东崂山。

【保护价值】与野茉莉相比，本变种更为稀有，仅产于山东和贵州，而且山东为主要模式产地和主要分布区，在区系地理学研究方面具有价值。

【致危分析】参考野茉莉。

【保护措施】参考野茉莉。

（编写人：臧德奎）

生境　　　　果枝

花朵　　　　花序　　　　枝叶

◆ 玉铃花

Styrax obassis Sieb. & Zucc. Fl. Jap. 1: 93. t. 46. 1835; 中国植物志, 60（2）: 82. 1987; 陈汉斌, 山东植物志（下卷）, 892 . f. 763. 1997; 李法曾, 山东植物精要, 427. f. 1539. 2004; 臧德奎, 山东木本植物精要, 118. f. 297. 2015.

【类别】山东珍稀植物

【现状】易危（VU）

【形态】落叶乔木，高 10 ～ 14 m，或灌木状；树皮灰褐色，平滑；嫩枝略扁，常被褐色星状长柔毛，成长后无毛，圆柱形，紫红色。叶纸质，生于小枝最上部的互生，宽椭圆形或近圆形，顶端急尖或渐尖，基部近圆形或宽楔形，边缘具粗锯齿，上面无毛或仅叶脉上疏被灰色星状柔毛，下面密被灰白色星状茸毛；每侧 5 ～ 8 条脉；叶柄被黄棕色星状长柔毛，基部膨大成鞘状包围冬芽，生于小枝最下部的两叶近对生，较小，椭圆形或卵形，顶端急尖，基部圆形；叶柄短，基部不膨大。花白色或粉红色，芳香，长 1.5 ～ 2 cm，总状花序顶生或腋生，长 6 ～ 15 cm，下部的花序常生于叶腋，有花 10 ～ 20 余朵，基部常 2 ～ 3 分枝，花序梗和花序轴近无毛；花梗密被灰黄色星状短茸毛，常稍向下弯；小苞片线形，早落；花萼杯状，外面密被灰黄色星状短茸毛，顶端有不规则 5 ～ 6 裂齿；萼齿三角形或披针形；花冠裂片膜质，椭圆形，外面密被白色星状短柔毛，花蕾时作覆瓦状排列，花冠管长约 4 mm，无毛；雄蕊较花冠裂片短，花丝扁平，上下近等宽，疏

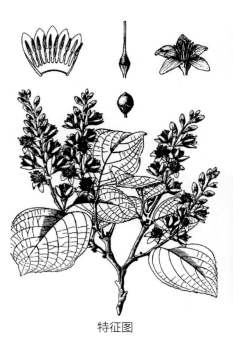

特征图

群落（蒙山）

花枝

| 树干 | 果实 | 小枝及叶背面 | 花序 |

| 群落中的幼树 | 枝叶 |

被星状柔毛或几无毛；花柱与花冠裂片近等长，无毛。果实卵形或近卵形，直径 10 ~ 15 mm，顶端具短尖头，密被黄褐色星状短茸毛；种子长圆形，暗褐色，近平滑，无毛。花期 5 月；果期 8 ~ 9 月。

【生境分布】分布于青岛（崂山）、临沂（蒙山）、日照（五莲山）、烟台（昆嵛山、鹊山）、威海（正棋山）等山地，生于海拔 300 ~ 800 m 坡度较小的山坡、阴湿沟谷杂木林中，以湿润而肥沃、多岩石的棕壤生长较好。国内分布于辽宁、安徽、浙江、湖北、江西。朝鲜和日本也有。

【保护价值】该种是本属植物分布至我国最北的一种，对研究该属植物的演化和山东植物区系有重要价值。材质坚硬，纹理致密，是优良的用材树种；花美丽、芳香，有较高的观赏价值，花还可提取芳香油；种子油可供制肥皂及润滑油；果实药用，有驱虫功能。

【致危分析】山东分布的玉玲花多呈零散分布，从其生长状况看，结实率较高，但其林下幼苗很少，结合种子萌发实验，可知其种子在正常情况下萌发率很低，这可能是其种群减少的主要原因之一。其次，环境改变、人类活动也使其生长环境发生改变，居群变小，不利于其繁殖和生长。

【保护措施】建议列为山东省重点保护野生植物。玉铃花分布范围窄，应就地保护，在不同山系选择种群较大，环境较好区域进行就地保护，禁止人为破坏，并适当地进行人工抚育，提高种子发芽率，保护幼苗生长。

（编写人：张　萍）

山矾科 Symplocaceae

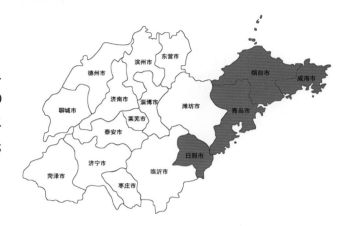

◆ 华山矾

Symplocos chinensis（Lour.）Druce in Rep. Bot. Exch. Club. Brit. Isles 4: 650. 1917; 中国植物志，60（2）：72. 1987; 陈汉斌，山东植物志（下卷），890．f. 762. 1997; 李法曾，山东植物精要，426．f. 1538. 2004; 臧德奎，山东木本植物精要，118．f. 299. 2015.

【类别】山东珍稀植物

【现状】濒危（EN）

【形态】落叶灌木或小乔木，在崂山可高达 12 m；嫩枝、叶柄、叶背均被灰黄色皱曲柔毛。叶纸质，椭圆形或倒卵形，长 4 ~ 7（10）cm，宽 2 ~ 5 cm，先端急尖或短尖，有时圆，基部楔形或圆形，边缘有细尖锯齿，叶面有短柔毛；中脉在叶面凹下，侧脉每边 4 ~ 7 条。圆锥花序顶生或腋生，长 4 ~ 7 cm，花序轴、苞片、萼外面均密被灰黄色皱曲柔毛；苞片早落；花萼长 2 ~ 3 mm。裂片长圆形，长于萼筒；花冠白色，芳香，长约 4 mm，5 深裂几达基部；雄蕊 50 ~ 60 枚，花丝基部合生成五体雄蕊；花盘具 5 凸起的腺点，无毛；子房 2 室。核果卵状圆球形，歪斜，长 5 ~ 7 mm，被紧贴的柔毛，熟时蓝色，顶端宿萼裂片向内伏。花期 4 ~ 5 月；果期 8 ~ 9 月。

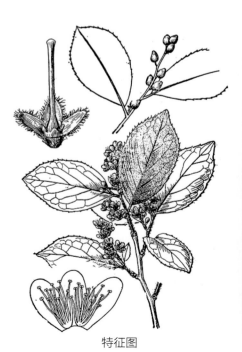

特征图

植株

树干

群落（崂山）　　　　　群落中的幼树　　　　　叶背面

枝叶　　　　　花朵　　　　　花枝

果枝　　　　　果枝　　　　　果枝

【生境分布】分布于青岛（崂山、大珠山、大泽山、标山）、威海（乳山）、日照（五莲山）、烟台（昆嵛山），生于海拔 500 m 以下的向阳上坡灌丛和杂木林中。中国特有植物，国内分布于浙江、福建、台湾、安徽、江西、湖南、广东、广西、云南、贵州、四川等地。

【保护价值】本种在山东为自然分布北界，对于研究植物区系有一定价值。根、叶药用，种子油制肥皂。也可供观赏，还是优良的蜜源植物。

【致危分析】本种在山东为一稀有植物，分布区片段化，生境恶劣，种群繁衍困难；分布区受到农林生产、旅游等干扰。

【保护措施】就地保护，加强对其生境的保护，加大宣传教育和管理力度；开展繁育生物学研究。

（编写人：臧德奎）

山茶科 Theaceae

◆ 山茶（耐冬）

Camellia japonica Linn. Sp. Pl. 2: 698. 1753; 中国植物志, 49(3): 87. 1998; 陈汉斌, 山东植物志(下卷), 691 . f. 595. 1997; 李法曾, 山东植物精要, 381. f. 1374. 2004; 臧德奎, 山东木本植物精要, 95. f. 223. 2015.

【类别】国家重点保护野生植物

【现状】极危（CR）

【形态】常绿大灌木或小乔木, 高 9 m, 嫩枝无毛。叶革质, 椭圆形, 长 5 ~ 10 cm, 宽 2.5 ~ 5 cm, 先端略尖, 或急短尖而有钝尖头, 基部阔楔形, 上面深绿色, 干后发亮, 无毛, 下面浅绿色, 无毛, 侧脉 7 ~ 8 对, 在上下两面均能见, 边缘有相隔 2 ~ 3.5 cm 的细锯齿。叶柄长 8 ~ 15 mm, 无毛。花顶生, 红色, 无柄; 苞片及萼片约 10 片, 组成长 2.5 ~ 3 cm 的杯状苞被, 半圆形至圆形, 长 4 ~ 20 mm, 外面有绢毛, 脱落; 花瓣 6 ~ 7 片, 外侧 2 片近圆形, 几离生, 长 2 cm, 外面有毛, 内侧 5 片基部连生约 8 mm, 倒卵圆形, 长 3 ~ 4.5 cm, 无毛; 雄蕊 3 轮, 长 2.5 ~ 3 cm, 外轮花丝基部连生, 花丝管长 1.5 cm, 无毛; 内轮雄蕊离生, 稍短, 子房无毛, 花柱长 2.5 cm, 先端 3 裂。蒴果圆球形, 直径 2.5 ~ 3 cm, 2 ~ 3 室, 每室有种子 1 ~ 2 个, 3 片裂开, 果片厚木质。花期 1 ~ 4 月。

【生境分布】分布于青岛（长门岩、大管岛）, 是山茶在中国自然分布的最北界。长门岩岛是山茶的主要分布地, 集中分布在海拔 20 ~ 80 m 的范围内, 形成了独特的以山茶为优势种的常绿阔叶矮林, 高度可达

特征图

群落（长门岩）

植株　　　　　　　　　　植株　　　　　　　　　　群落（大管岛）

花朵　　　　　　　　　　花枝　　　　　　　　　　花枝

果枝　　　　　　　　　　果枝　　　　　　　群落中极为稀见的幼苗

4 m，山茶种群中个体基径最粗的达 45 cm。岛上的土壤为发育不完全的棕壤，pH 值 3.65 ~ 6.22，有机质含量为 13.7% ~ 22.8%。伴生树种有大叶胡颓子、扶芳藤、小叶朴、山合欢等。国内分布于台湾及浙江东部。日本、朝鲜也有分布。

【保护价值】山茶是著名的观赏植物，但野生资源稀少，山东是自然分布北界，对于培育耐寒品种具有重要价值。仅分布于沿海海岛，对研究该属的地理分布和植物区系演化也具有学术价值。

【致危分析】山茶生境恶劣，种群繁衍困难，经常遭受采挖，目前数量已很少，仅在大管岛残存 45 株，长门岩约 495 株。现存山茶植株几乎均为成年植株，树下基本未见自然更新小苗和幼树，疑与人为干扰和盗挖有关，即使成年大树也常易遭受游客采折。

【保护措施】建议列为山东省重点保护野生植物。就地保护，严格保护现有植株，并可在产地按照山茶分布的规律扩大繁殖，增加幼龄个体数量。采取易地保护、种质与基因保存等措施对山茶进行保护，易地保护不仅是一种有效的方式，也是扩大山茶分布区和开发利用山茶资源的主要途径。进一步对山茶开展全面深入的研究，为保护和发展山茶资源提供科学依据，重点放在山茶生物学特性、遗传结构、生态学特性等方面的研究。

（编写人：臧德奎）

瑞香科 Thymelaeaceae

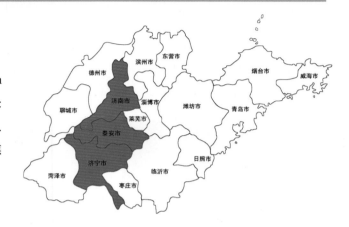

◆ **河朔荛花**

Wikstroemia chamaedaphne（Bunge）Meisner in Candolle Prodr. 14: 547. 1857; 中国植物志，52（1）：322. 1999; 陈汉斌，山东植物志（下卷），742. f. 638. 1997; 李法曾，山东植物精要，392. f. 1416. 2004; 臧德奎，山东木本植物精要，190. f. 502. 2015.

【类别】山东珍稀植物

【现状】濒危（EN）

【形态】灌木，高约 1 m，分枝多而纤细，无毛；幼枝近四棱形，绿色，后变为褐色。叶对生，无毛，近革质，披针形，长 2.5 ~ 5.5 cm，宽 0.2 ~ 1 cm，先端尖，基部楔形，上面绿色，干后稍皱缩，下面灰绿色，光滑，侧脉每边 7 ~ 8 条，不明显；叶柄极短，近于无。花黄色，花序穗状或由穗状花序组成的圆锥花序，顶生或腋生，密被灰色短柔毛；花梗极短，具关节，花后残留；花萼长 8 ~ 10 mm，外面被灰色绢状短柔毛，裂片 4，2 大 2 小，卵形至长圆形，端圆，约等于花萼长的 1/3；雄蕊 8，2 列，着生于花萼筒的中部以上；花药长圆形，长约 1 mm，花丝短，近于无；子房棒状，具柄，顶部被短柔毛，花柱短，柱头圆珠形，顶基稍压扁，具乳突；花盘鳞片 1 枚，线状披针形，端钝，约长 0.8 mm。果卵形，干燥。花期 6 ~ 8 月；果期 9 月。

【生境分布】分布于济南（平阴）、泰安（肥城、东平）、济宁（梁山），生于海拔 500 m 以下山坡及路旁。中

特征图

植株

生境

植株

花序

花枝

国特有植物，国内分布于河北、河南、山西、陕西、甘肃、四川、湖北、江苏等地。

【保护价值】纤维可造纸，作人造棉，茎叶可作土农药毒杀害虫。适应性强，耐干旱瘠薄，是优良的水土保持植物，也可栽培观赏。

【致危分析】本种在山东为一稀有植物，数量较少，主要分布于低海拔地区，其生境常因开荒等农业生产活动而受到破坏。

【保护措施】建议列为山东省重点保护野生植物。就地保护，加强对其生境的保护，加大宣传教育和管理力度，严禁采挖，开展繁育生物学研究，探求濒危机理。

（编写人：臧德奎）

椴树科 Tiliaceae

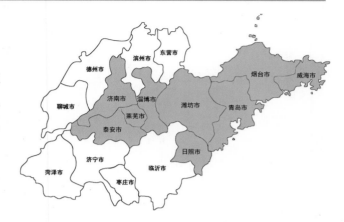

◆ **紫椴**

Tilia amurensis Rupr., Fl. Cauc. 253. 1869; 中国植物志，49（1）：63. 1989; 陈汉斌，山东植物志（下卷），656. f. 563. 1997; 李法曾，山东植物精要，373. f. 1344. 2004; 臧德奎，山东木本植物精要，99. f. 235. 2015.

【类别】国家重点保护野生植物

【现状】易危（VU）

【形态】落叶乔木，高达 25 m，直径达 1 m，树皮暗灰色，片状脱落；嫩枝初时有白丝毛，很快变秃净，顶芽无毛，有鳞苞 3 片。叶阔卵形或卵圆形，长 4.5 ~ 6 cm，宽 4 ~ 5.5 cm，先端急尖或渐尖，基部心形，稍整正，有时斜截形，上面无毛，下面浅绿色，脉腋内有毛丛，侧脉 4 ~ 5 对，边缘有锯齿，齿尖突出 1 mm；叶柄长 2 ~ 3.5 cm，纤细，无毛。聚伞花序长 3 ~ 5 cm，纤细，无毛，有花 3 ~ 20 朵；花柄长 7 ~ 10 mm；苞片狭带形，长 3 ~ 7 cm，宽 5 ~ 8 mm，两面均无毛，下半部或下部 1/3 与花序柄合生，基部有柄长 1 ~ 1.5 cm；萼片阔披针形，长 5 ~ 6 mm，外面有星状柔毛；花瓣长 6 ~ 7 mm；退化雄蕊不存在；雄蕊较少，约 20 枚，长 5 ~ 6 mm；子房有毛，花柱长 5 mm。果实卵圆形，长 5 ~ 8 mm，被星状茸毛，有棱或有不明显的棱。花期 6 ~ 7 月，果熟 9 月。

【生境分布】分布于泰安（泰山、徂徕山）、济南（药乡）、莱芜（华山、莲花山）、淄博（鲁山）、潍坊

特征图

群落（伟德山）

群落（崂山）　　　花期植株　　　群落（泰山）

播种苗　　　扦插生根情况　　　人为干扰状　　　枝叶

果枝　　　果枝　　　种子　　　花朵

（沂山、仰天山）、日照（五莲山）、青岛（崂山、大珠山、小珠山）、威海、烟台等地。在鲁中地区紫椴分布于海拔 800 m 以上，混生于油松林中，以成年大树为主，幼树极少，林下见有萌蘖苗。在胶东地区紫椴从海拔 100 m 左右至海拔 1000 m 均有分布，多散生于赤松或落叶松林中。国内分布于东北地区。朝鲜、俄罗斯也有分布。

【保护价值】山东省是紫椴自然分布区的南缘，在区系地理研究中具有重要价值。紫椴是我国著名蜜源植物，也是优良的园林观赏树种。木材色白轻软，纹理致密通直，为建筑、家具、造纸、雕刻、铅笔杆等的用材。

【致危分析】山东省虽然多数山区有分布，但植株数量较少，常呈零星分布，仅在烟台等地出现小片纯林。因缺少野生植物保护宣传，当地缺乏认识，存在挖掘幼树、幼苗的现象。

【保护措施】建议列为山东省重点保护野生植物。加强野生植物保护宣传，杜绝当地山民挖掘幼树、幼苗的现象；进行紫椴生物学、生态学等领域的研究工作，自然环境条件下，紫椴种子繁殖力较弱。

（编写人：韩晓弟）

◆ 胶东椴

Tilia jiaodongensis S. B. Liang, Bull. Bot. Res., Harbin 5（1）：145. 1985; Y. Tang, Flora of China 12: 248. 2007; D. K. Zang in Bull. Bot. Res., Harbin 14（1）：50. 1994; 陈汉斌，山东植物志（下卷），657 . f.564. 1997; 山东植物精要，373, f. 1345. 2004; 臧德奎，山东木本植物精要，100. 2015; 臧德奎，山东特有植物，39. 2016.

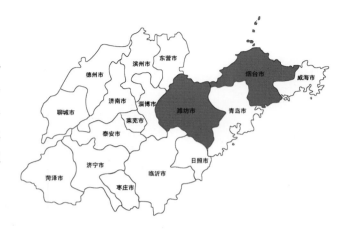

【类别】山东特有植物

【现状】极危（CR）

【形态】落叶乔木。枝、芽无毛。叶卵圆形，长 5 ~ 8 cm，宽 5 ~ 7 cm，先端突尖，基部心形或浅心形，边缘具锐锯齿，不分裂，齿长 2 ~ 3 mm，齿距 3 ~ 4 mm，上面无毛，下面脉腋有褐色簇生毛，侧脉 6 ~ 7 对，叶柄长 3 ~ 5 cm，无毛。聚伞花序长 6 ~ 13 cm，无毛，有花（20）40 ~ 100 朵；小花梗长 3 ~ 7 mm，具四棱；苞片倒披针形，长 5 ~ 9 cm，宽 0.8 ~ 1.5 cm，先端钝，基部歪斜楔形，两面无毛，柄长 1 ~ 2 cm；花序每个分枝基部具宿存小苞片，卵状披针形至椭圆状披针形，长 0.3 ~ 3 cm，宽 0.2 ~ 1 cm，两面密生褐色星状毛，小苞片从基部到先端逐渐缩小，小花柄基部有 3 ~ 4 枚轮生的小苞片，花萼长卵形，长 4 ~ 5 mm，外被星状毛，内面上部疏生星状毛，下部密生白色长毛；花瓣倒卵形，长 4 ~ 5 mm，无毛，退化雄蕊呈花瓣状，较短；子房卵形，无毛，具明显 5 棱，花柱短。果近球形，微具 5 棱，径约 0.5 cm，密生褐色短茸毛。花期 6 月；果期 9 月。

特征图

植株

植株

枝叶

果枝

花枝

【生境分布】分布于烟台（昆嵛山）、潍坊（沂山）等地，生于沟谷杂木林中。模式标本采自山东昆嵛山海拔 600 m 阳坡。

【保护价值】胶东椴是山东特有植物，数量稀少、形态奇特，聚伞花序有花（20）40 ~ 100 朵，花序每个分枝基部具宿存小苞片。木材可作家具、胶合板。花为蜜源植物。

【致危分析】胶东椴分布范围狭窄，数量少，且生境在历史上常受到樵采等人为干扰。

【保护措施】就地保护，严格保护现有植株，扩大繁殖，用于补充和恢复野外种群。开展全面深入研究，为保护资源提供科学依据。

（编写人：张学杰）

◆ 泰山椴

Tilia taishanensis S. B. Liang, Bull. Bot. Res., Harbin 5（1）：146. 1985; D. K. Zang in Bull. Bot. Res., Harbin 14(1): 50. 1994; 陈汉斌 , 山东植物志(下卷) , 660 . f.568. 1997; Y. Tang, Flora of China 12: 246. 2007; 山东植物精要 , 375, f. 1349. 2004; 臧德奎 , 山东木本植物精要 , 100. 2015; 臧德奎 , 山东特有植物 , 39. 2016.

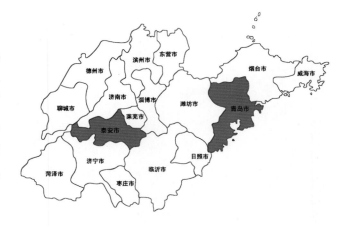

【类别】山东特有植物

【现状】濒危（EN）

【形态】落叶乔木，高达 20 m。枝、芽无毛。叶片近圆形或宽卵形，长 5 ~ 8 cm，宽 5 ~ 7 cm，先端突尖，基部浅心形或斜截形，叶缘有尖锯齿，上面无毛，下面脉腋有褐色簇生毛；侧脉 7 ~ 8 对；叶柄长 3 ~ 7 cm，无毛。聚伞花序，长 8 ~ 13 cm，有花可多达 50 ~ 200 朵；花萼长卵形，长 4 ~ 5 mm，两面被柔毛；花瓣长椭圆形，长 7 ~ 8 mm；退化雄蕊存在；苞片狭矩圆形，长 5 ~ 8 cm，宽 1 ~ 1.2 cm，先端钝，基部卵形，无柄，无毛。子房球形，密生白色茸毛。果实倒卵形，长 5 ~ 8 mm，直径 3 ~ 5 mm，密生褐色短柔毛。花期 6 ~ 7 月；果期 9 ~ 10 月。

【生境分布】分布于泰安（泰山）、青岛（黄岛）。在泰山多生于海拔 1200 ~ 1400 m 左右山谷杂木林中。模式标本采自山东泰山判官岭海拔 600 m 左右，仅为一孤立大树。

【保护价值】本种为山东特有植物，资源较少，具有重要的科研价值，也是重要的蜜源植物。

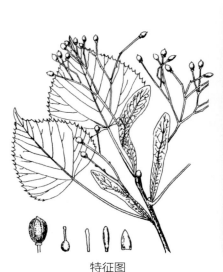

特征图

大树周围的根蘖苗

模式树　　　　植株　　　　花枝及叶背面　　　　花枝

种子　　　　种子苗　　　　扦插生根情况　　　　扦插苗

果枝　　　　　　　　　　果枝

【致危分析】分布地点为旅游热点地区，旅游开发使其生境遭受一定程度的破坏，对种群更新具有较大影响。幼树幼苗易遭受放牧、森林抚育等人为干扰。低海拔分布的，果实多不育，结实率低。

【保护措施】建议列为山东省重点保护野生植物。就地保护，在泰山后石坞一带划定一定范围的保护点，加强对其生境的保护；开展繁育生物学研究，探求濒危机理。

（编写人：邢树堂、臧德奎）

榆科 Ulmaceae

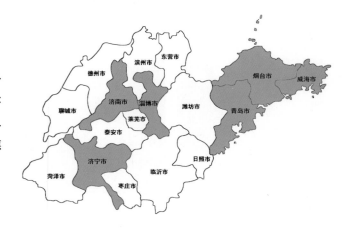

◆ **刺榆（钉枝榆、枢 ）**

Hemiptelea davidii（Hance）Planch. in Compt. Rend. Acad. Sci. Paris 74: 132. 1872; 中国植物志 , 22: 378. 1998; 陈汉斌 , 山东植物志（上卷）, 955 . f. 627. 1990; 李法曾 , 山东植物精要 , 184. f. 634. 2004; 臧德奎 , 山东木本植物精要 , 72. f. 153. 2015.

【类别】山东珍稀植物

【现状】近危（NT）

【形态】落叶小乔木或灌木状，高 4 ～ 8（15）m ；树皮暗灰色，不规则的条状深裂；小枝坚硬，灰褐色或紫褐色，被疏柔毛，具粗而硬的棘刺；刺长 2 ～ 10 cm ；冬芽常 3 个聚生于叶腋，卵圆形。叶椭圆形或长椭圆形、倒卵状椭圆形，长 4 ～ 7 cm ，宽 1.5 ～ 3 cm ，先端钝尖，基部浅心形或圆形，边缘具单锯齿，羽状脉 10 ～ 20 对，侧脉斜直出至齿尖;叶面深绿色，幼时被毛，后脱落残留有稍隆起的圆点，叶背淡绿，光滑无毛，或在脉上有稀疏的柔毛，叶柄短，长 3 ～ 5 mm，密生短柔毛；托叶矩圆形或披针形，长 3 ～ 4 mm，淡绿色，边缘具睫毛。花杂性同株，1 ～ 4 朵生于新枝基部的叶腋，花被 4 ～ 5 裂，杯状宿存，雄蕊 4 ～ 5，与萼片同数对生，雌蕊歪生。小坚果黄绿色，斜卵圆形，两侧扁，长 5 ～ 7 mm，上半部有鸡头状的狭翅，翅端渐狭呈喙状，果梗纤细，长 2 ～ 4 mm。花期 4 ～ 5 月；果期 9 ～ 10 月。

特征图

树干

枝叶　　　　　　　　　　　枝叶　　　　　　　　　　　叶背面

花枝　　　　　　　　　　　果枝　　　　　　　　　　　果实

植株　　　　　　　　　　　花枝　　　　　　　　　　　群落

【生境分布】分布于青岛（崂山）、威海（刘公岛、伟德山、正棋山）、烟台（昆嵛山、牙山）、淄博（鲁山、潭溪山）、济宁（曲阜）、济南（历城、柳埠）等地。生于海拔 800 m 以下山坡、山脊或海边山坡上。国内分布于东北、华北、长江流域至广西北部。朝鲜也有分布。

【保护价值】本种是榆科单种属植物，仅中国和朝鲜有分布，对研究榆科植物的系统演化有重要意义。材质坚硬致密，是制作器具的优质木材；树皮纤维可作人造棉、绳索的原料；嫩叶可作饮料；树枝有棘刺，生长颇速，常成灌木状，是优良的绿篱树种。耐干旱，各种土质易于生长，可作固沙树种。

【致危分析】刺榆在山东一般成片集中分布，自我更新良好，其数量减少主要是人为干扰，如旅游开发、修路、垦荒侵占其栖息地，使其栖息地消失或缩小，个体数量减少。

【保护措施】采取就地保护，对现有的分布点进行保护，禁止人为破坏，加强人工抚育管理。

（编写人：张　萍）

◆ 青檀（翼朴）

Pteroceltis tatarinowii Maxim. in Bull. Acad. Sci. St. Petersb. 18: 293. cum fig. 1873; 中国植物志，22: 380. 1998; 陈汉斌，山东植物志（上卷），965 . f. 633. 1990; 李法曾，山东植物精要，186. f. 640. 2004; 臧德奎，山东木本植物精要，72. f. 154. 2015.

【类别】中国珍稀濒危植物

【现状】易危（VU）

【形态】落叶乔木;树皮灰色或深灰色，不规则长片状剥落。叶互生，宽卵形至长卵形，长 3 ~ 10 cm，宽 2 ~ 5 cm，先端渐尖至尾状渐尖，基部不对称，楔形、圆形或截形，边缘有不整齐的锯齿，基部 3 出脉，侧出的 1 对近直伸达叶的上部，侧脉 4 ~ 6 对，叶面绿，幼时被短硬毛，后脱落常残留有圆点，光滑或稍粗糙，叶背淡绿，在脉上有稀疏的或较密的短柔毛，脉腋有簇毛，其余近光滑无毛;叶柄长 5 ~ 15 mm，被短柔毛。花单性、同株，雄花数朵簇生于当年生枝的下部叶腋，花被 5 深裂，裂片覆瓦状排列，雄蕊 5，花丝直立，花药顶端有毛，退化子房缺;雌花单生于当年生枝的上部叶腋，花被 4 深裂，裂片披针形，子房侧向压扁，花柱短，柱头 2，条形，胚珠倒垂。翅果状坚果近圆形或近四方形，直径 10 ~ 17 mm，黄绿色或黄褐色，翅宽，稍带木质，有放射线条纹，下端截形或浅心形，顶端有凹缺，果实外面无毛或多少被曲柔毛，常有不规则的皱纹，有时具耳状附属物，具宿存的花柱和花被，果梗纤细，长 1 ~ 2 cm，被短柔毛。花期 3 ~ 5 月;果期 8 ~ 10 月。

【生境分布】分布于济南、枣庄（青檀寺）、泰安等地，常生于海拔 100 ~ 500 m 石灰岩山地山坡、路边、山谷溪边。在枣庄青檀寺裸露石灰岩山地分布着以青檀为建群种的落叶林，青檀大多呈丛生状，自然更新较好;

特征图

群落中的幼树（佛峪）

植株（灵岩寺）　　　　　　　花枝　　　　　　　　　植株基部

果实　　　　　　　　　　　　　　　　　幼叶

枝叶　　　　　　　　　　　　　　　　　果枝

济南灵岩寺和佛峪的青檀分布地点土层深厚，长势好，自然更新的幼树和幼苗多。中国特有植物，国内分布于安徽、福建、甘肃、青海、广东、广西、贵州、湖北、湖南、河北、河南、江苏、江西、辽宁、陕西、山西、四川、浙江等地。

【保护价值】青檀是我国特有的单种属植物，在研究榆科系统发育上有学术价值。茎皮、枝皮纤维是生产宣纸的优质原料；木材坚硬细致；种子可榨油。特别耐干旱瘠薄，可作石灰岩山地的造林树种。

群落（青檀寺）　　　　　　　植株（莲台山）　　　　　　　扦插生根情况

一年生扦插苗　　　　　　　　　　群落中的幼苗（灵岩寺）

生境（青檀寺）　　　　　　　　　　当年生扦插苗

　　【致危分析】青檀在山东省为稀有植物，分布区片段化显著，目前仅有几个孤立的分布地点，在枣庄青檀寺，全部生长于裸露的石灰岩石缝，自然更新不良，种群繁衍困难。

　　【保护措施】建议列为山东省重点保护野生植物。就地保护，加强对其生境保护；开展繁育生物学研究，提高种群数量。

（编写人：臧德奎）

◆ 旱榆

Ulmus glaucescens Franch. in Nouv. Arch. Mus. Paris. ser. 2. 7（Pl. David. 1: 266.）: 77. t. 6. f. A. 1884; 中国植物志, 22: 361. 1998; 陈汉斌, 山东植物志（上卷）, 947. f. 620. 1990; 李法曾, 山东植物精要, 184. f. 627. 2004; 臧德奎, 山东木本植物精要, 75. f. 161. 2015.

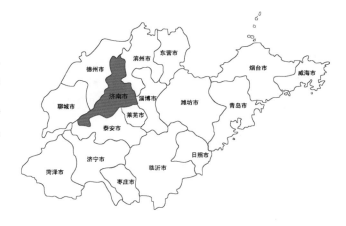

【类别】山东珍稀植物

【现状】濒危（EN）

【形态】落叶乔木或灌木，高达 18 m，树皮浅纵裂；幼枝多少被毛，小枝无木栓翅；冬芽卵圆形或近球形。叶卵形、菱状卵形、椭圆形、长卵形或椭圆状披针形，长 2.5 ~ 5 cm，宽 1 ~ 2.5 cm，先端渐尖至尾状渐尖，基部偏斜，楔形或圆，两面光滑无毛，稀叶背有极短之毛，脉腋无簇生毛，边缘具钝而整齐的单锯齿或近单锯齿，侧脉每边 6 ~ 12（14）条；叶柄长 5 ~ 8 mm，上面被短柔毛。花自混合芽抽出，散生于新枝基部或近基部，或自花芽抽出，3 ~ 5 数在去年生枝上呈簇生状。翅果椭圆形或宽椭圆形，稀倒卵形、长圆形或近圆形，长 2 ~ 2.5 cm，宽 1.5 ~ 2 cm，除顶端缺口柱头面有毛外，余处无毛，果翅较厚，果核部分较两侧之翅内宽，位于翅果中上部，上端接近或微接近缺口，宿存花被钟形，无毛，上端 4 浅裂，裂片边缘有毛，果梗长 2 ~ 4 mm，密被短毛。花果期 3 ~ 5 月。

【生境分布】分布于济南（千佛山、长清、平阴），生于海拔 500 m 以下石灰岩山地。中国特有植物，国内分布于辽宁、河北、山东、河南、山西、内蒙古、陕西、甘肃及宁夏等地。

【保护价值】本种耐干旱瘠薄，是优良的荒山造林及防护林树种。木材坚实、耐用，可用器具、农具、家

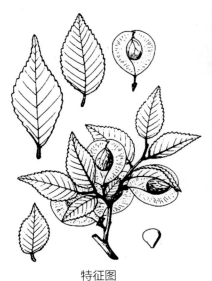

特征图

植株（千佛山）

树干　　　　　　　枝叶　　　　　　　植株（莲台山）　　　　　　果实

群落中的幼苗　　　　　　　　　　　　果枝

枝叶　　　　　　　　　　　　　　　果枝

具等用材。

　　【致危分析】在山东为稀有植物，仅产于济南南部石灰岩山地，由于旅游开发使其分布区片段化，种群繁衍受到影响。

　　【保护措施】建议列为山东省重点保护野生植物。就地保护，加强对其生境的保护；开展繁育生物学研究，加强对其繁殖、种子扩散等机理研究。

（编写人：臧德奎）

马鞭草科 Verbenaceae

◆ **单叶黄荆**

Vitex negundo Linn. var. simplicifolia（B. N. Lin & S. W. Wang）D. K. Zang & J. W. Sun, J. Wuhan Bot. Res. 27（1）：22. 2009；臧德奎，山东木本植物精要，245. 2015；臧德奎，山东特有植物，40. 2016.

——*Vitex simplicifolia* B. N. Lin & S. W. Wang, Guihaia. 14（3）：209. 1994

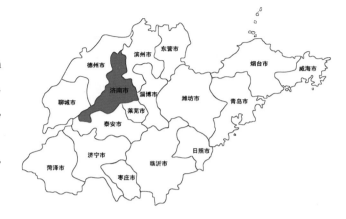

【类别】山东特有植物

【现状】极危（CR）

【形态】落叶灌木，小枝四棱形，密生白色茸毛。单叶，卵形或卵状披针形，长 2 ~ 3.5 cm，宽 1 ~ 2 cm，上面无毛，下面密生灰白色茸毛，先端渐尖或尾状，基部圆形或宽楔形，全缘，有时上部有粗锯齿。聚伞花序排成圆锥花序状，顶生，长 4 ~ 8 cm，花序梗密生灰白色茸毛；萼钟状，5 齿裂；花冠淡紫色，长 6 ~ 8 mm，5 裂，二唇形，下唇中裂片较大、勺形，外面密生短茸毛，冠筒内下侧密生长柔毛；雄蕊 1 ~ 2 个，伸出花冠筒外，花药紫黑色；子房无毛。核果近球形，径约 2 mm，萼宿存。花期 7 ~ 9 月；果期 8 ~ 10 月。

【生境分布】分布于济南（长清、平阴），生于海拔 100 m 左右山坡灌丛中。模式标本采自山东济南长清。

【保护价值】本种为山东特有植物，具有重要的科研价值。可为蜜源植物，也具有重要的药用价值。

【致危分析】单叶黄荆最初发现于长清，近年来的调查中未再发现生长，但在平阴发现 2 株，生于低海拔山坡灌丛，极易遭受放牧、农林业生产等人为干扰而消失。由于个体数量极少，生境狭窄，受人类干扰严重，种群繁衍困难，属于极小种群物种。

【保护措施】建议列为山东省重点保护野生植物。对发现的种群严格进行就地保护，以其为中心设立较大面积的重点保护区域，加强对其潜在分布区的保护。加大宣传教育和管理力度，严禁采挖。开展繁育生物学研究，探求濒危机理，加强对其繁殖、种子扩散、萌发等机理研究，提高种群数量。

（编写人：臧德奎）

特征图

花枝

植株

花枝

◆ 单叶蔓荆

Vitex rotundifolia Linnaeus f., Suppl. Pl. 294. 1781（publ. 1782）；臧德奎，山东木本植物精要，246. f. 667. 2015.

——*Vitex trifolia* Linn. var. *simplicifolia* Cham. in Linnaea 107. 1832；中国植物志，65（1）：140. 1982；陈汉斌，山东植物志（下卷），1012 . f. 865. 1997；李法曾，山东植物精要，455. f. 1643. 2004.

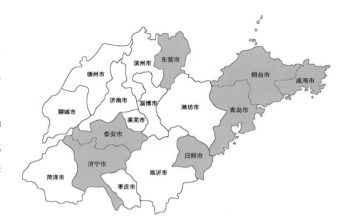

【类别】山东珍稀植物

【现状】易危（VU）

【形态】落叶灌木，全株被灰白色短柔毛。茎匍匐，节处常生不定根，有香气。幼枝四棱形，浅紫色。老枝渐变圆，毛脱落。单叶对生，叶片倒卵形或近圆形、椭圆形，上面灰绿色，下面灰白色，两面密被灰白色柔毛，顶端钝圆或有短尖头，基部楔形，全缘，长 2.5 ~ 5 cm，宽 1.5 ~ 3 cm，不具托叶，有短柄。穗状花序顶生，花序梗密被灰白色茸毛；花萼钟状，顶端 5 裂，外被茸毛；花冠淡紫色，二唇形，先端 5 裂，长 1 ~ 1.5 cm；雄蕊 4 枚，伸出花冠外；雌蕊由两个心皮结合而成，子房上位，球形，密生腺点。核果圆形，成熟时黑色，有宿存萼，外被灰白色茸毛。花期 7 ~ 8 月；果期 9 ~ 10 月。

【生境分布】分布于青岛（胶南、崂山、即墨）、日照、烟台、威海及济宁（汶上）、泰安、黄河三角洲等地。生长于海边、沙滩及内陆河流两岸的沙地。国内分布于辽宁、河北、江苏、安徽、浙江、江西、福建、台湾、广东。热带亚洲、澳大利亚、新西兰也有分布。

特征图

生境及群落（威海）

花枝

花序

果枝

果枝

生境及群落（烟台）

果期植株

【保护价值】单叶蔓荆对于沿海沙地和盐碱地的生态防护具有重要价值；也为重要的药用植物，叶、果均可入药，又可提取芳香油。干燥成熟果实供药用，能疏散风热，治头痛眩晕目痛等。

【致危分析】单叶蔓荆一旦形成群落，生长速度快，繁殖能力强，结实率高，因此，采集果实对其生存影响不大。造成其大面积减少的原因主要是其生境被破坏或利用，尤其是沿海开发，建养殖场、码头，挖养殖池，修路和建海景住宅区以及采沙等，成片的单叶蔓荆被清除。当其数量减少成零散生长时，出现生长不良，结实率降低或不结实现象。

【保护措施】单叶蔓荆虽然分布范围广，但近年来随着海岸带开发和经济发展破坏严重。应加强现有海岸环境保护区的管理，严格限制更改土地使用属性，禁止人为破坏。

（编写人：张　萍）

堇菜科 Violaceae

◆ **光果球果堇菜**

Viola collina Besser var. glabricarpa K. Sun, Bull.
Bot. Res., Harbin. 14: 236. 1994; Y. S. Chen, Flora of
China 13: 85. 2007; 臧德奎，山东特有植物，41. 2016.

【类别】山东特有植物

【现状】易危（VU）

【形态】多年生草本，花期高 4 ~ 9 cm，果期高
可达 20 cm。根状茎粗而肥厚，黄褐色。叶基生呈莲座状；叶片具柔毛，宽卵形或近圆形，长 1 ~ 3.5 cm，宽
1 ~ 3 cm，基部弯缺浅或深而狭窄，边缘具浅而钝的锯齿，果期叶片显著增大，长可达 8 cm，宽约 6 cm，
基部心形；叶柄具狭翅，具柔毛。托叶膜质，披针形，基部与叶柄合生。花淡紫色或近白色，长约 1.4 cm，
具长梗，花梗中部有 2 枚长约 6 mm 的小苞片；萼片披针形。蒴果球形，光滑无毛。花果期 4 ~ 8 月。

【生境分布】分布于泰安（泰山），生于海拔 1400 m 以下山坡灌丛中。模式标本采自山东泰山。

【保护价值】本种为山东特有植物，仅见于泰山。全草供药用，能清热解毒，凉血消肿。

【保护措施】就地保护。

（编写人：臧德奎）

群落

花期植株

槲寄生科 Viscaceae

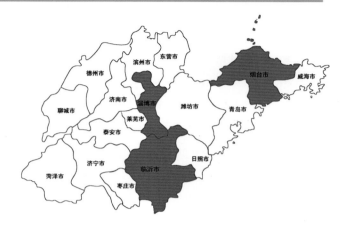

◆ **槲寄生**

Viscum coloratum（Kom.）Nakai, Rep. Veg. Degelet Isl. 17. 1919; 中国植物志，24: 148. 1988; 陈汉斌，山东植物志（上卷），999．f. 660. 1990; 李法曾，山东植物精要，193. f. 667. 2004; 臧德奎，山东木本植物精要，196. f. 521. 2015.

【类别】山东珍稀植物

【现状】濒危（EN）

【形态】常绿灌木，全体无毛。茎、枝均圆柱状，枝黄绿色，2～5叉状分枝，节稍膨大，节间长7～12 cm。单叶，对生于枝端；叶片厚革质或革质，长椭圆形至椭圆状披针形，长3～7 cm，宽0.7～1.5 cm，先端圆钝，基部渐狭，基出掌状脉3～5；叶柄短。花单性，雌雄异株；花序顶生或腋生于茎分叉处；雄花序聚伞状，花序梗几无或长达5 mm，总苞舟形，长5～7 mm，通常有花3朵，中央的花有2苞片或无，雄花花萼裂片4，卵形，雄蕊4，着生于花萼裂片上；雌花序聚伞式穗状，花序梗长2～3 mm，或近无，有花3～5朵，雌花花萼裂片4，雌蕊1，子房下位，柱头头状。浆果球形，直径6～8 mm，淡黄色、红色或橙红色，外果皮平滑，中果皮富含黏胶质。花期4～5月；果期9～10月。

【生境分布】分布于淄博（鲁山）、临沂（蒙山）、烟台等山区。寄生于栎类、榆树、柳树、栗树、杏、枫杨等树上。我国大部分地区均产，仅新疆、西藏、云南、广东不产。日本、朝鲜、俄罗斯也有

【保护价值】全株药用，即中药材槲寄生正品，有补肝肾、除风湿、强筋骨、安胎、下乳、降血压的功效。

【致危分析】槲寄生是山东稀有植物，分布范围狭窄，且因寄生在其他树木上，容易受到农民清除。另外，因全株可药用，因此也常遭采集。

【保护措施】建议列为山东省重点保护野生植物。就地保护，适当帮助其扩大寄主种类和数量，建立良好的种间和种内生态关系，利于其生长和天然更新。

（编写人：张学杰）

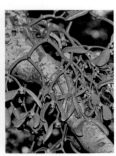

| 特征图 | 果枝 | 生境 | 成熟果实 | 植株 |

蒺藜科 Zygophyllaceae

◆ **小果白刺**（白刺）

Nitraria sibirica Pall. Fl. Ross. 1: 80. 1784; 中国植物志，43（1）: 120. 1998; 陈汉斌，山东植物志（下卷），495. f. 431. 1997; 李法曾，山东植物精要，339. f. 1214. 2004; 臧德奎，山东木本植物精要，235. f. 638. 2015.

【类别】山东珍稀植物

【现状】易危（VU）

【形态】落叶灌木，高 0.5 ~ 1.5 m，多分枝，枝铺散，少直立。小枝灰白色，不孕枝先端刺针状。叶近无柄，在嫩枝上 4 ~ 6 片簇生，倒披针形，长 6 ~ 15 mm，宽 2 ~ 5 mm，先端锐尖或钝，基部渐窄成楔形，无毛或幼时被柔毛。聚伞花序长 1 ~ 3 cm，被疏柔毛；萼片 5，绿色，花瓣黄绿色或近白色，矩圆形，长 2 ~ 3 mm。果椭圆形或近球形，两端钝圆，长 6 ~ 8 mm，熟时暗红色，果汁暗蓝色，带紫色，味甜而微咸；果核卵形，先端尖，长 4 ~ 5 mm。花期 5 ~ 6 月；果期 7 ~ 8 月。

【生境分布】分布于潍坊（寿光）、东营、滨州等地，胶东沿海偶有生长。生于盐碱地和盐渍化沙地。国内分布于西北部至北部各地。蒙古、俄罗斯也有分布。

【保护价值】小果白刺是山东稀有植物，喜盐碱地，耐干旱，为重要的防风固沙植物。果实药用；果味酸甜可食，能酿酒、制作饮料，鲜果可制糖；果核可榨油食用及代粮；枝、叶、果可做饲料。

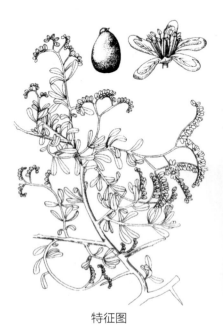

特征图

群落

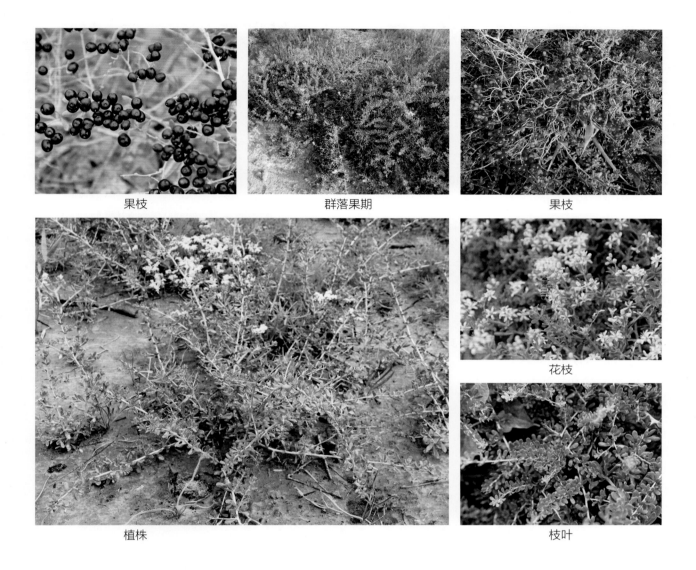

果枝　　　　　　　　群落果期　　　　　　　果枝

植株　　　　　　　　　　　　　　花枝

枝叶

【致危分析】小果白刺分布范围狭窄，数量少，历史上常受到人为干扰，常被村民作为冬天烧火用的材料；近年来主要受大规模开发影响，如其主要分布区黄河三角洲地区大规模农场、企业的开发，另外放牧也有一定影响。

【保护措施】建议列为山东省重点保护野生植物。就地保护；开展繁殖生物学研究，扩大其种群数量。枝条经沙埋后，只要水分条件适宜，即能生根发芽，人工压条、插枝均有良好的繁殖效果。

（编写人：张学杰）

三、被子植物（单子叶植物）

天南星科 Araceae

◆ **东北天南星**

Arisaema amurense Maxim. , Prim. Fl. Amur. 264. 1859; 中国植物志 , 13（2）：173. 1979; 陈汉斌 , 山东植物志（上卷）, 631 . f. 411. 1990; 李法曾 , 山东植物精要 , 128. f. 418. 2004.

【类别】国家重点保护野生植物

【现状】近危（NT）

【形态】多年生草本，块茎近球形，直径 1 ~ 2 cm。鳞叶 2，线状披针形，锐尖，膜质，内面的长 9 ~ 15 cm。叶 1，叶柄长 17 ~ 30 cm，下部 1/3 具鞘，紫色；叶片鸟足状分裂，裂片 5，倒卵形、倒卵状披针形或椭圆形，先端短渐尖或锐尖，基部楔形，中裂片具长 0.2 ~ 2 cm 的柄，长 7 ~ 11 cm，宽 4 ~ 7 cm，侧裂片具长 0.5 ~ 1 cm 共同的柄，与中裂片近等大；侧脉脉距 0.8 ~ 1.2 cm，集合脉距边缘 3 ~ 6 mm，全缘或有不规则的粗锯齿。花序柄短于叶柄，长 9 ~ 15 cm。佛焰苞长约 10 cm，管部漏斗状，白绿色，长 5 cm，上部粗 2 cm，喉部边缘斜截形，狭，外卷；檐部直立，卵状披针形，渐尖，长 5 ~ 6 cm，宽 3 ~ 4 cm，

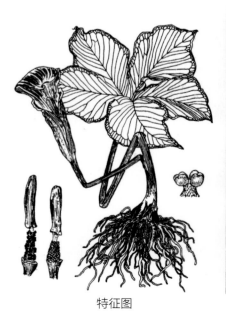

特征图　　　　　　　　　　　　　群落果期

群落花期

果期植株　　　　　　　　　　花序　　　　　　　　　　果序

绿色或紫色具白色条纹。肉穗花序单性，雄花序长约 2 cm，上部渐狭，花疏；雌花序短圆锥形，长 1 cm，基部粗 5 mm；各附属器具短柄，棒状，长 2.5 ~ 3.5 cm，基部截形，粗 4 ~ 5 mm，向上略细，先端钝圆，粗约 2 mm。雄花具柄，花药 2 ~ 3，药室近圆球形，顶孔圆形；雌花：子房倒卵形，柱头大，盘状，具短柄。浆果红色，直径 5 ~ 9 mm；种子 4，红色，卵形。肉穗花序轴常于果期增大，基部粗可达 2.8 cm，果落后紫红色。花期 5 月，果 9 月成熟。

【生境分布】分布于临沂（蒙山）、泰安（泰山、徂徕山）、济南、淄博（鲁山）、潍坊、青岛（崂山）、烟台（昆嵛山）、威海、日照等地，生于 100 ~ 1500 m 的背阴山坡、林缘、林下、山沟石缝。国内分布于黑龙江、吉林、辽宁、北京、河北、河南、内蒙古、宁夏、山西等地。朝鲜和俄罗斯远东地区也有。

【保护价值】东北南星是传统中药，块茎入药，用作天南星。

【致危分析】东北天南星在山东分布区内繁衍正常，但由于采药和森林减少而生境变化出现了分布点和植株数量减少的趋势。

【保护措施】就地保护，重点是加强对其生境的保护。

（编写人：臧德奎）

◆ 天南星（南星）

Arisaema heterophyllum Blume in Rumphia 1: 110. 1835; 中国植物志，13（2）：157. 1979; 陈汉斌，山东植物志（上卷），631 . f. 412. 1990; 李法曾，山东植物精要，128. f. 419. 2004.

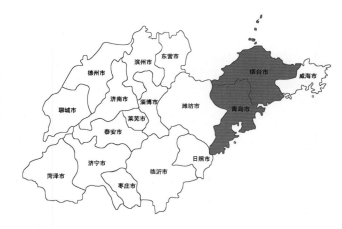

【类别】国家重点保护野生植物

【现状】濒危（EN）

【形态】多年生草本，块茎扁球形，直径 2 ~ 4 cm，顶部扁平，常有若干侧生芽眼。叶常 1，叶柄圆柱形，粉绿色，长 30 ~ 50 cm，下部 3/4 鞘筒状，鞘端斜截形；叶片鸟足状分裂，裂片 13 ~ 19，有时更少或更多，倒披针形、长圆形、线状长圆形，基部楔形，先端骤狭渐尖，全缘，中裂片无柄或柄长 15 mm，长 3 ~ 15 cm，宽 0.7 ~ 5.8 cm，比侧裂片几短 1/2；侧裂片长 7.7 ~ 24.2 cm，宽 2 ~ 6.5 cm，向外渐小，排列成蝎尾状。花序柄长 30 ~ 55 cm，从叶柄鞘筒内抽出。佛焰苞管部圆柱形，长 3.2 ~ 8 cm，粗 1 ~ 2.5 cm，粉绿色，内面绿白色，喉部截形，外缘稍外卷；檐部卵形或卵状披针形，下弯几成盔状，先端骤狭渐尖。肉穗花序两性或雄性。两性花序：下部雌花序长 1 ~ 2.2 cm，上部雄花序长 1.5 ~ 3.2 cm，雄花疏，大部分不育，有的退化为钻形中性花，稀为仅有钻形中性花的雌花序。单性雄花序长 3 ~ 5 cm，粗 3 ~ 5 mm，各种花序附属器基部粗 5 ~ 11 mm，苍白色，向上细狭，长 10 ~ 20 cm，至佛焰苞喉部以外之字形上升（稀下弯）。雌花球形，花柱明显，胚珠 3 ~ 4。雄花具柄，花药 2 ~ 4，白色。浆果黄红色、红色，圆柱形，长约 5 mm。花期 4 ~ 5 月；果期 7 ~ 9 月。

特征图

植株

果序

幼株及幼苗

花序

种子

块茎

　　【生境分布】分布于烟台（昆嵛山）、青岛（崂山），生于背阴山坡、林下灌丛或草地。国内除西北、西藏外，大部分地区都有分布。日本、朝鲜也有。

　　【保护价值】天南星为历史悠久的传统中药，能解毒消肿、祛风定惊、化痰散结。块茎含淀粉28.05%，可制酒精、糊料，但有毒，不可食用。

　　【致危分析】天南星在山东仅分布于胶东部分地区，数量少，由于采药和生境变化数量呈减少趋势。

　　【保护措施】建议列为山东省重点保护野生植物。就地保护。

（编写人：臧德奎）

莎草科 Cyperaceae

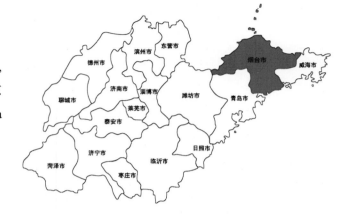

◆ 胶东薹草

Carex jiaodongensis Y. M. Zhang & X. D. Chen, Acta Phytotax. Sin. 31（4）：381. 1993; 李法曾，山东植物精要，121. f. 395. 2004；L. K. Dai, Flora of China 23: 452. 2010; 臧德奎，山东特有植物，18. 2016.

【类别】山东特有植物

【现状】极危（CR）

【形态】多年生草本，根状茎匍匐，延伸，长达 50 ~ 100 cm，黑褐色，外被撕裂成纤维状的残存叶鞘。秆高 15 ~ 20 cm，三棱形，上部稍粗糙，基部具无叶片的叶鞘，褐色。叶短于秆，宽 2 ~ 3 mm，平张，边缘粗糙，先端长渐尖。苞片鳞片状。小穗 6 ~ 10 个，雄雌顺序，有时最基部的小穗雌性和中部 1 个小穗为雄性，卵形，长约 5 mm；穗状花序长圆形或圆柱形，长 2 cm。雌花鳞片长圆形，先端渐尖，长约 4 mm，栗褐色，边缘白色膜质。果囊等长或稍短于鳞片，平凸状，长 3.5 ~ 4 mm，淡绿色，上部锈色，两面具多数细脉，边缘具窄翅，翅缘中部以上明显粗糙，基部收缩，上部渐狭成长喙，喙锈色，喙口斜截形，背面 2 裂。小坚果长圆形，长约 1.8 mm；花柱基部稍膨大，柱头 2 个。花果期 5 月。

【生境分布】分布于烟台（牟平），生于海边沙地。模式标本采自山东烟台牟平。

【保护价值】胶东薹草是山东特有植物，具有重要的科研价值，资源较少。对于维护滨海沙地的生态环境具有重要价值。

【致危分析】滨海地区大规模水产养殖和旅游开发使其生境遭受一定程度破坏，对种群更新具有较大影响。

【保护措施】就地保护，加强生境保护；迁地保护，引种到植物园进行人工繁育。

（编写人：臧德奎）

特征图

模式标本

◆ 青岛薹草

Carex qingdaoensis F. Z. Li & S. J. Fan Bull. Bot. Res., Harbin 13（1）：71. 1993; D. K. Zang in Bull. Bot. Res., Harbin 14（1）：53. 1994; 李法曾，山东植物精要，119. f. 386. 2004；L. K. Dai, Flora of China 23: 387.2010; 臧德奎，山东特有植物，19. 2016.

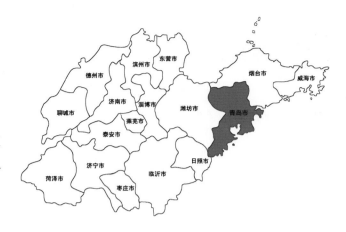

【类别】山东特有植物

【现状】极危（CR）

【形态】多年生草本。根状茎粗，斜生。秆高30～40 cm，纤细，三棱形，基部被暗褐色分裂成纤维状的老叶鞘。叶长于秆，长40～55 cm，宽3～8 mm，革质。苞片短叶状，短于小穗。小穗2～3个，顶生1个雄性，长圆柱形，长约4 cm，宽约7 mm;侧生1～2个小穗雌性，顶端具少数雄花，远离，长圆柱形，长4～5 cm，花密生。雌花鳞片椭圆状披针形，顶端平截或微凹，长8～10 mm，具3脉，褐色，并具长约5 mm的芒，芒粗糙。果囊倒卵状椭圆形，三棱形，长5～6 mm，无毛，下部棱面凹陷，先端急缩成长约3 mm的喙，喙缘粗糙。喙口深裂为2齿。小坚果倒卵状三棱形，下部棱面凹陷;花柱细长，基部弯曲;柱头3个。

【生境分布】分布于青岛（长门岩岛、大管岛），生于滨海泥地和海边山坡。模式标本采自山东青岛长门岩岛。

【保护价值】青岛薹草是山东特有植物，数量较少，具有重要的科研价值。青岛薹草与长嘴薹草（Carex longerostrata）相近，但叶革质，长于秆，雌性小穗长圆柱形，长4～5 cm，顶端具少数雄花，雌花鳞片长于果囊。

【致危分析】青岛薹草分布范围狭窄，但因其生长在长门岩岛，人员很少，目前其生长未受到明显威胁，但种群小，极易因自然灾害等干扰等而灭绝。

【保护措施】建议列为山东省重点保护野生植物。就地保护，减少人为干扰，利于其生长和天然更新;迁地保护，引种到植物园进行人工繁育。

（编写人：张学杰）

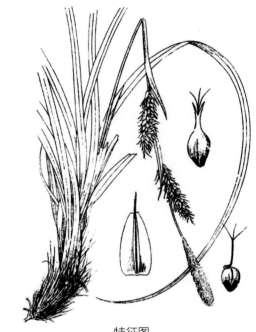

特征图

植株

薯蓣科 Dioscoreaceae

◆ **穿龙薯蓣（穿山龙）**

Dioscorea nipponica Makino Ill. Fl. Jap. 1: t. 45. 1891; 中国植物志, 16（1）: 60. 1985; 陈汉斌, 山东植物志（上卷）, 795 . f. 519. 1990; 李法曾, 山东植物精要, 157. f. 525. 2004.

【类别】国家重点保护野生植物

【现状】近危（NT）

【形态】缠绕草质藤本。根状茎横生, 圆柱形, 栓皮层显著剥离。茎左旋, 近无毛, 长达 5 m。单叶互生, 叶柄长 10 ~ 20 cm；叶片掌状心形, 变化较大, 茎基部叶长 10 ~ 15 cm, 宽 9 ~ 13 cm, 边缘作不等大的三角状浅裂、中裂或深裂, 顶端叶片小, 近于全缘, 叶表面黄绿色, 有光泽, 无毛或有稀疏的白色细柔毛, 尤以脉上较密。花雌雄异株。雄花序为腋生的穗状花序, 花序基部常由 2 ~ 4 朵集成小伞状, 至花序顶端常为单花；苞片披针形, 顶端渐尖, 短于花被；花被碟形, 6 裂, 裂片顶端钝圆；雄蕊 6 枚, 着生于花被裂片的中央。雌花序穗状, 单生；雌花具有退化雄蕊, 雌蕊柱头 3 裂, 裂片再 2 裂。蒴果成熟后枯黄色, 三棱形, 顶端凹入, 基部近圆形, 每棱翅状, 大小不一, 一般长约 2 cm, 宽约 1.5 cm；种子每室 2 枚, 有时仅 1 枚发育, 着生于中轴基部, 四周有不等的薄膜状翅, 上方呈长方形, 长约比宽大 2 倍。花期 6 ~ 8 月；果期 8 ~ 10 月。

【生境分布】分布于鲁中南山区和胶东丘陵, 已知泰安（泰山、徂徕山）、济南（莲台山）、莱芜、临沂（蒙山）、烟台（昆嵛山）、青岛（崂山）、威海、日照（五莲山）、淄博（鲁山）、潍坊等地均产, 生于阴湿的林下或灌丛中。国内分布于东北、华北、河南、安徽、浙江、江西、陕西、甘肃、宁夏、青海、四川等地。也产于日本、朝鲜、俄罗斯。

特征图

花枝

植株　　　　　　　　　　　　花枝

枝叶　　　　　　　　　　　果枝

【保护价值】穿龙薯蓣是著名药用植物，根状茎入药，能舒筋活血、祛风止痛，又为合成"可的松"及性激素的重要原料。

【致危分析】穿龙薯蓣常因被采集而数量减少，且多生于林下及灌丛，也受到森林抚育等林业生产、生境破坏等干扰。

【保护措施】建议列为山东省重点保护野生植物。就地保护，在分布区内禁止人工采挖，在森林抚育中注意保护本种。

（编写人：臧德奎）

谷精草科 Eriocaulaceae

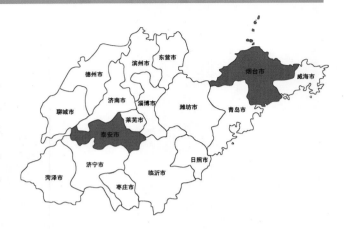

◆ 泰山谷精草

Eriocaulon taishanense F. Z. Li, Acta Phytotax. Sin. 26: 318. 1988; 陈汉斌，山东植物志（上卷），642 . f. 421. 1990; D. K. Zang in Bull. Bot. Res., Harbin 14(1): 53. 1994; 中国植物志，13（3）: 51. 1997; W. L. Ma, Flora of China 24: 14. 2000; 李法曾，山东植物精要，130. f. 428. 2004; 臧德奎，山东特有植物，22. 2016.

【类别】山东特有植物

【现状】极危（CR）

【形态】一年生小草本。叶丛生，线形，脉7或8条。花葶3～10枚，高2～7 cm，具4纵棱；基部包有1.5～2 cm长的鞘；花序托疏生长柔毛；头状花序黑色，半球形；总苞片淡黄色，圆形至倒卵形，膜质，光滑无毛；花苞片卵形至倒披针状船形，光滑无毛。雄花：萼片长1～1.2 mm，光滑无毛，先端2半裂；花瓣0～3枚，小，光滑无毛，腺体无；雄蕊2～4枚，黑色，有白霜；子房退化，中心黑色。雌花：萼片2或3枚，离生，线形，边缘和先端有白色棒状毛，后萼片退化或无；花瓣无；子房3室；花柱3深裂。种子卵球形，长约0.4 mm；种皮网状，无皮刺。花、果期约10月。

【生境分布】分布于泰安（泰山）、烟台（海阳），生于海拔300～400 m的山坡湿地。模式标本采自山东泰山普照寺。

【保护价值】泰山谷精草是山东特有植物，对研究谷精草科植物的系统分类和地理分布具有重要意义。

【致危分析】泰山谷精草是一种小型草本植物，零散分布于山坡湿地、农田边湿润处。植株极小，分布量少，极易随农田的开垦、道路的修筑破坏其生境而消失。

【保护措施】建议列为山东省重点保护野生植物。进一步开展全面调查研究，为保护提供科学依据，在分布点进行严格保护；对该种进行引种栽培或组培快速繁殖，以便达到迁地保护。

（编写人：侯元同、辛晓伟）

特征图

模式标本

植株

花序

生境及植株

鸢尾科 Iridaceae

◆ **矮鸢尾**

Iris kobayashii Kitagawa in Journ. Jap. Bot. 9（4）：294-295. 1933; 中国植物志, 16（1）: 159. 1985; 陈汉斌, 山东植物志（上卷）, 709. f. 528. 1990; 李法曾, 山东植物精要, 158. f. 534. 2004.

【类别】山东珍稀植物

【现状】濒危（EN）

【形态】多年生密丛草本，植株基部围有残留折断的老叶叶鞘，黄褐或棕褐色。根状茎块状，短粗，木质，棕褐色；须根黄棕色，分枝少。叶略扭曲，狭条形，长 10 ~ 20 cm，宽约 3 mm，顶端渐尖，无明显中脉。花茎短，一般不伸出地面；苞片 2 ~ 3 枚，草质，绿色，狭披针形，长 6 ~ 8 cm，宽 0.8 ~ 1 cm，顶端长渐尖，其中包含 1 ~ 2 朵花；花黄色，有紫色条纹，直径约 3 cm；花梗较短，长约 1.5 cm；花被管细长，长 4 ~ 5 cm，外花被裂片狭倒披针形，长约 3 cm，宽约 5 mm，上部向外反折，爪部狭楔形，呈沟状，内花被裂片狭倒披针形，长约 2 cm，宽 2 ~ 3 mm，直立；雄蕊长 1.5 ~ 1.8 cm，花药黄色或黄褐色；花柱分枝较花被裂片略短而狭，顶端裂片丝状，狭三角形，子房细圆柱形，长约 1 cm。蒴果长圆形，长约 2 cm，直径 7 ~ 8 mm，有 6 条突起的肋，顶端有短喙。花期 5 月；果期 6 ~ 8 月。

【生境分布】分布于济南附近山地（历城、章丘），生于山坡灌草丛及草丛中。中国特有植物，国内分布于辽宁南部。

特征图

生境

花序

植株

【保护价值】本种为一狭域分布的稀有物种，仅产于辽宁南部和山东，对于研究该属的地理分布和演化具有一定价值。花色美丽，可供观赏。

【致危分析】由于资源较少，极易因旅游开发和生境破坏而消失。

【保护措施】建议列为山东省重点保护野生植物。对已知分布点就地保护；通过引种栽培迁地保存到植物园。

（编写人：臧德奎）

百合科 Liliaceae

◆ **矮齿韭**

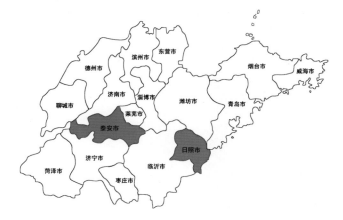

Allium brevidentatum F. Z. Li, Bull. Bot. Res., Harbin 6（1）：170 1986; 陈汉斌, 山东植物志（上卷）, 742 . f. 483. 1990; D. K. Zang in Bull. Bot. Res., Harbin 14（1）：53. 1994; J. M. Xu, Flora of China 24: 187. 2000; 李法曾, 山东植物精要, 148. f. 490. 2004; 臧德奎, 山东特有植物, 23. 2016.

【类别】山东特有植物

【现状】极危（CR）

【形态】多年生草本。鳞茎一般单生, 圆柱形; 鳞茎外皮褐色, 顶端不规则开裂, 内皮淡褐色。叶扁平条形, 宽 2 ~ 3 mm。花葶比叶短, 高 20 ~ 30 cm, 圆柱形, 上部有细棱; 总苞 2 裂, 宿存; 伞形花序松散, 花梗近等长, 长约 1 cm, 基部无小苞片; 花被片淡黄绿色, 外轮花被片长约 5 mm, 内轮花被片长约 5.5 mm, 雄蕊伸出花被外, 长约 7 mm, 花丝基部合生, 并与花被片贴生, 外轮花丝基部稍扩大成锥形, 内轮花丝基部扩大成卵圆形, 扩大部分高约 1 mm, 其两侧各有 1 矮齿：子房卵球形, 基部有带帘的凹陷蜜穴, 花柱长约 4 mm, 伸出花被外。花果期 9 ~ 10 月。

【生境分布】分布于泰安（泰山、徂徕山）、日照（莒县）等地, 生于海拔较高的阳坡灌丛中。模式标

特征图

模式标本

植株

生境

花序

花

本采自山东泰山。

【保护价值】矮齿韭是山东特有植物，数量较少，具有重要的科研价值。

【致危分析】矮齿韭分布范围狭窄，分布地点为旅游热点地区，生境遭受一定程度破坏，苗期和花期也常被采集作为野菜食用。

【保护措施】建议列为山东省重点保护野生植物。就地保护。应开展全面深入研究，为保护矮齿韭资源提供科学依据。

（编写人：张学杰、辛晓伟）

◆ **泰山韭**

Allium taishanense J. M. Xu ex F. T. Wang & Tang, 中国植物志, 14: 285. 1980; 陈汉斌, 山东植物志（上卷）, 745 . f.487. 1990; D. K. Zang in Bull. Bot. Res., Harbin 14（1）: 53. 1994; J. M. Xu, Flora of China 24: 187. 2000; 李法曾, 山东植物精要, 148. f. 494. 2004; 臧德奎, 山东特有植物, 23. 2016.

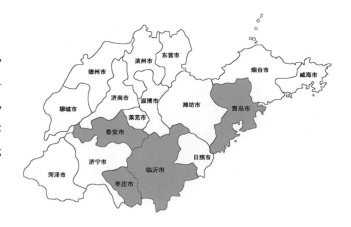

【**类别**】山东特有植物

【**现状**】近危（NT）

【**形态**】多年生草本。具斜生的根状茎。鳞茎单生或少数聚生，近圆柱状，粗约 5 mm；鳞茎外皮灰黑色，内皮白色，均为膜质，不破裂。叶宽条形，比花葶短或近与其相等，中部宽 7 ~ 10 mm，向两端收狭，背面具 1 纵棱，沿叶缘和纵棱具细糙齿。花葶圆柱状，具 2 纵棱，沿棱具细糙齿，高 22 ~ 37 cm，中部粗 1.5 ~ 3 mm，下部被光滑的叶鞘；总苞 2 裂，远比花序短，宿存；伞形花序近半球状，多花，松散；小花梗近等长，比花被片长 2 ~ 3 倍，基部无小苞片；花淡红色至白色；花被片卵状矩圆形，内轮的长而宽，长 3.7 ~ 4.6 mm，宽 2.2 ~ 2.5 mm，先端极钝，外轮的长 3.2 ~ 3.8 mm，宽 1.7 ~ 1.9 mm，先端钝圆；花丝等长，略长于花被片，基部合生并与花被片贴生，合生部分高约 0.6 mm，内轮的基部扩大成三角形，约比外轮的基部宽 1 倍；子房倒卵状球形，腹缝线基部具有帘的凹陷蜜穴，每室 2 胚珠；花柱伸出花被外。花期 9 月。

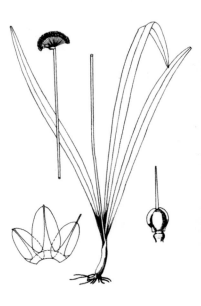

特征图

花期植株（塔山）

生境（崂山）　　　　　　生境（蒙山）　　　　　　极端生境（抱犊崮）

营养期植株（泰山）　　　　　　花期植株　　　　　　　　花序

【生境分布】分布于泰安（泰山、徂徕山、新泰）、临沂（蒙山、塔山）、枣庄（抱犊崮）、青岛（崂山）等地，主产鲁中山区，多生于海拔 300 ～ 600 m 的山坡草地、灌丛中。模式标本采自山东泰山。

【保护价值】泰山韭为山东特有植物，具有重要科研价值，资源较少。花和幼果可食用。本种与山韭（*Allium senescens*）相似，不同处在于山韭的条形叶背面无纵棱，子房无凹陷的蜜穴。

【致危分析】泰山韭的花和幼果常被作为韭菜花应用而经常遭受采集、采挖，也易遭受放牧、旅游开发等人为干扰。

【保护措施】建议列为山东省重点保护野生植物。在泰山韭分布集中的区域设立保护小区，就地保护，加强宣传教育和管理。

（编写人：臧德奎）

◆ 茖葱

Allium victorialis Linn., Sp. Pl. ed. 1. 295. 1753;
中国植物志, 14: 203. 1980; 陈汉斌, 山东植物志（上
卷）, 740. 1990; 李法曾, 山东植物精要, 147. f. 488.
2004.

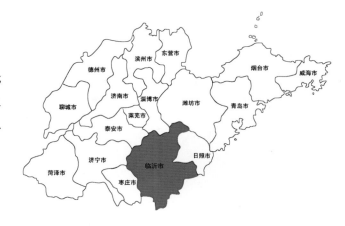

【类别】山东珍稀植物

【现状】极危（CR）

【形态】多年生草本，鳞茎单生或 2 ～ 3 枚聚生，近圆柱状；鳞茎外皮灰褐色至黑褐色，破裂成纤维状，呈明显的网状。叶 2 ～ 3 枚，倒披针状椭圆形至椭圆形，长 8 ～ 20 cm，宽 3 ～ 9.5 cm，基部楔形，沿叶柄稍下延，先端渐尖或短尖，叶柄长为叶片的 1/5 ～ 1/2。花葶圆柱状，高 25 ～ 80 cm，1/4 ～ 1/2 被叶鞘；总苞 2 裂，宿存；伞形花序球状，具多而密集的花；小花梗近等长，比花被片长 2 ～ 4 倍，果期伸长，基部无小苞片；花白色或带绿色，极稀带红色；内轮花被片椭圆状卵形，长（4.5）5 ～ 6 mm，宽 2 ～ 3 mm，先端钝圆，常具小齿；外轮的狭而短，舟状，长 4 ～ 5 mm，宽 1.5 ～ 2 mm，先端钝圆；花丝比花被片长 1/4 至 1 倍，基部合生并与花被片贴生，内轮的狭长三角形，基部宽 1 ～ 1.5 mm，外轮的锥形，基部比内轮的窄；子房具 3 圆棱，基部收狭成短柄，柄长约 1 mm，每室具 1 胚珠。花果期 6 ～ 8 月。

【生境分布】分布于临沂（蒙山），生于海拔 900 m 左右的阴湿山坡、林下或沟边。国内分布于黑龙江、吉林、辽宁、河北、山西、内蒙古、陕西、甘肃、四川、湖北、河南和浙江。广泛分布于北温带。

【保护价值】茖葱是韭菜的近缘种，且鳞茎入药，有散瘀、止血、解毒功效；嫩叶也可供食用。

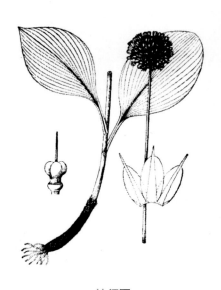

特征图

群落（蒙山）

开花前植株

果期植株

【致危分析】仅分布于蒙山龟蒙顶一带，为稀有植物，随着旅游开发，生境受到破坏；由于其药用和食用价值，经常遭受采挖，具有灭绝危险。

【保护措施】建议列为山东省重点保护野生植物。在龟蒙顶附近设立保护点，就地保护；加大宣传教育工作，让公众和游客认识到物种保护的重要性，防止人为破坏。开展人工繁育研究，迁地保护到植物园。

（编写人：臧德奎）

花期植株

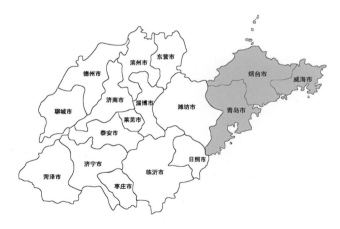

◆ 铃兰

Convallaria majalis Linn., Sp. Pl. ed. 1. 314. 1753; 中国植物志, 15: 2. 1978; 陈汉斌, 山东植物志（上卷）, 710 . f. 464. 1990; 李法曾, 山东植物精要, 143. f. 471. 2004.

【类别】山东珍稀植物

【现状】易危（VU）

【形态】植株全部无毛，高 18 ~ 30 cm，常成片生长。叶椭圆形或卵状披针形，长 7 ~ 20 cm，宽 3 ~ 8.5 cm，先端近急尖，基部楔形；叶柄长 8 ~ 20 cm。花葶高 15 ~ 30 cm，稍外弯；苞片披针形，短于花梗；花梗长 6 ~ 15 mm，近顶端有关节，果熟时从关节处脱落；花白色，长宽各 5 ~ 7 mm；裂片卵状三角形，先端锐尖，有 1 脉；花丝稍短于花药，向基部扩大，花药近矩圆形；花柱柱状，长 2.5 ~ 3 mm。浆果直径 6 ~ 12 mm，熟后红色，稍下垂。种子扁圆形或双凸状，表面有细网纹，直径 3 mm。花期 5 ~ 6 月；果期 7 ~ 9 月。

【生境分布】已知分布于青岛（崂山）、烟台（昆嵛山、招虎山）、威海等地，生于阴湿的山坡林下和灌丛中。国内分布于黑龙江、吉林、辽宁、内蒙古、河北、山西、河南、陕西、甘肃、宁夏、浙江和湖南等地。朝鲜、日本至欧洲、北美洲也有。

【保护价值】铃兰带花全草供药用，有强心利尿之效，也是优良的观赏植物。

【致危分析】铃兰主要分布区为旅游热点地区，花期容易遭受游客破坏，旅游干扰较大。另外，铃兰对环境要求较严格，喜冷凉湿润的环境，环境改变对其自然繁衍也有影响。

特征图

花序

果期

群落

果实

群落

花期

植株

植株

【保护措施】就地保护，在景区内设立标志，加大宣传教育，让游客认识到物种保护的重要性，防止人为破坏。

（编写人：臧德奎）

◆ 山东万寿竹

Disporum smilacinum A. Gray in Perry, Exped. Jap. 2: 321. 1857; 中国植物志, 15: 44. 1978; 陈汉斌, 山东植物志（上卷）, 736 . f. 480. 1990; 李法曾, 山东植物精要, 147. f. 486. 2004.

【类别】山东珍稀植物

【现状】易危（VU）

【形态】多年生直立草本, 高 15 ~ 35 cm。根状茎短, 常具长的匍匐茎。茎不分枝或分枝。叶薄纸质, 卵形至椭圆形, 长 3 ~ 6 cm, 宽 1.5 ~ 3 cm, 先端渐尖, 基部近圆形, 弧形脉 3 ~ 7 条; 叶柄极短。花白色, 单生于茎顶端, 有时为 2 花; 花梗长 1 ~ 1.5 cm; 花被片稍张开, 宽披针形, 长 10 ~ 15 mm, 宽 2 ~ 4 mm, 离生, 脉纹明显, 先端尖, 基部略为囊状; 雄蕊 6, 花丝扁平, 长 5 ~ 6 mm, 花药长 2 ~ 3 mm; 花柱柱状, 柱头 3 裂, 外卷, 长于子房 2 ~ 3 倍; 雌雄蕊不伸出花被外。浆果球形, 黑色, 直径约 1 cm。花期 4 ~ 5 月; 果期 8 ~ 9 月。

【生境分布】分布于青岛（崂山）、烟台（昆嵛山）、威海（荣成）等山区, 生于海拔 200 ~ 700 m 针阔混交林或杂木林下草丛阴湿处, 常分布在疏松肥沃的森林棕壤。国内分布于江苏连云港。朝鲜和日本、俄罗斯也有分布。

【保护价值】山东万寿竹为中国稀有植物, 分布区狭窄, 已被列为国家第二批稀有濒危植物。另外, 其根及根茎可入药。

【致危分析】山东万寿竹对环境要求较严格, 需要生长在林下阴湿的环境中, 分布区多以小片状零星分

特征图

花期

植株

花

成熟果实

果枝

群落（崂山）

果期

布，数量不多，随着气候变化，干旱缺雨等气候变化使其生境改变或丧失影响了繁衍。该物种在野外结实较少，繁衍主要靠根状茎进行营养繁殖，种群易退化。另外是人为活动的影响，分布区大多数都已开发为旅游区，道路、景点建设和游人活动频繁也使山东万寿竹遭到不同程度的破坏。

【保护措施】建议列为山东省重点保护野生植物。就地保护。在景区内设立标志，加大宣传教育，让游客认识到物种保护的重要性，让游人注意，保护路旁或草地生长的山东万寿竹，避免踩踏，防止人为破坏。

（编写人：张　萍）

◆ **卷丹**

Lilium tigrinum Ker Gawler, Bot. Mag. 31: t. 1237. 1809；S. Y. Liang in Flora of China 24: 146. 2000.

【类别】山东珍稀植物

【现状】易危（VU）

【形态】鳞茎近宽球形，高约 3.5 cm，直径 4 ~ 8 cm；鳞片宽卵形，长 2.5 ~ 3 cm，宽 1.4 ~ 2.5 cm，白色。茎高 0.8 ~ 1.5 m，带紫色条纹，具白色绵毛。叶散生，矩圆状披针形或披针形，长 6.5 ~ 9 cm，宽 1 ~ 1.8 cm，两面近无毛，先端有白毛，边缘有乳头状突起，有 5 ~ 7 条脉，上部叶腋有珠芽。花 3 ~ 6 朵或更多；苞片叶状，卵状披针形，长 1.5 ~ 2 cm，宽 2 ~ 5 mm，先端钝，有白绵毛；花梗长 6.5 ~ 9 cm，紫色，有白色绵毛；花下垂，花被片披针形，反卷，橙红色，有紫黑色斑点；外轮花被片长 6 ~ 10 cm，宽 1 ~ 2 cm；内轮花被片稍宽，蜜腺两边有乳头状突起，尚有流苏状突起；雄蕊四面张开；花丝长 5 ~ 7 cm，淡红色，无毛，花药矩圆形，长约 2 cm；子房圆柱形，长 1.5 ~ 2 cm，宽 2 ~ 3 mm；花柱长 4.5 ~ 6.5 cm，柱头稍膨大，3 裂。蒴果狭长卵形，长 3 ~ 4 cm。花期 7 ~ 8 月；果期 9 ~ 10 月。

【生境分布】分布于鲁中南山区和胶东丘陵，已知泰安（泰山、徂徕山）、济南、莱芜、临沂、烟台、青岛、威海、日照、淄博、潍坊等地均产，生于海拔 400 ~ 1000 m 山坡灌木林下、草地，路边或水旁，在胶东地区亦可见于海拔 100 m 以下地带。国内分布于江苏、浙江、安徽、江西、湖南、湖北、广西、四川、青海、西藏、甘肃、陕西、山西、河南、河北和吉林等地。日本、朝鲜也有分布。

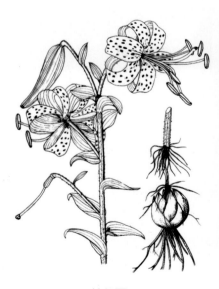

特征图

花期

茎叶及珠芽

植株

群落（崂山）

花枝

花枝

【保护价值】鳞茎富含淀粉，供食用，亦可作药用；花含芳香油，可作香料。花大而美丽，是优良的观赏花卉。

【致危分析】本种在山东虽然分布区域广泛，但数量较少，且近年来人为破坏较严重，经常遭受采挖，也受到旅游开发干扰。

【保护措施】就地保护，严禁私自采摘采挖，加强对其生境的保护。开展繁育生物学研究，引种到植物园、资源圃进行保护。

（编写人：臧德奎）

◆ 青岛百合（崂山百合）

Lilium tsingtauense Gilg. in Bot. & Stearn, Lil. world 359, f. 114. 1950; 中国植物志, 14: 154. 1980; 陈汉斌, 山东植物志（上卷）, 770. f. 503. 1990; 李法曾, 山东植物精要, 152. f. 509. 2004.

【类别】国家重点保护野生植物

【现状】易危（VU）

【形态】多年生草本。鳞茎近球形，鳞片披针形，白色，无节。茎直立，高 40 ～ 85 cm，平滑无毛。基生叶披针形，具长柄;茎中部叶轮生，1 ～ 2 轮，每轮具叶 5 ～ 14 枚，矩圆状倒披针形、倒披针形至椭圆形，长 10 ～ 15 cm，宽 2 ～ 4 cm，先端急尖，基部渐狭成短柄或不明显，边缘具乳头状突起，两面无毛，茎上部叶互生，1 ～ 2 片，披针形，渐小，两面有极稀疏的短毛或脱落近无毛。花单生或 2 至数朵排列成总状花序;苞片叶状，披针形，长 4.5 ～ 5.5 cm，宽 0.8 ～ 1.5 cm;花梗长 2 ～ 8.5 cm;花橙黄色或橙红色，内侧具紫红色斑点;花被片 6，长椭圆形或卵状披针形，长 4.8 ～ 5.2 cm，宽 1.2 ～ 1.4 cm，蜜腺两边无乳头状突起;花丝细长，短于花被，无毛，花药橙红色;雌蕊 1，子房圆柱形，长 8 ～ 12 mm，宽 3 ～ 4 mm;花柱长为子房的 2 倍，柱头膨大，3 浅裂。花期 6 月，果，7 ～ 8 月。

【生境分布】分布于青岛（崂山、大泽山、小珠山、标山）、烟台（招虎山），一般生于海拔 200 ～ 1000 m 湿润的阴坡或半阴坡灌丛和疏林，土壤为棕壤。国内分布于安徽。朝鲜也有分布。模式标本采自山东崂山。

【保护价值】青岛百合是一个狭域分布种，主要分布于山东崂山，在植物区系和地理学研究中具有重要科研价值。花大而美丽，观赏价值高，鳞茎可食用，也具有一定的药用价值。已列入国家第二批珍稀濒危保护植物名录。

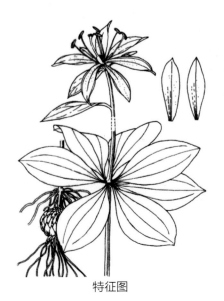

特征图

生境

鳞茎　　　　　　　花期植株　　　　　　　花期植株

植株　　　　　　　群落中的幼苗　　　　　　成熟果实

果实　　　　　　　　幼果　　　　　　　　　花

【致危分析】青岛百合在崂山分布较广泛，种群繁衍基本正常。调查发现，青岛百合种子光滑，散布能力较弱，从幼苗到成年阶段对环境条件的要求较严格，种球的自然更新能力不强。青岛百合是林内萌发较早的植物，成年植株在林冠郁闭之前，基本完成了营养生长过程。大量当年萌发的实生苗在早春出现，但由于林内环境影响，绝大多数不能完成正常的生活周期，在上木层郁闭之后相继死亡，能够生存下来植株数量较少。同时，青岛百合花大色艳，同时鳞茎具有食用及药用价值，花期也常被大肆采挖。

【保护措施】建议列为山东省重点保护野生植物。就地保护，加强对其生境的保护，注意上层乔木的郁闭度不可过高。加大宣传，在开花季节对风景区内游人进行植物保护宣传，严禁盗采盗挖。迁地保护，通过引种将其保存到种质资源圃、植物园中。

（编写人：周春玲、辛　华）

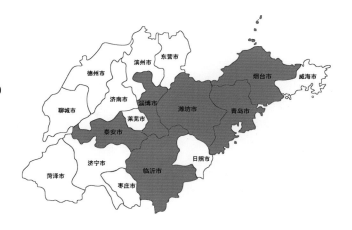

◆ 二苞黄精

Polygonatum involucratum（Franch.et Sav.）Maxim. in Mel. Biol. 11: 844.1883; 中国植物志，15: 58. 1978; 陈汉斌，山东植物志（上卷），730 . f. 477. 1990; 李法曾，山东植物精要，146. f. 483. 2004.

【类别】山东珍稀植物

【现状】易危（VU）

【形态】多年生草本，根状茎细圆柱形，直径 3 ~ 5 mm。茎高 20 ~ 50 cm，具 4 ~ 7 叶。叶互生，卵形、卵状椭圆形至矩圆状椭圆形，长 5 ~ 10 cm，先端短渐尖，下部的具短柄，上部的近无柄。花序具 2 花，总花梗长 1 ~ 2 cm，顶端具 2 枚叶状苞片；苞片卵形至宽卵形，长 2 ~ 3.5 cm，宽 1 ~ 3 cm，宿存，具多脉；花梗极短，仅长 1 ~ 2 mm，花被绿白色至淡黄绿色，全长 2.3 ~ 2.5 cm，裂片长约 3 mm；花丝长 2 ~ 3 mm，向上略弯，两侧扁，具乳头状突起，花药长 4 ~ 5 mm；子房长约 5 mm，花柱长 18 ~ 20 mm，等长于或稍伸出花被之外。浆果直径约 1 cm，具 7 ~ 8 颗种子。花期 5 ~ 6 月；果期 8 ~ 9 月。

【生境分布】分布于青岛（崂山）、烟台（昆嵛山）、泰安（泰山）、淄博（鲁山）、潍坊、临沂（蒙阴）等地，生于林下阴湿处。国内分布于东北、河北、河南、山西等地。朝鲜、俄罗斯远东地区、日本也有分布。

【保护价值】二苞黄精为重要药用植物，根茎入药，有滋养作用。花序下垂，苞片大，较为特殊，有一定的观赏价值。

特征图

生境

植株 　　　　　 幼果 　　　　　 植株

花期 　　　　　 果期 　　　　　 花期

【致危分析】二苞黄精在山东为稀有植物,植株矮小,零星分布,对环境要求特殊,多生于林下阴湿环境,常因森林砍伐等生境变化而消失。

【保护措施】建议列为山东省重点保护野生植物。就地保护。加强宣传教育,让游客认识到该物种的重要性,防止人为破坏。

（编写人：臧德奎）

◆ **黄精**

Polygonatum sibiricum Delar. ex Redoute, Lil. 6: t. 315. 1812; 中国植物志 , 15: 78. 1978; 陈汉斌 , 山东植物志（上卷）, 730 . f. 476. 1990; 李法曾 , 山东植物精要 , 145. f. 482. 2004.

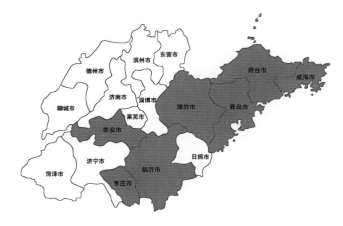

【类别】山东珍稀植物

【现状】易危（VU）

【形态】多年生草本，根状茎圆柱状，由于结节膨大，因此"节间"一头粗、一头细，在粗的一头有短分枝，直径 1 ~ 2 cm。茎高 50 ~ 90 cm，或可达 1 m 以上，有时呈攀援状。叶轮生，每轮 4 ~ 6 枚，条状披针形，长 8 ~ 15 cm，宽（4）6 ~ 16 mm，先端拳卷或弯曲成钩。花序通常具 2 ~ 4 朵花，似成伞形状，总花梗长 1 ~ 2 cm，花梗长（2.5）4 ~ 10 mm，俯垂；苞片位于花梗基部，膜质，钻形或条状披针形，长 3 ~ 5 mm，具 1 脉；花被乳白色至淡黄色，全长 9 ~ 12 mm，花被筒中部稍缢缩，裂片长约 4 mm；花丝长 0.5 ~ 1 mm，花药长 2 ~ 3 mm；子房长约 3 mm，花柱长 5 ~ 7 mm。浆果直径 7 ~ 10 mm，黑色，具 4 ~ 7 颗种子。花期 5 ~ 6 月；果期 8 ~ 9 月。

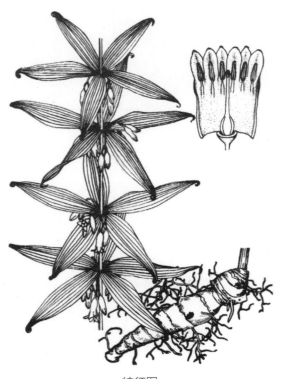

特征图

茎叶

根状茎　　　　　　　植株上部　　　　　　　花枝

生境

　　【生境分布】零星分布于青岛、烟台、泰安、临沂、潍坊（沂山）、枣庄（抱犊崮）、威海等地，生于林下、灌丛或山坡阴处。国内分布于黑龙江、吉林、辽宁、河北、山西、陕西、内蒙古、宁夏、甘肃、河南、安徽、浙江。朝鲜、蒙古和俄罗斯西伯利亚东部也有。

　　【保护价值】黄精是我国传统中草药，其根状茎为常用中药"黄精"。

　　【致危分析】黄精在山东分布范围虽较大，但各分布区内均极为零星稀见，资源较少。作为著名的中药常被采挖而人为破坏严重。

　　【保护措施】建议列为山东省重点保护野生植物。就地保护，严格保护已知的分布点，并加强对其潜在分布区的保护。

（编写人：赵　宏、臧德奎）

兰科 Orchidaceae

◆ **无柱兰**

Amitostigma gracile（Blume）Schltr. in Fedde Repert. Sp. Nov. Beih. 4: 93. 1919; 中国植物志，17: 358. 1999; 陈汉斌，山东植物志（上卷），836．f. 545. 1990; 李法曾，山东植物精要，164. f. 552. 2004.

【类别】国家重点保护野生植物

【现状】易危（VU）

【形态】多年陆生草本，光滑，高 7 ~ 20 cm。块茎椭圆状球形。茎纤细，直立，近基部具 1 片叶。叶狭长椭圆形或卵状披针形，直立平伸，长 5 ~ 12 cm，宽 1 ~ 3.5 cm，先端钝或急尖，基部鞘状抱茎。总状花序疏生 5 ~ 20 余朵花；苞片小，直立伸展，卵状披针形或卵形，短于子房；子房圆柱形，连花梗长 7 ~ 10 mm；花小，粉红色或紫红色；中萼片卵形，直立，长 2.5 ~ 3 mm，宽 1.5 ~ 2 mm，舟状，先端钝；侧萼片斜卵形或倒卵形，先端钝；花瓣椭圆形或卵形，与萼片等大，先端急尖；唇瓣长大于宽，倒卵形，基部楔形，中部之上 3 裂，中裂片长 2 ~ 4 mm，宽 0.5 ~ 2 mm，倒卵状楔形，先端截形、钝圆形，有时微凹或浅缺口；侧裂片披针形、长椭圆形、长卵形或三角形；距纤细，下垂，长 2 ~ 3 mm；蕊柱极短，直立；药室并行，花粉团卵球形，具花粉团柄和小的粘盘；蕊喙小，直立；柱头 2 个，从蕊喙之下伸出；退化雄蕊 2 个。蒴果近直立。花期 6 ~ 7 月；果期 9 ~ 10 月。

特征图

生境

花序

花序

花

植株

【生境分布】分布于鲁中南和胶东丘陵地区，已知产于泰安（泰山、徂徕山）、临沂（蒙山）、潍坊（沂山）、青岛（崂山）、烟台、威海等地。生于山坡沟谷边或林下阴湿处覆有土的岩石上或山坡灌丛潮湿、疏松的棕壤上。国内分布于安徽、福建、广西、贵州、河北、湖南、河南、湖北、江苏、辽宁、陕西、四川、台湾、浙江等地。日本、朝鲜也有分布。

【保护价值】由于其生境特殊，数量很少，在山东是一稀有种。

【致危分析】无柱兰自身繁殖能力较强，其数量减少，可能与降雨减少、土壤和气候干旱，导致其繁殖受阻有关。另外，人类活动加剧，开荒、旅游区建设等也使其适生环境缩小，生存受到影响。

【保护措施】该物种自我更新能力较强，主要采取就地保护，减少人为活动。

（编写人：张　萍）

◆ **紫点杓兰**

Cypripedium guttatum Swartz Kongl. Vetensk. Acad. Nya Handl. 21: 251. 1800; 中国植物志, 17: 43. 1999; 陈汉斌, 山东植物志（上卷）, 858 . f. 561. 1990; 李法曾, 山东植物精要, 163. f. 545. 2004.

【类别】国家重点保护野生植物

【现状】极危（CR）

【形态】植株高 15 ~ 25 cm, 具细长而横走的根状茎。茎直立，被短柔毛和腺毛，基部具数枚鞘，顶端具叶。叶 2 枚，极罕 3 枚，常对生或近对生，偶见互生，后者相距 1 ~ 2 cm, 常位于植株中部或中部以上；叶片椭圆形、卵形或卵状披针形，长 5 ~ 12 cm, 宽 2.5 ~ 4.5（6）cm, 先端急尖或渐尖，背面脉上疏被短柔毛或近无毛，干后常变黑色或浅黑色。花序顶生，具 1 花；花序柄密被短柔毛和腺毛；花苞片叶状，卵状披针形，通常长 1.5 ~ 3 cm, 先端急尖或渐尖，边缘具细缘毛；花梗和子房长 1 ~ 1.5 cm, 被腺毛；花白色，具淡紫红色或淡褐红色斑；中萼片卵状椭圆形或宽卵状椭圆形，长 1.5 ~ 2.2 cm, 宽 1.2 ~ 1.6 cm, 先端急尖或短渐尖，背面基部常疏被微柔毛；合萼片狭椭圆形，长 1.2 ~ 1.8 cm, 宽

特征图   植株

花

果实

5 ～ 6 mm，先端 2 浅裂；花瓣常近匙形或提琴形，长 1.3 ～ 1.8 cm，宽 5 ～ 7 mm，先端常略扩大并近浑圆，内表面基部具毛；唇瓣深囊状，钵形或深碗状，多少近球形，长与宽各约 1.5 cm，具宽阔的囊口，囊口前方几乎不具内折的边缘，囊底有毛；退化雄蕊卵状椭圆形，长 4 ～ 5 mm，宽 2.5 ～ 3 mm，先端微凹或近截形，上面有细小的纵脊突，背面有较宽的龙骨状突起。蒴果近狭椭圆形，下垂，长约 2.5 cm，宽 8 ～ 10 mm，被微柔毛。花期 5 ～ 7 月；果期 8 ～ 9 月。

【生境分布】分布于青岛（崂山），生于湿润的林下、灌丛或草地上。国内分布于黑龙江、吉林、辽宁、内蒙古、河北、山西、陕西、宁夏、四川、云南和西藏。不丹、朝鲜及欧洲、北美也有分布。

【保护价值】紫点杓兰是山东稀有植物，花朵美丽，是优良的观赏植物。

【致危分析】紫点杓兰仅分布于崂山，生于林间阴湿处，生境要求特殊，极易因旅游开发、人为活动干扰而消失。花期常易被采摘。

【保护措施】建议列为山东省重点保护野生植物。就地保护，在紫点杓兰分布点附近设立标志，加强宣传教育，避免人为破坏。

（编写人：臧德奎）

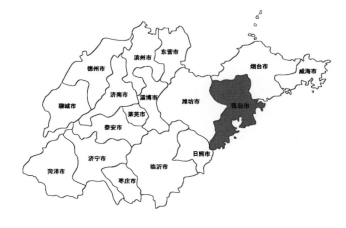

◆ 大花杓兰

Cypripedium macranthos Swartz Kongl. Vetensk.
Acad. Nya Handl. 21: 251. 1800; 中国高等植物图鉴,
5: 606. f. 8041. 1976; 中国植物志, 17: 34. 1999.

【类别】国家重点保护野生植物

【现状】极危(CR)

【形态】植株高 25 ～ 50 cm,具粗短的根状茎。茎直立,稍被短柔毛或变无毛,基部具数枚鞘,鞘上方具
3 ～ 4 枚叶。叶片椭圆形或椭圆状卵形,长 10 ～ 15 cm,宽 6 ～ 8 cm,先端渐尖或近急尖,两面脉上略被短
柔毛或变无毛,边缘有细缘毛。花序顶生,具 1 花,极罕 2 花;花序柄被短柔毛或变无毛;花苞片叶状,通
常椭圆形,较少椭圆状披针形,长 7 ～ 9 cm,宽 4 ～ 6 cm,先端短渐尖,两面脉上通常被微柔毛;花梗和
子房长 3 ～ 3.5 cm,无毛;花大,紫色、红色或粉红色,通常有暗色脉纹,极罕白色;中萼片宽卵状椭圆形
或卵状椭圆形,长 4 ～ 5 cm,宽 2.5 ～ 3 cm,先端渐尖,无毛;合萼片卵形,长 3 ～ 4 cm,宽 1.5 ～ 2 cm,

植株

果实

生境

花

先端 2 浅裂；花瓣披针形，长 4.5 ~ 6 cm，宽 1.5 ~ 2.5 cm，先端渐尖，不扭转，内表面基部具长柔毛；唇瓣深囊状，近球形或椭圆形，长 4.5 ~ 5.5 cm；囊口较小，直径约 1.5 cm，囊底有毛；退化雄蕊卵状长圆形，长 1 ~ 1.4 cm，宽 7 ~ 8 mm，基部无柄，背面无龙骨状突起。蒴果狭椭圆形，长约 4 cm，无毛。花期 6 ~ 7 月；果期 8 ~ 9 月。

【生境分布】分布于青岛（崂山），生于林下、林缘或草坡上腐殖质丰富和排水良好之地。国内分布于黑龙江、吉林、辽宁、内蒙古、河北和台湾。日本、朝鲜半岛和俄罗斯也有分布。

【保护价值】大花杓兰是山东稀有植物，花朵美丽，是优良的观赏植物。

【致危分析】大花杓兰对生境要求特殊，繁殖能力较弱，易因旅游开发、人为活动干扰而消失。

【保护措施】建议列为山东省重点保护野生植物。就地保护，加强宣传教育，避免人为破坏。

（编写人：臧德奎）

◆ 北火烧兰

Epipactis xanthophaea Schltr. in Fedde Repert. Sp.
Nov. Beih. 12: 341. 1922; 中国植物志, 17: 93. 1999;
陈汉斌, 山东植物志（上卷）, 837 . f. 547. 1990; 李
法曾, 山东植物精要, 165. f. 554. 2004.

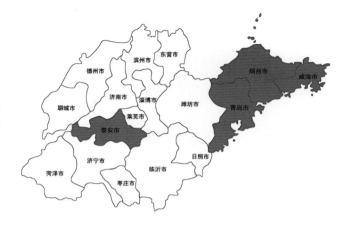

【类别】国家重点保护野生植物

【现状】濒危（EN）

【形态】多年陆生草本, 高 40 ～ 60 cm, 全株无毛; 根状茎粗长。茎直立, 中下部具 3 ～ 4 枚鳞片状鞘。叶草质, 5 ～ 7 枚, 互生于茎中上部, 卵状披针形至椭圆状披针形, 长 6 ～ 13 cm, 宽 3 ～ 5 cm, 先端长渐尖, 基部鞘状抱茎, 向上逐渐变为花苞片。总状花序长 10 ～ 15 cm, 有 10 余朵花; 苞片叶状, 卵状披针形, 下部 1 ～ 2 片长于花; 子房和花梗长约 1.5 cm; 花较大, 黄色或黄褐色, 下垂; 中萼片椭圆形, 长约 15 mm, 宽约 6 mm, 先端渐尖; 侧萼片斜卵状披针形, 略长于中萼片, 先端长渐尖; 花瓣宽卵形, 稍短于中萼片, 先端渐尖, 基部宽楔形; 唇瓣长约 15 mm, 中部缢缩, 以短的关节连接上、下唇; 下唇两侧各具 1 枚斜向上的半圆形裂片; 上唇卵圆形, 有短尖, 基部两侧各具 1 枚近三角形的附属物; 蕊柱长约 6 mm; 花药卵形, 花粉块 4, 无柄和粘盘; 子房棒状。蒴果椭圆形, 长约 2 cm。花期 6 ～ 7 月; 果期 8 ～ 9 月。

特征图

植株

花序

果实

幼株

花

【生境分布】分布于青岛（崂山）、烟台（昆嵛山、牙山、海阳）、威海（圣经山、伟德山、文登）、泰安（泰山）等地。在沿海地区，生长于阳坡海拔 200 ~ 300 m 的山坡草甸或林下的水沟旁、湿地上，土壤多为森林砂质棕壤土，有机质丰富。国内分布于河北、黑龙江、吉林、辽宁。

【保护价值】北火烧兰是中国特有种，主要分布于东北，向南延伸至山东达到自然分布的南界。在山东是稀有种，分布范围局限。另外，花色艳丽，花型独特，具有极高的观赏价值。

【致危分析】该物种在山东分布区内仅有零星生长，数量少，近几年已很难见到。降雨减少、气候干旱可使其适生小生境消失，本种自然繁殖能力也较低，野外种群个体数量很少。

【保护措施】建议列为山东省重点保护野生植物。就地保护，对其分布比较集中的区域严格保护并进行适当的工维护，改善其环境，如改善植被、增加水源，为其创造适宜生境，利于生长和天然更新。

（编写人：张　萍、臧德奎）

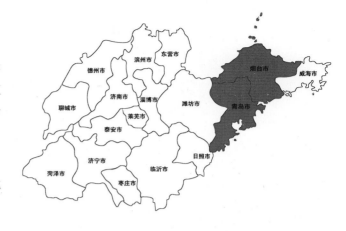

◆ **天麻**

Gastrodia elata Blume, Mus. Bot. Ludg. Bat. 2: 174. 1856; 中国植物志，18: 33. 1999; 陈汉斌，山东植物志（上卷），855 . f. 560. 1990; 李法曾，山东植物精要，168. f. 567. 2004.

【类别】国家重点保护野生植物、中国珍稀濒危植物

【现状】极危（CR）

【形态】多年生腐生植物，植株高 30 ～ 100 cm；根状茎块茎状，椭圆形，肥厚肉质，长约 10 cm，宽约 3.5 cm，具较密的节，节上被膜质鞘。茎直立，橙黄色或黄褐色，无绿叶，下部疏生膜质鞘。总状花序顶生，长 5 ～ 30 cm，具 30 ～ 50 朵花；苞片膜质，椭圆形，长 1 ～ 1.5 cm；花梗和子房略短于苞片；花扭转，橙黄或淡黄色，近直立；萼片和花瓣合生成圆筒状花被筒，基部前凸，口偏斜，顶端具 5 枚裂片；外轮裂片卵状三角形，先端钝；内轮裂片卵圆形，短小；唇瓣长圆状梭形，白色，3 裂，基部有 1 对新月形胼胝体，上部离生，上面具乳突，边缘有不规则短流苏；蕊柱短于花被，有短的蕊柱足；花药近顶生；花粉团 2 个，粒粉质，无花粉团柄和粘盘；子房倒卵形，柱头位于蕊柱。蒴果倒卵状椭圆形，种子不具厚的外种皮，两端有膜质的长翅。花期 6 ～ 7 月；果期 8 ～ 9 月。

【生境分布】分布于烟台（昆嵛山）、青岛（崂山），散生于海拔 300 ～ 500 m 间林下腐殖质较厚的山坡

特征图

生境

花序

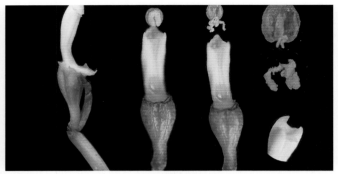

花解剖

花期植株

花期植株

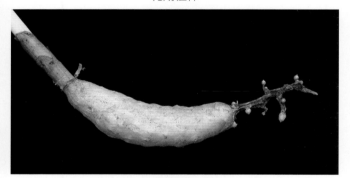

根状茎

阴湿处。国内分布于安徽、福建、甘肃、贵州、河北、河南、湖北、湖南、江苏、江西、吉林、辽宁、内蒙古、陕西、山西、四川、台湾、西藏、云南、浙江等地。日本、朝鲜、不丹、印度、尼泊尔、俄罗斯也有。

【保护价值】天麻是名贵中药材，用以治疗头晕目眩、肢体麻木、小儿惊风等症。其与真菌共生的生存方式对研究兰科植物的系统发育、植物共生具有一定价值。已被列为国家二级保护植物。

【致危分析】天麻野生资源破坏严重，主要是人们保护意识淡薄，滥采乱挖现象严重。天麻在昆嵛山零星分布，每到 6 ～ 7 月开花季节，当地山民反复进山搜索，滥采乱挖，使其数量不断减少。另外，气候干旱、高温，都影响天麻发育和生长，使其资源量降低。

【保护措施】建议列为山东省重点保护野生植物。就地保护，严格保护现有野生资源，对其主要分布区划定区域，禁止人类活动，禁止采挖，使其生境和种群得到恢复。

（编写人：张　萍、赵　宏）

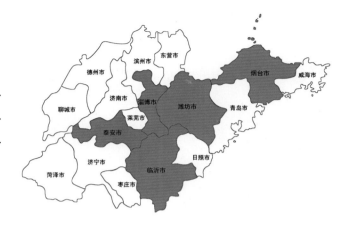

◆ 小斑叶兰

Goodyera repens（Linn.）R. Brown in Aiton.
Hort. Kew. ed. 2, 5: 198. 1813; 中国植物志, 17: 131.
1999; 陈汉斌, 山东植物志（上卷）, 852 . f. 558.
1990; 李法曾, 山东植物精要, 168. f. 565. 2004.

【类别】国家重点保护野生植物

【现状】濒危（EN）

【形态】多年陆生草本, 高 10 ~ 25 cm。根状茎伸长, 匍匐, 具节。茎直立, 绿色, 具 5 ~ 6 枚叶。叶片卵形或卵状椭圆形, 长 1 ~ 2 cm, 宽 5 ~ 15 mm, 上面深绿色具白色斑纹, 背面淡绿色, 先端急尖, 基部钝或宽楔形, 具柄, 叶柄长 5 ~ 10 mm, 基部扩大成抱茎的鞘。花茎直立或近直立, 被白色腺状柔毛, 具 3 ~ 5 枚鞘状苞片; 总状花序具几朵至 10 余朵、密生、多少偏向一侧的花, 长 4 ~ 15 cm; 花苞片披针形, 长 5 mm, 先端渐尖; 子房圆柱状纺锤形, 连花梗长 4 mm, 被疏的腺状柔毛; 花小, 白色或带绿色或带粉红色, 半张开; 萼片背面被或多或少腺状柔毛, 具 1 脉, 中萼片卵形或卵状长圆形, 长 3 ~ 4 mm, 宽 1.2 ~ 1.5 mm, 先端钝, 与花瓣粘合呈兜状; 侧萼片斜卵形、卵状椭圆形, 长 3 ~ 4 mm, 宽 1.5 ~ 2.5 mm, 先端钝; 花瓣斜匙形, 无毛, 长 3 ~ 4 mm, 宽 1 ~ 1.5 mm, 先端钝, 具 1 脉; 唇瓣卵形, 长 3 ~ 3.5 mm, 基部凹陷呈囊状, 宽 2 ~ 2.5 mm, 内面无毛, 前部短的舌状, 略外弯; 蕊柱短, 长 1 ~ 1.5 mm; 蕊喙直立, 长 1.5 mm, 叉状 2 裂; 柱头 1 个, 较大, 位于蕊喙之下。花期 7 ~ 8 月。

【生境分布】分布于临沂（蒙山）、泰安（泰山）、烟台（昆嵛山）、潍坊（沂山）、淄博（鲁山）等地, 生

特征图

植株

植株

植株上部

花序

于海拔 600 ~ 800 m 的山坡、沟谷林下。国内分布于黑龙江、吉林、辽宁、内蒙古、河北、山西、陕西、甘肃、青海、新疆、安徽、台湾、河南、湖北、湖南、四川、云南、西藏。日本、朝鲜半岛、缅甸、印度、不丹、北美洲、欧洲也有。

【保护价值】小斑叶兰在我国民间全草作药用。同时，叶色优美，是优良的小型盆栽观赏植物。

【致危分析】小斑叶兰多分布于林下草丛，对环境要求较为严格，自我繁衍能力较弱；分布区多为旅游地区，也常遭到游客采挖。

【保护措施】建议列为山东省重点保护野生植物。就地保护，在分布较为集中的区域，划定保护小区，禁止人类活动，严禁采挖。

（编写人：臧德奎、赵　宏）

◆ 线叶十字兰（线叶玉凤花）

Habenaria linearifolia Maxim. in Mem. Acad. Sci. St. Petersb. Sav. Etrang. 9: 269（Prim. Fl. Amur.）. 1859; 中国植物志, 17: 445. 1999; 李法曾, 山东植物精要, 164. f. 551. 2004.

——*Habenaria sagittifera* auct. non Rchb. f.: Kraenzl., Orch. Gen. Sp. 1: 425. 1898, pro parte; 陈汉斌, 山东植物志（上卷）, 833 . f. 544. 1990;

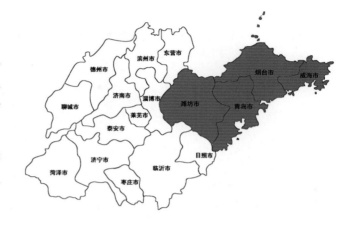

【类别】国家重点保护野生植物

【现状】濒危（EN）

【形态】植株高 25 ~ 80 cm。块茎肉质, 卵形或球形。茎直立, 圆柱形, 具多枚疏生的叶, 向上渐小成苞片状。中下部的叶 5 ~ 7 枚, 其叶片线形, 长 9 ~ 20 cm, 宽 3 ~ 7 mm, 先端渐尖, 基部成抱茎的鞘。总状花序具 8 ~ 20 余朵花, 长 5 ~ 16 cm, 花序轴无毛; 花苞片披针形至卵状披针形, 下部的长达 1.5 cm, 宽 2 ~ 5 mm, 先端长渐尖, 短于子房; 子房细圆柱形, 扭转, 稍弧曲, 无毛, 连花梗长 1.8 ~ 2 cm; 花白色或绿白色, 无毛; 中萼片直立, 凹陷呈舟形, 卵形或宽卵形, 长 5.5 ~ 6 mm, 宽 3.5 ~ 4 mm, 先端稍钝,

特征图

植株

果实

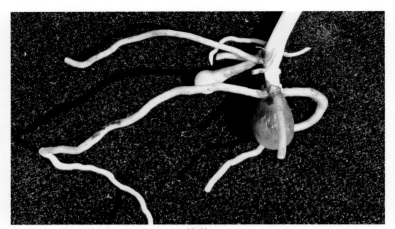

块茎

具 5 脉，与花瓣相靠呈兜状；侧萼片张开，反折，斜卵形，长 6 ~ 7 mm，宽 4 ~ 5 mm，先端近急尖，具 4 ~ 5 脉；花瓣直立，轮廓半正三角形，2 裂；上裂片长 5 ~ 5.5 mm，宽 3.5 ~ 4 mm，先端稍钝，近具 3 脉；下裂片小、齿状较短，先端 2 浅裂；唇瓣向前伸展，长达 15 mm，近中部 3 深裂；裂片线形，近等长，长 8 ~ 9 mm，宽 0.5 ~ 0.6 mm；中裂片直的，全缘，先端渐狭、钝；侧裂片向前弧曲，先端具流苏；距下垂，稍向前弯曲，长 2.5 ~ 3.5 cm，向末端逐渐稍增粗呈细棒状，较子房长，末端钝；柱头 2 个，隆起，长圆形，向前伸展，平行。花期 7 ~ 9 月。

【生境分布】分布于潍坊（沂山）、威海（荣成）、烟台（昆嵛山）、青岛（崂山）等地。生于阴湿的山坡林下或沟谷草丛中。国内分布于黑龙江、吉林、辽宁、内蒙古、河北、山东、江苏、安徽、浙江、江西、福建、河南、湖南。俄罗斯远东、朝鲜半岛、日本也有。

【保护价值】线叶十字兰是本属在山东省的唯一代表，数量稀少，花朵白色而较大，可观赏。

【致危分析】线叶十字兰分布零星分布，对环境要求较严格，易因森林砍伐、环境改变而分布区萎缩，种群变小。

【保护措施】建议列为山东省重点保护野生植物。就地保护，加强宣传教育，避免人为破坏。

（编写人：臧德奎）

花序

◆ 角盘兰

Herminium monorchis（Linn.）R. Brown in W. T.
Aiton Hortus Kew., ed. 2. 5: 191. 1813; 中国植物志，
17: 347. 1999; 陈汉斌，山东植物志（上卷），847．f.
554. 1990; 李法曾，山东植物精要，167. f. 561. 2004.

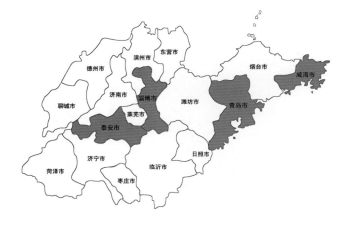

【类别】国家重点保护野生植物

【现状】濒危（EN）

【形态】植株高 5.5 ～ 35 cm。块茎球形，直径 6 ～ 10 mm，肉质。茎直立，无毛，基部具 2 枚筒状鞘，
下部具 2 ～ 3 枚叶，在叶之上具 1 ～ 2 枚苞片状小叶。叶片狭椭圆状披针形或狭椭圆形，直立伸展，长
2.8 ～ 10 cm，宽 8 ～ 25 mm，先端急尖，基部渐狭并略抱茎。总状花序具多数花，长达 15 cm；花苞片
线状披针形，长 2.5 mm，宽约 1 mm，先端长渐尖，尾状，直立伸展；子房圆柱状纺锤形，扭转，顶部
明显钩曲，无毛，连花梗长 4 ～ 5 mm；花小，黄绿色，垂头，萼片近等长，具 1 脉；中萼片椭圆形或长
圆状披针形，长 2.2 mm，宽 1.2 mm，先端钝；侧萼片长圆状披针形，宽约 1 mm，较中萼片稍狭，先端
稍尖；花瓣近菱形，上部肉质增厚，较萼片稍长，向先端渐狭，或在中部多少 3 裂，中裂片线形，先端钝，

特征图

植株

果实

植株

花序

具 1 脉；唇瓣与花瓣等长，肉质增厚，基部凹陷呈浅囊状，近中部 3 裂，中裂片线形，长 1.5 mm，侧裂片三角形，较中裂片短很多；蕊柱粗短，长不及 1 mm；药室并行；花粉团近圆球形，具极短的花粉团柄和粘盘，粘盘较大，卷成角状；蕊喙矮而阔；柱头 2 个，隆起，叉开，位于蕊喙之下；退化雄蕊 2 个，近三角形，先端钝，显著。花期 6 ~ 7（8）月。

【生境分布】分布于泰安（泰山）、淄博（鲁山）、青岛（崂山）、威海（荣成）等地。生于山坡林下、草地。国内分布于黑龙江、吉林、辽宁、内蒙古、河北、山西、陕西、宁夏、甘肃、青海、安徽、河南、四川、云南、西藏。欧洲、亚洲中西部、喜马拉雅地区、日本、朝鲜半岛、蒙古、俄罗斯也有分布。

【保护价值】角盘兰带块茎全草民间作药用，有清热、消炎等功效。

【致危分析】角盘兰在山东零星分布，属于稀有植物，易因森林砍伐、环境改变而分布区萎缩，种群变小。

【保护措施】就地保护，严格保护已知资源，避免人为破坏。

（编写人：臧德奎、马　燕）

◆ 羊耳蒜

Liparis campylostalix H. G. Reichenbach Linnaea.
41: 45. 1877; X. Q. Chen in Flora of China 25: 215.
2009.

【类别】国家重点保护野生植物

【现状】易危（VU）

【形态】陆生草本。假鳞茎卵形至球形，长 5 ~
12 mm，径 3 ~ 8 mm，外被 2 ~ 3 枚薄膜质鞘。叶 2 枚，卵形、卵状长圆形或近椭圆形，长 5 ~ 10 cm，宽 2 ~ 4 cm，先端急尖或钝，全缘或偶为皱波状，基部收狭成鞘状柄；叶柄长 1.5 ~ 8 cm，基部鞘状，无关节。花序长 10 ~ 25 cm；花序柄两侧在花期可见狭翅；总状花序具数朵至 10 余朵花；花苞片披针形，长 1 ~ 5.5 mm，先端尖。花梗和子房长 5 ~ 10 mm；花淡绿色，常带有粉红至紫色；萼片线状披针形，长 5 ~ 9 mm，宽 1.8 ~ 2 mm，先端略钝，具 3 脉；侧萼片稍斜歪，矩圆状披针形，长 4.5 ~ 8.5 mm，宽 1.5 ~ 2 mm，具 3 脉；花瓣丝状，长 5 ~ 7 mm，宽约 0.5 mm，具 1 脉；唇瓣楔形至矩圆状倒卵形，长 5 ~ 6 mm，宽 3 ~ 3.5 mm，全缘或稍有不明显细齿或基部逐渐变狭；蕊柱长 2.5 ~ 3.5 mm，上端略有翅，基部扩大。花期 6 ~ 8 月；果期 9 ~ 10 月。

【生境分布】分布于全省各主要山区，见于泰安（泰山）、临沂（蒙山）、青岛、威海、烟台、潍坊、日照、淄博等地。生于林缘、林间草地、灌丛中土层时候肥沃的阴湿环境。国内分布于东北、内蒙古、河北、河南、山西、甘肃、湖北、四川、贵州、云南、台湾、西藏等地。日本、朝鲜、俄罗斯远东地区也有。

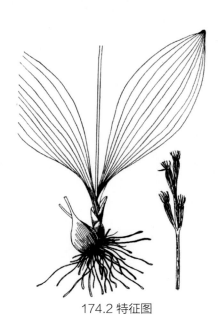

174.2 特征图

174.4 植株

植株 　　　　　　　　　　　　　花序 　　　　　　　　　　　　　植株

假鳞茎 　　　　　　　　　　　　生境 　　　　　　　　　　　　　果实

【保护价值】羊耳蒜具有较高的观赏价值和药用价值。全草药用，有活经调血、清热解毒、补肺止血等功效。

【致危分析】羊耳蒜在山东省是最常见的兰科植物之一，数量较多，但人类活动干扰如旅游、放牧、采药等使其野生资源呈现出减少的趋势。

【保护措施】就地保护。加强羊耳蒜资源分布、共生真菌、种质资源遗传多样性研究，为科学利用和合理保护野生资源提供科学依据。

（编写人：韩晓弟、赵　宏、臧德奎）

◆ **二叶兜被兰**

Neottianthe cucullata（Linn.）Schltr. in Fedde
Repert. Sp. Nov. 16: 292. 1919；中国植物志，17: 378.
1999

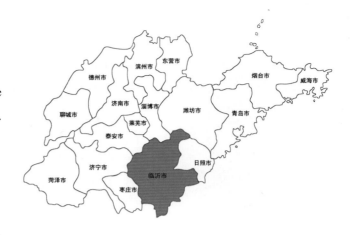

【类别】国家重点保护野生植物

【现状】濒危（EN）

【形态】植株高 4 ~ 24 cm。块茎圆球形或卵形，
长 1 ~ 2 cm。茎直立或近直立，基部具 1 ~ 2 枚圆筒状鞘，其上具 2 枚近对生的叶，在叶之上常具 1 ~ 4
枚小的、披针形、渐尖的不育苞片。叶近平展或直立伸展，叶片卵形、卵状披针形或椭圆形，长 4 ~ 6 cm，
宽 1.5 ~ 3.5 cm，先端急尖或渐尖，基部骤狭成抱茎的短鞘，叶上面有时具少数或多而密的紫红色斑点。
总状花序具几朵至 10 余朵花，常偏向一侧；花苞片披针形，直立伸展，先端渐尖，最下面的长于子房或长
于花；子房圆柱状纺锤形，长 5 ~ 6 mm，扭转，稍弧曲，无毛；花紫红色或粉红色；萼片彼此紧密靠合成兜，
兜长 5 ~ 7 mm，宽 3 ~ 4 mm；中萼片长 5 ~ 6 mm，宽约 1.5 mm，先端急尖，具 1 脉；侧萼片斜镰状披
针形，长 6 ~ 7 mm，基部宽 1.8 mm，先端急尖，具 1 脉；花瓣披针状线形，长约 5 mm，宽约 0.5 mm，

特征图

花及幼果

| 花色变化 | 花序 | 生境及群落 |
| 生境及群落 | 花期植株 | 花期植株 |

先端急尖，具 1 脉，与萼片贴生；唇瓣向前伸展，长 7 ~ 9 mm，上面和边缘具细乳突，基部楔形，中部 3 裂，侧裂片线形，先端急尖，具 1 脉，中裂片较侧裂片长而稍宽，宽 0.8 mm，向先端渐狭，端钝，具 3 脉；距细圆筒状圆锥形，长 4 ~ 5 mm，中部向前弯曲，近呈 U 字形。花期 8 ~ 9 月。

【生境分布】分布于临沂（塔山），生于海拔 1000 m 左右的山坡林下或草地。国内分布于黑龙江、吉林、辽宁、内蒙古、河北、山西、陕西、甘肃、青海、安徽、浙江、江西、福建、河南、四川西部、云南西北部、西藏东部至南部。朝鲜半岛、日本、俄罗斯西北利亚地区至中亚、蒙古、西欧、尼泊尔也有分布。

【保护价值】二叶兜被兰是山东发现的分布新记录物种，目前仅知分布于塔山，对于研究山东植物区系具有科学价值。

【致危分析】本种在山东为一稀有植物，分布区内目前繁衍正常，未见人为干扰和破坏情况，但仅发现一个分布点，易因环境改变而消失。

【保护措施】建议列为山东省重点保护野生植物。就地保护。加强对其生境的保护，还应保护其潜在分布区，严禁采挖，开展繁育生物学研究。

（编写人：臧德奎）

◆ 蜈蚣兰

Pelatantheria scolopendrifolia（Makino）
Averyanov Bot. Zhurn.（Moscow & Leningrad）. 73:
432. 1988.

——*Cleisostoma scolopendrifolium*（Makino）
Garay in Bot. Mus. Leafl. Harvard Univ. 23（4）: 174.
1972; 陈汉斌, 山东植物志（上卷）, 837. f. 546.
1990; 李法曾, 山东植物精要, 165. f. 553. 2004.

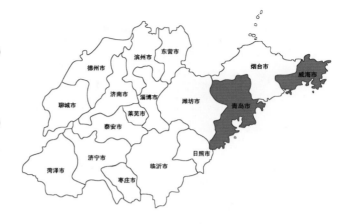

【类别】国家重点保护野生植物

【现状】极危（CR）

【形态】植物体匍匐。茎细长，粗约 1.5 mm，多节，具分枝。叶革质，2 列互生，彼此疏离，多少两侧对折为半圆柱形，长 5 ~ 8 mm，粗约 1.5 mm，先端钝，基部具长约 5 mm 的叶鞘。花序侧生，常比叶短；花序柄纤细，长 2 ~ 4 mm，基部被 1 枚宽卵形的膜质鞘，总状花序具 1 ~ 2 朵花；花苞片卵形，长约 0.5 mm，先端稍钝；花梗和子房长约 3 mm；花质地薄，开展，萼片和花瓣浅肉色；中萼片卵状长圆形，长 3 mm，宽 1.5 mm，先端钝，具 3 条脉；侧萼片斜卵状长圆形，与中萼片等长而较宽，具 3 条脉；

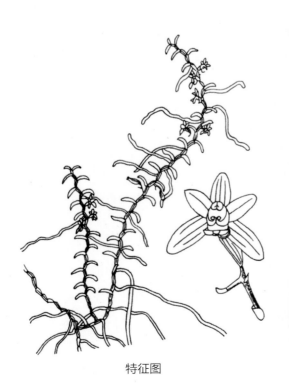

特征图

生境

植株

花

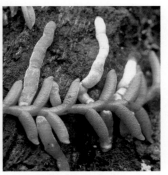

茎叶及气生根

花瓣近长圆形，比中萼片小，具 1 条脉；唇瓣白色带黄色斑点，3 裂；侧裂片直立，近三角形，上端钝并且稍向前弯；中裂片多少肉质，舌状三角形或箭头状三角形，长约 3 mm，先端长急尖，基部中央具 1 条通向距内的褶脊；距近球形，粗约 0.8 mm，末端凹入，内面背壁上方的胼胝体 3 裂；侧裂片角状，下弯；中裂片基部 2 裂呈马蹄状，其下部密被细乳突状毛；距内隔膜不发达，远离 3 裂的胼胝体；蕊柱粗短，长 1.5 mm，上端扩大，基部具短的蕊柱足；蕊喙 2 裂，裂片近方形，宽而厚；药帽前端收窄，先端截形并且凹缺；粘盘柄宽卵形，基部折叠，粘盘马鞍形。花期 4 月。

【生境分布】分布于青岛（崂山）、威海（荣成、乳山）等沿海山地，生于海拔 200 m 以下崖石上或林中树干上。国内分布于江苏、安徽、浙江、福建、四川；也见于日本、朝鲜半岛南部。模式标本来自山东崂山。

【保护价值】蜈蚣兰植物形态和生境非常特殊，山东省为该属植物自然分布的最北界，崂山且为本种的模式产地，在植物区系地理研究中具有重要的科学价值。

【致危分析】蜈蚣兰为稀有植物，喜湿润环境，多见于低海拔湿润的树干上，如崂山太清宫一带，而这些分布地人为活动频繁，极易遭受破坏；也容易因气候改变、天气干旱等环境改变而消失。

【保护措施】建议列为山东省重点保护野生植物。就地保护，还应保护其潜在分布区；加大宣传教育和管理力度，防止人为干扰和破坏。开展繁育生物学研究，探求濒危机理。

（编写人：臧德奎）

◆ 细距舌唇兰

Platanthera bifolia（Linn.）Richard, De Orchid. Eur. 35. 1817.

——*Platanthera metabifolia* F. Maekawa in J. Jap. Bot. 11: 303. 1935（May）; 中国植物志, 17: 290. 1999; 陈汉斌, 山东植物志（上卷）, 828 . f. 541. 1990; 李法曾, 山东植物精要, 163. f. 548. 2004.

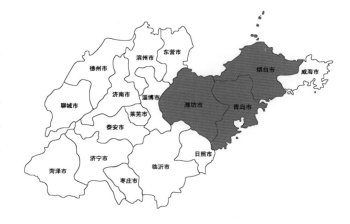

【类别】国家重点保护野生植物

【现状】濒危（EN）

【形态】多年陆生草本, 高 28 ~ 42 cm。块茎卵状纺锤形, 肉质。茎直立, 无毛。叶 2 枚近对生, 匙状椭圆形、长圆形或椭圆形, 长 10 ~ 12 cm, 宽 2.2 ~ 3.5 cm, 先端钝或急尖, 基部变狭成长柄; 茎中部生 2 ~ 4 枚披针形苞片状叶。总状花序长 9 ~ 19 cm, 具 7 ~ 17 朵花; 苞片披针形, 下部的长于子房; 子房细圆柱状, 弓曲, 连花梗长约 1.5 cm; 花较大, 绿白色或黄绿色; 中萼片直立, 舟状, 宽卵形, 先端钝, 基部具 3 脉; 侧萼片侧展, 偏斜, 卵状披针形, 长于中裂片, 先端稍尖, 基部具 3 脉。花瓣直立, 偏斜, 线状披针形, 先端急尖, 基部具 2 脉, 与中萼片靠合呈兜状; 唇瓣舌状, 向前伸, 长约 10 mm, 先端钝; 距长 20 ~ 25 mm, 纤细, 末端不增粗, 向后水平伸展, 弧曲; 蕊柱粗, 药隔狭窄, 顶部宽 0.5 mm, 药室近平行; 花粉团椭圆形, 具细长的柄和近圆形的粘盘; 退化雄蕊 2, 较显著; 蕊喙带状; 柱头 1 枚, 凹陷, 位于蕊喙之下穴内。蒴果直立。花期 7 ~ 8 月。

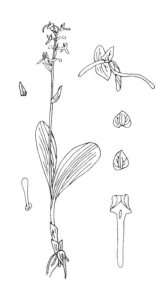

特征图

【生境分布】分布于烟台（昆嵛山）、青岛（崂山）、潍坊（青州）等地。零星分布于海拔 200 m 以上的山坡林下, 潮湿的草地。国内分布于甘肃、河北、黑龙江、河南、吉林、辽宁、青海、山西、四川。日本、朝鲜以及北非、西亚、欧洲也有。

【保护价值】细距舌唇兰主要分布在温带地区, 四川是其分布的最南界, 在山东分布范围狭窄, 数量极少, 是稀有物种。另外, 该物种具有一定的观赏价值和药用价值。

【致危分析】该物种目前在山东省已很难见到, 数量极少, 原因可能在于该物种自身繁殖效率低, 气候变暖和环境干旱造成其生殖障碍, 据文献报道, 在异常干旱年份, 细距舌唇兰 78% 的个体不产生果实。人类活动增加导致栖息地面积退化或减少也直接影响了物种生存。

【保护措施】建议列为山东省重点保护野生植物。就地保护, 严格保护已知资源, 避免人为破坏。

标本, 引自 CVH

（编写人: 张 萍）

◆ 二叶舌唇兰

Platanthera chlorantha（Custer）Reichenbach in
Moessl Handb. ed. 2. 2: 1565. 1829; 中国植物志, 17:
290. 1999; 陈汉斌, 山东植物志（上卷）, 828 . f. 540.
1990; 李法曾, 山东植物精要, 163. f. 547. 2004.

【类别】国家重点保护野生植物

【现状】濒危（EN）

【形态】多年陆生草本，30 ～ 50 cm。块茎卵状
纺锤形，肉质。茎直立，具 2 枚近对生的叶，椭圆形或倒披针状椭圆形，长 10 ～ 20 cm，宽 4 ～ 8 cm，先端
钝或急尖，基部成抱茎的鞘状柄。总状花序长 13 ～ 23 cm，疏生 2 ～ 4 枚披针形苞片，具 12 ～ 32 朵花，花
苞片披针形，下部的长于子房，先端尖；花芳香，绿白色或白色；子房和花梗圆柱状弧形，长 1.6 ～ 1.8 cm；
中萼片直立，心状圆形，舟状，长 6 ～ 7 mm，宽 5 ～ 6 mm，具 5 脉，先端钝；侧萼片斜卵形，长于中萼片，
先端急尖，具 5 脉。花瓣直立，偏斜，狭卵状披针形，基部宽大，先端尖锐成线形，与中萼片相靠合呈兜状；
唇瓣前伸下垂，舌状先端钝，长 8 ～ 13 mm；距长 25 ～ 36 mm，棒状圆筒形，粗壮，水平或斜向下伸展，

特征图

生境

花序

果实

末端膨大上弯，明显长于子房；蕊柱粗短，药隔宽，顶部宽 1.5 mm；
药室明显叉开；花粉团椭圆形，具细长的柄和近圆形的粘盘；蕊喙宽，
带状；柱头 1 个，凹陷，位于蕊喙之下穴内。蒴果直立。花期 6 ~ 7 月；
果期 7 ~ 8 月。

【生境分布】分布于泰安（泰山）、青岛（崂山）、烟台（昆嵛山、
牙山）等地。零散生长于山坡林下或湿地草丛中。国内分布于甘肃、河北、
黑龙江、河南、吉林、辽宁、内蒙古、青海、山西、四川、西藏、云南。
日本、朝鲜以及北非、西亚、欧洲也有。

【保护价值】二叶舌唇兰是传统中药材，但野生资源稀少。在山东
是一稀有种，分布范围局限，个体数量少。

【致危分析】二叶舌唇兰多生于阴湿林下，对环境条件要求较为严
格，环境改变极易引起其分布区萎缩和片段化。近年来降雨减少、气候
干旱常使其生境消失，个体减少，如泰山 1990 年代泰山后石坞油松林
内尚极常见，现则稀见分布，烟台地区也已很少见到。另外，因为旅游
和防火的需要而进行的道路整修、游人活动等也对其生存造成了影响。

【保护措施】建议列为山东省重点保护野生植物。选择分布较为集
中的区域进行就地保护，增加种群数量，加大宣传力度，增强人们的
保护意识。

（编写人：张　萍、胡德昌）

植株

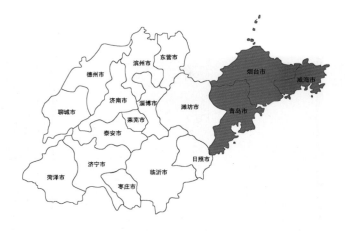

◆ **密花舌唇兰**

Platanthera hologlottis Maxim. in Mem. Acad. Sci. St. Petersb. Sav. Etrang. 9: 268. 1859; 中国植物志, 17: 292. 1999; 陈汉斌, 山东植物志（上卷）, 828 . f. 539. 1990; 李法曾, 山东植物精要, 163. f. 546. 2004.

【类别】国家重点保护野生植物

【现状】濒危（EN）

【形态】多年生陆生草本，高 35 ～ 85 cm。根状茎匍匐，圆柱形，肉质。茎细长，直立，具 4 ～ 6 枚大叶，向上渐小成苞片状。叶片线状披针形或宽线形，叶长 8 ～ 18 cm，宽 0.8 ～ 2 cm，先端渐尖，基部短鞘状抱茎。总状花序密生多花，长 8 ～ 15 cm；花苞片披针形或线状披针形，与花等长或较长；花梗和子房圆柱形，长 10 ～ 13 mm；花白色，芳香；萼片全缘，先端钝，具 5 ～ 7 脉，中萼片直立，舟状，卵形或椭圆形，长 4 ～ 5 mm；侧萼片反折，偏斜，椭圆状卵形，长于中萼片。花瓣直立，卵形，先端钝，具 5 脉，与中萼片靠合呈兜状；唇瓣舌形或舌状披针形，长 6 ～ 7 mm，宽 2.5 ～ 3 mm，先端圆钝；距细圆筒状，下垂，长 1 ～ 2 cm，长于子房，距口突起物显著；蕊柱短；药室平行，药隔宽，顶部近截平；花粉团倒卵形，具长的柄和大的披针形粘盘；退化雄蕊显著；蕊喙矮，直立；柱头 1 个，凹陷，位于蕊喙之下穴内。蒴果直立。花期 6 ～ 7；果期 8 ～ 9 月。

特征图

植株

果实

花序

根

花

【生境分布】分布于威海（荣成、文登）、烟台（昆嵛山）、青岛（崂山）等山地。生于海拔 200 ~ 300 m 林缘和山坡水湿的草地。国内分布于安徽、广东、河北、黑龙江、河南、湖南、江苏、江西、吉林、辽宁、内蒙古、四川、云南、浙江。日本、朝鲜、俄罗斯也有。

【保护价值】该物种在山东分布范围狭窄，数量稀少，是一山东稀有物种；其花白色，密集，花形奇特，具有较高的观赏价值。

【致危分析】气候变化、降水减少引起的适生环境减少可能是本种数量减少的主要原因，如威海圣经山、昆嵛山北坡的密花舌唇兰在十多年前有小片分布，近几年已很难见到。另外该种以小居群存在，居群内的个体数量太少，自身繁殖能力降低。

【保护措施】建议列为山东省重点保护野生植物。就地保护，严格保护现有资源。加强野外调查，对其曾经的分布地及其类似环境进行实地调查，弄清其分布、生长状况和生境特点，为制定保护措施提供科学依据。

（编写人：张　萍、胡德昌）

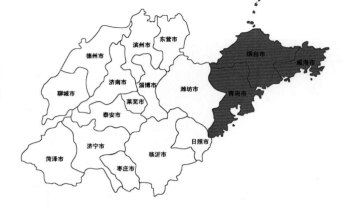

◆ 尾瓣舌唇兰

Platanthera mandarinorum H. G. Reichenbach in Unnaea 25: 226. 1852; 中国植物志, 17: 298. 1999; 陈汉斌, 山东植物志 (上卷), 828. f. 542. 1990; 李法曾, 山东植物精要, 163. f. 549. 2004.

【类别】国家重点保护野生植物

【现状】濒危（EN）

【形态】多年生陆生兰, 高18 ~ 45 cm。根状茎肉质指状或膨大呈纺锤形。茎直立, 下部互生1 ~ 2枚大叶, 其上有2 ~ 4枚小叶。大叶狭椭圆形、长圆形, 先端急尖, 基部鞘状抱茎。总状花序长6 ~ 22 cm, 疏生7 ~ 20朵花；苞片披针形, 下部的与子房等长；花黄绿色；中萼片宽卵形至心形, 长4 ~ 4.5 mm, 先端钝, 基部具3脉；侧萼片反折, 偏斜的长圆状披针形至宽披针形, 长于中裂片, 先端钝, 具3脉；花瓣淡黄色, 长5 ~ 6 mm, 镰刀形, 基部宽, 上部短尾状, 外展, 不与中萼片靠合, 基部具3脉；唇瓣淡黄色, 下垂, 舌状条形, 长7 ~ 8 mm, 先端钝；距细圆筒状, 长2 ~ 3 cm, 向后斜伸；药室叉开, 药隔宽2 ~ 3 mm；花粉团椭圆形, 具长的柄和近圆形的粘盘；退化雄蕊2个, 显著；蕊喙宽三角形；柱头1个, 凹陷于蕊喙之下穴内。子房圆柱状, 扭转, 连花梗长10 ~ 14 mm。蒴果直立。花期4 ~ 6月；果期7 ~ 8月。

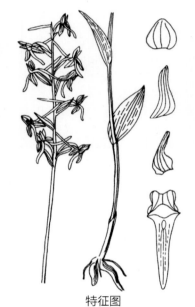

特征图

【生境分布】分布于青岛（崂山）、威海（荣成）、烟台（昆嵛山、海阳）等地。生于海拔300 m以上山坡林下、林缘或草丛阴湿处。国内分布于安徽、福建、广东、广西、贵州、河南、湖北、湖南、江苏、江西、四川、台湾、云南、浙江。日本、朝鲜也有。

【保护价值】该物种在中国分布广泛, 但在山东为零星生长且山东为自然分布北界, 仅分布在山东半岛的少数山地, 是一稀有种。还可供观赏及药用。

【致危分析】尾瓣舌唇兰在野外很少见到, 也未见其成片生长, 可能是自身繁殖能力较差。人类活动如山地开垦、旅游开发也使得物种分布区日益缩小, 种群数量急剧减少。

【保护措施】就地保护。在尾瓣舌唇兰生长良好的环境设立保护点, 并适当进行人工补种。

（编写人：张　萍、胡德昌）

标本, 引自 CVH

◆ 蜻蜓舌唇兰（蜻蜓兰）

Platanthera souliei Kraenzlin Repert. Spec. Nov. Regni Veg. 5: 199. 1908.

——*Tulotis fuscescens*（Linn.）Czer. Addit. & Collig. Fl. USSR 622. 1973; 李法曾，山东植物精要，164. f. 550. 2004.

——*Tulotis asiatica* H. Hara in J. Jap. Bot. 30: 72. 1955; 陈汉斌，山东植物志（上卷），833 . f. 543. 1990;

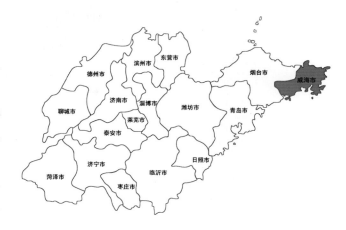

【类别】国家重点保护野生植物

【现状】极危（CR）

【形态】多年陆生草本，20 ~ 60 cm。根状茎指状，肉质，簇生。茎粗壮，直立，具 1 ~ 2 枚筒状鞘，鞘之上具 2 ~ 3 枚叶，倒卵形或椭圆形，长 6 ~ 15 cm，宽 3 ~ 7 cm，先端钝，基部收狭成抱茎的鞘，叶之上有 1 至几枚叶状苞片。总状花序狭长，具多数密生的花；花苞片狭披针形，长于子房；黄绿色；花梗和子房圆柱状纺锤形，长约 1 cm；中萼片直立，凹陷呈舟状，卵形，长约 4 mm，宽约 3 mm，先端急尖或钝，具 3 脉；侧萼片斜椭圆形，侧展向后反折，较中萼片稍长而狭，先端钝，具 3 脉。花瓣直立，斜椭圆状披针形，与中萼片相靠合，先端钝，具 1 脉；唇瓣前伸，略下垂，舌状披针形，长 4 ~ 5 mm，基部两侧各具 1 枚小的侧裂片，三角状镰形；中裂片舌状披针形，较侧裂片长，先端钝；距细长，细圆筒状，下垂，末端略增粗，与子房等长

特征图　　　　　　　　　　植株　　　　　　　　　　花序

植株　　　　　　　　　　　花序　　　　　　　　　　　花

果实　　　　　　　　　　　花　　　　　　　　　　　根状茎

或稍较长。花期 6 ~ 8 月。果期 9 ~ 10 月。

　　【生境分布】分布于威海（伟德山）。生长在密林下、林缘或山坡草丛具石砾潮湿的棕壤中，海拔 300 m
以上。国内分布于甘肃、河北、黑龙江、河南、吉林、辽宁、内蒙古、青海、陕西、四川、云南。日本、朝
鲜及俄罗斯也有。

　　【保护价值】蜻蜓舌唇兰在我国分布较广，但在山东分布狭窄，数量极少，可为药用植物。

　　【致危分析】蜻蜓舌唇兰在山东是极危物种，仅产于伟德山，目前已很难见，其数量减少的主要原因是
气候干旱等造成的生境消失。

　　【保护措施】建议列为山东省重点保护野生植物。对其分布区进行就地保护，并适当修复环境，人工辅
助繁殖，增加种群数量。开展野外调查，调查环境相似的山地，弄清蜻蜓舌唇兰分布地点、数量及生长情况，采
取合理的保护措施。

（编写人：臧德奎、胡德昌）

◆ 朱兰

Pogonia japonica H. G. Reichenbach in Linnaea 25: 228. 1825; 中国植物志, 18: 19. 1999; 陈汉斌, 山东植物志（上卷）, 840 . f. 548. 1990; 李法曾, 山东植物精要, 165. f. 555. 2004.

【类别】国家重点保护野生植物

【现状】极危（CR）

【形态】植株高 10 ~ 20（25）cm。根状茎直生，长 1 ~ 2 cm，具细长的、稍肉质的根。茎直立，纤细，在中部或中部以上具 1 枚叶。叶稍肉质，通常近长圆形或长圆状披针形，长 3.5 ~ 6（9）cm，宽 8 ~ 14（17）mm，先端急尖或钝，基部收狭，抱茎。花苞片叶状，狭长圆形、线状披针形或披针形，长 1.5 ~ 2.5（4）cm，宽 3 ~ 5（7）mm；花梗和子房长 1 ~ 1.5（1.8）cm，明显短于花苞片；花单朵顶生，向上斜展，常紫红色或淡紫红色；萼片狭长圆状倒披针形，长 1.5 ~ 2.2 cm，宽 2.5 ~ 3.5 mm，先端钝或渐尖，中脉两侧不对称；花瓣与萼片相似，近等长，但明显较宽，宽 3.5 ~ 5 mm；唇瓣近狭长圆形，长 1.4 ~ 2 cm，向基部略收狭，中部以上 3 裂；侧裂片顶端有不规则缺刻或流苏；中裂片舌状或倒卵形，约占唇瓣全长的 2/5 ~ 1/3，边缘具流苏状齿缺；自唇瓣基部有 2 ~ 3 条纵褶片延伸至中裂片上，褶片常互相靠合而形成肥厚的脊，在中裂片上变为鸡冠状流苏或流苏状毛；蕊柱细长，长 7 ~ 10 mm，上部具狭翅。蒴果长圆形，长 2 ~ 2.5 cm，宽 5 ~ 6 mm。花期 5 ~ 7 月；果期 9 ~ 10 月。

特征图

花

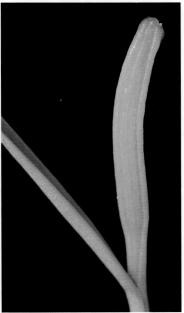

果实

植株

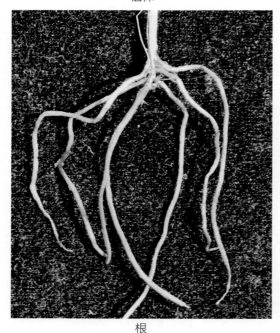

根

花

【生境分布】分布于青岛（崂山）、烟台（昆嵛山），生于山坡草丛中、林下、灌丛下湿润之地。国内分布于黑龙江、吉林、内蒙古、山东、安徽、浙江、江西、福建、湖北、湖南、广西北部、四川和贵州。日本、朝鲜半岛也有分布。

【保护价值】花朵较大而花色优美，是优良的观赏植物。

【致危分析】气候变化、人类活动如旅游开发等引起的适生环境的减少是朱兰分布点减少、种群数量急剧降低的原因。

【保护措施】建议列为山东省重点保护野生植物。进一步开展野外调查，掌握其分布地点和数量，并进行就地保护。研究其生殖过程及环境对其生殖和生长影响，为保护该资源提供科学依据；进行引种试验和人工繁殖，进行异地保护。

（编写人：臧德奎）

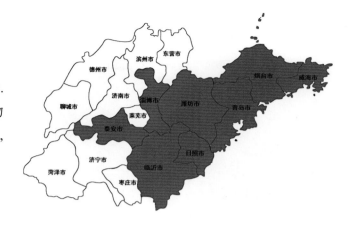

◆ 绥草（盘龙参）

Spiranthes sinensis（Pers.）Ames, Orch. 2: 53. 1908; 中国植物志, 17: 228. 1999; 陈汉斌, 山东植物志（上卷）, 852. f. 557. 1990; 李法曾, 山东植物精要, 168. f. 564. 2004.

【类别】国家重点保护野生植物

【现状】濒危（EN）

【形态】植株高 13 ~ 30 cm。根数条, 指状, 肉质, 簇生于茎基部。茎较短, 近基部生 2 ~ 5 枚叶。叶片宽线形或宽线状披针形, 极罕为狭长圆形, 直立伸展, 长 3 ~ 10 cm, 常宽 5 ~ 10 mm, 先端急尖或渐尖, 基部收狭具柄状抱茎的鞘。花茎直立, 长 10 ~ 25 cm, 上部被腺状柔毛至无毛；总状花序具多数密生的花, 长 4 ~ 10 cm, 呈螺旋状扭转；花苞片卵状披针形, 先端长渐尖, 下部的长于子房；子房纺锤形, 扭转, 被腺状柔毛, 连花梗长 4 ~ 5 mm；花小, 紫红色、粉红色或白色, 在花序轴上呈螺旋状排生；萼片的下部靠合, 中萼片狭长圆形, 舟状, 长 4 mm, 宽 1.5 mm, 先端稍尖, 与花瓣靠合呈兜状；侧萼片偏斜, 披针形, 长 5 mm, 宽约 2 mm, 先端稍尖；花瓣斜菱状长圆形, 先端钝, 与中萼片等长但较薄；唇瓣宽长圆形, 凹陷,

特征图

花序

花序

植株

生境

长 4 mm，宽 2.5 mm，先端极钝，前半部上面具长硬毛且边缘具强烈皱波状啮齿，唇瓣基部凹陷呈浅囊状，囊内具 2 枚胼胝体。花期 7 ~ 8 月。

【生境分布】分布于全省各主要山区，已知泰安（泰山、徂徕山）、临沂（蒙山）、淄博（鲁山）、日照（五莲山）、潍坊（沂山）、青岛（崂山）、烟台（昆嵛山、牙山）、威海（荣成）等地均有生长，多生于海拔 500 m 以上的山坡林下、灌丛下、草地中。全国各地均产，也广泛分布于俄罗斯、蒙古、朝鲜半岛、日本、阿富汗、克什米尔地区至不丹、印度、缅甸、越南、泰国、菲律宾、马来西亚、澳大利亚。

【保护价值】全草或根作药用，有清热凉血、消炎止痛、止血的功效。

【致危分析】绶草在山东分布范围较为广阔，也能正常繁衍，但花期常遭人为采集和破坏。

【保护措施】建议列为山东省重点保护野生植物。就地保护，加强对其生境的保护。

（编写人：臧德奎）

禾本科 Poaceae

◆ **中华结缕草**

Zoysia sinica Hance in Journ. Bot. 7: 168. 1869; 中国植物志，10(1): 128. 1990; 陈汉斌，山东植物志（上卷），465. f. 295. 1990; 李法曾，山东植物精要，91. f. 276. 2004.

【类别】国家重点保护野生植物

【现状】无危（LC）

【形态】多年生草本，具横走根茎。秆直立，高13 ~ 30 cm，茎部常具宿存枯萎的叶鞘。叶鞘无毛，长于或上部者短于节间，鞘口具长柔毛；叶舌短而不明显；叶片淡绿或灰绿色，背面色较淡，长可达 10 cm，宽 1 ~ 3 mm，无毛，质地稍坚硬，扁平或边缘内卷。总状花序穗形，小穗排列稍疏，长 2 ~ 4 cm，宽 4 ~ 5 mm，伸出叶鞘外；小穗披针形或卵状披针形，黄褐色或略带紫色，长 4 ~ 5 mm，宽 1 ~ 1.5 mm，具长约 3 mm 的小穗柄；颖光滑无毛，侧脉不明显，中脉近顶端与颖分离，延伸成小芒尖；外稃膜质，长约 3 mm，具 1 明显的中脉；雄蕊 3 枚，花药长约 2 mm；花柱 2，柱头帚状。颖果棕褐色，长椭圆形，长约 3 mm。花果期 5 ~ 10 月。

【生境分布】分布于鲁中南山地和胶东丘陵，常见，多生于海边沙滩、河岸、路旁的草丛中。国内分布于辽宁、河北、山东、江苏、安徽、浙江、福建、广东、台湾等地。日本也有分布。

【保护价值】中华结缕草叶片质硬，耐践踏，耐干旱瘠薄，适于铺建球场草坪，是优良的草坪草。

【致危分析】中华结缕草在山东各地较为常见，资源也较丰富，目前繁衍正常。但易因山区开发、人工造林等林业活动而使生境受到破坏。

【保护措施】就地保护，选择中华结缕草分布集中、遗传多样性丰富的地区设立保护小区。迁地保护，在资源调查基础上，收集主要分布地的种质资源保存到资源圃。

（编写人：臧德奎）

特征图

花期植株

花期植株

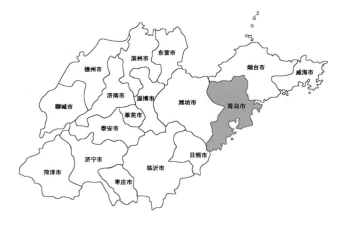

◆ 大穗结缕草

Zoysia macrostachya Franch. & Sav. Enum. Pl. Jap. 2: 608. 1879; 中国植物志, 10(1): 126. 1990; 李法曾, 山东植物精要, 90. 2004.

【类别】山东珍稀植物

【现状】易危（VU）

【形态】多年生草本，具横走根茎；直立部分高 10 ~ 20 cm, 基部节上常残存枯萎的叶鞘；节间短，每节具 1 至数个分枝。叶鞘无毛，下部者松弛而互相跨覆，上部者紧密裹茎；叶舌不明显，鞘口具长柔毛；叶片线状披针形，质地较硬，常内卷，长 1.5 ~ 4 cm, 宽 1 ~ 4 mm。总状花序紧缩呈穗状，基部常包藏于叶鞘内，长 3 ~ 4 cm, 宽 5 ~ 10 mm, 穗轴具棱，小穗柄粗短，顶端扁宽而倾斜，具细柔毛；小穗黄褐色或略带紫褐色，长 6 ~ 8 mm, 宽约 2 mm；第一颖退化，第二颖革质，长 6 ~ 8 mm, 具不明显的 7 脉，中脉近顶端处与颖离生而成芒状小尖头；外稃膜质，具 1 脉，长约 4 mm；内稃退化；雄蕊 3 枚，花药长约 2.5 mm；花柱 2, 柱头帚状。颖果卵状椭圆形，长约 2 mm。花果期 6 ~ 9 月。

【生境分布】分布于青岛，生于海滨沙质土壤或海滨沙地上。国内分布于江苏、安徽、浙江。日本也有分布。

【保护价值】大穗结缕草植株强健，耐盐碱，可用作保土、护堤、固沙植物，也是优良的草坪草，还是培育结缕草耐盐碱品种的重要野生种质资源。

【致危分析】大穗结缕草在山东分布于青岛沿海地区，易因海滨开发等经济活动而使生境受到破坏。

【保护措施】建议列为山东省重点保护野生植物。就地保护，选择分布集中、遗传多样性丰富的地区设立保护小区。迁地保护，在资源调查基础上，收集主要分布地的种质资源保存到资源圃。

（编写人：臧德奎）

特征图

花序

植株

生境

百部科 Stemonaceae

◆ **山东百部**

Stemona shandongensis D. K. Zang, Bull. Bot. Res., Harbin 16（4）：413.1996; Z. H. Ji, Flora of China 24: 72. 2000; 李法曾，山东植物精要，136. 2004; 臧德奎，山东特有植物，38. 2016.

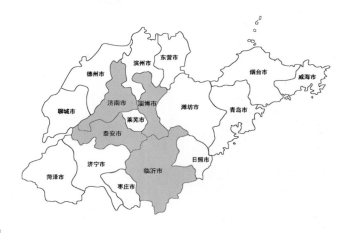

【类别】山东特有植物

【现状】易危（VU）

【形态】多年生蔓生草本，全株光滑无毛。根肉质，纺锤状，常 10 ～ 20 枚簇生。茎蔓生，长达 1 m，分枝或否。叶倒卵形，稀矩圆形，长 4 ～ 5 cm，宽 3 ～ 4 cm，（2）3 ～ 4 片轮生，叶片先端突尖，具小尖头，基部狭楔形；叶柄长 0.5 ～ 0.7 cm；叶脉弯弓状，基出 5 ～

生境

未成熟果实

植株

花及着生

花

叶及着生方式

果实及种子

7 脉。花两性，单生叶腋及茎下部鳞片状叶腋内，花梗长 1.5 ~ 2.0（3.0）cm，下部约 1/3（稀达 1/2）与叶柄及叶片基部贴生，具紫色斑点，生于鳞片状叶腋内的花梗不与叶贴生；花被片 4 枚，2 轮，内面基部紫色，狭卵形或披针形，长 1.2 ~ 1.5 cm，外轮 2 片较狭，宽约 0.4 cm，内轮 2 片宽 0.6 cm，不反曲。雄蕊 4 枚，紫红色；花丝长仅 0.2 cm，基部连合成环状；花药线形，长 0.3 ~ 0.4 cm，顶端具淡黄色三角状附属物，长约 0.6 cm，药隔直立，伸延为披针形，长达 0.8 cm。子房无毛。蒴果卵球状，成熟时 2 裂，种子长卵状，每果瓣两粒。花期 4 ~ 6 月；果熟期 6 ~ 10 月。

【生境分布】分布于鲁中山区，已知济南（长清）、淄博、泰安（泰山、徂徕山）、临沂（蒙山）等地有分布，生于海拔 600 m 以下山坡林下及灌草丛中。模式标本采集山东泰山凌汉峰。

【保护价值】本种与直立百部（*Stemona sessilifolia*）相近，但茎蔓生，叶倒卵形，先端突尖，花梗下部与叶柄和叶片基部贴生，花被片宽达 0.4 ~ 0.6 cm，对于百部属的系统研究具有价值，也入药。

【致危分析】本种多生于林下，易因森林植被破坏而受到干扰。

【保护措施】就地保护；收集主要分布地的种质资源保存到资源圃。

（编写人：马　燕、臧德奎）

参考文献

Qin H N. 2010. China Checklist of Higher Plants, In the Biodiversity Committee of Chinese Academy of Sciences ed., Catalogue of Life China: 2010 Annual Checklist China. CD-ROM; Species 2000 China Node, Beijing, China.

Wu Z Y, Raven P H, Hong D. Y, eds. 1994 ～ 2012. Flora of China. Beijing: Science Press & St. Louis: Missouri Botanical Garden Press.

陈汉斌，郑亦津，李法曾．1990.山东植物志（上卷）【M】.青岛：青岛出版社.

陈汉斌，郑亦津，李法曾．1997.山东植物志（下卷）.青岛：青岛出版社.

傅立国，金鉴明．1992.中国植物红皮书.北京：科学出版社.

傅立国．1989.中国珍稀濒危植物.上海：上海教育出版社.

解焱，汪松．1995.国际濒危物种等级新标准.生物多样性，1995（4）：234 ～ 239.

李法曾．1984.山东的新植物.植物分类学报，22（2）:151 ～ 153.

李法曾．1984.山东花楸属一新种.植物研究，4（2）：159 ～ 161.

李法曾．1985.山东鳞毛蕨属一新种.植物研究，5（1）：157 ～ 159.

李法曾．1986.山东山楂属一新种.植物研究，6（4）：149 ～ 151.

李法曾．1986.山东植物的新资料.植物研究，6（1）：169 ～ 171.

李法曾．1992.山东植物区系.山东师范大学学报，7（2）：68 ～ 75.

李法曾．1993.山东苔草属一新种.植物研究，13（1）：71 ～ 72.

李法曾．2004.山东植物精要.北京：科学出版社.

李建秀．1984.山东蕨类植物两新种.植物分类学报，22（2）:164 ～ 166.

李建秀．1988.山东假蹄盖蕨属两新种.植物分类学报，26（2）:162 ～ 164.

李兴文．1993.山东新植物.植物研究【J】，13（1）：57 ～ 61.

梁书宾．1982.山东盐肤木属新植物.植物研究，2（4）：155 ～ 158.

梁书宾．1985.山东椴属二新种.植物研究，5（1）：145 ～ 149.

梁书宾．1986.山东杨属一新种.植物研究，6（2）：135 ～ 137.

梁书宾．1988.山东柳属一新变种.植物研究，8（2）：63 ～ 65.

梁书宾．1990.山东花楸属一新种.植物研究，10（3）：69 ～ 70.

梁书宾．1991.山东鹅耳枥属一新种.植物研究，11（2）：33 ～ 34.

梁玉堂．1993.白头翁两新变型.植物研究，13（4）：340 ～ 341.

林秉南．1994.中国黄荆属一新种.广西植物.14（3）：209 ～ 210.

石铸 . 1999. 中国菊属二新种 . 植物分类学报 . 植物研究，37（6）：598 ~ 600.

汪松，解焱 . 2004. 中国物种红色名录（第1卷）【M】. 北京：高等教育出版社 .

王仁卿，张昭洁 . 1993. 山东稀有濒危保护植物 . 济南：山东大学出版社 .

吴征镒 . 1980. 中国植被 . 北京：科学出版社

魏士贤 . 1984. 山东树木志 . 济南：山东科技出版社 .

徐凌川 . 1989. 山东岩风属一新种 . 植物研究，9（1）：37 ~ 38.

臧德奎 . 1992. 山东蔷薇科新分类群 . 植物研究，12（4）：321 ~ 323.

臧德奎 . 1994. 山东特有植物的研究 . 植物研究，14（1）：48 ~ 58.

臧德奎 . 1996. 百部属一新种 . 植物研究，16（4）：413 ~ 414.

臧德奎 . 1999. 鼠李属一新种 . 植物研究，19（4）：371 ~ 373.

臧德奎 . 1999. 山东特有野生花卉的初步研究 . 烟台师范学院学报，15（3）：221 ~ 224.

臧德奎 . 2000. 山东植物区系中的特有现象 . 西北植物学报，20（3）：454 ~ 460.

臧德奎 . 2009. 单叶黄荆的分类学修订 . 武汉植物学研究 2009, 27（1）：22.

臧德奎 . 2013. 山东植物区系新记录 . 南京林业大学学报，37（4）：165 ~ 166.

臧德奎 . 2016. 山东特有植物 . 北京：中国林业出版社 .

张艳敏 . 1993. 山东苔草属一新种 . 植物分类学报，31（4）：381 ~ 382.

中国科学院中国植物志编委会 . 1961 ~ 2002. 中国植物志 . 北京：科学出版社 .

中华人民共和国林业部 . 1992. 国家珍贵树种名录（第1批）.

中华人民共和国林业局 . 1999. 国家重点保护野生植物名录（第1批，1999年8月4日国务院批准，国家林业局、农业部第4号令发布）.

中华人民共和国林业局 . 国家重点保护野生植物名录（第2批，讨论稿）.

朱英群 . 1998. 山东植物两新变种 . 植物研究，18（1）：69.